高升力空气动力学

High - Lift Aerodynamics

[德] 约亨·怀尔德（Jochen Wild） 著
陈小庆 王 波 孟志鹏 译

中国宇航出版社
·北京·

著作权合同登记号：图字：01－2025－0226 号

图书在版编目（CIP）数据

高升力空气动力学 / （德）约亨·怀尔德
(Jochen Wild) 著 ; 陈小庆, 王波, 孟志鹏译. -- 北京 :
中国宇航出版社, 2025. 6. -- ISBN 978-7-5159-2560-8
Ⅰ. V211
中国国家版本馆CIP数据核字第2025U7A772号

责任编辑　侯丽平　　**封面设计**　王晓武

出　版 发　行	中国宇航出版社
社　址	北京市阜成路 8 号　**邮　编**　100830
	(010)68768548
网　址	www.caphbook.com
经　销	新华书店
发行部	(010)68767386　(010)68371900
	(010)68767382　(010)88100613（传真）
零售店	读者服务部　(010)68371105
承　印	北京厚诚则铭印刷科技有限公司

版　次	2025 年 6 月第 1 版
	2025 年 6 月第 1 次印刷
规　格	787 × 1092
开　本	1/16
印　张	15.5
字　数	377 千字
书　号	ISBN 978 - 7 - 5159 - 2560 - 8
定　价	128.00 元

本书如有印装质量问题，可与发行部联系调换

序 言

高升力空气动力学主要研究增升装置的空气动力学特性，此类装置也称为高升力装置。高升力空气动力学是空气动力学在飞行速度相对较低情况下的一个子集。本书重点放在民用运输机上，但是相关物理学原理适用于其他飞机。

然而，“高升力空气动力学”这一名称并未完全描述出相关技术的内涵。高升力装置主要用于降低飞机起飞和进场时的速度。在匀速飞行过程中，升力与飞机重量相等，因此，需要增加的不是升力，而是升力系数，从而确定最小速度与可达到的最大升力系数。因此，正确的名称应该是“高最大升力系数空气动力学”，实际上，该名称从未使用。

虽然其目的是降低飞行速度，但“低速空气动力学”这一术语却具有一定的误导性(虽然有时也用)，“低速”通常指的是速度低至每秒几米的非常慢的流动，此时摩擦力影响非常大。而高升力空气动力学所覆盖的速度范围仅仅是相对于飞机巡航速度较低，着陆阶段的典型速度从小型飞机的 30 节到大型运输机的 200 节不等。

高升力系数通常意味着大攻角（飞机体轴线和速度之间的夹角）飞行。“大攻角空气动力学”这一术语通常与细长三角翼上的特定流动以及相关的涡流主导的流动密切相关。虽然也可利用旋涡来提高升力，但本书并不研究此类流动。

本书从不同角度对高升力空气动力学进行探讨。在初步介绍之后，首先，讨论了升力产生的物理极限，给出了产生升力的潜力。其次，通过分析飞机认证所需的高升力相关要求，讨论了飞机安全飞行所需的条件。第三，分析了提高飞机在起飞、进场和着陆期间性能的需求。

然后，讨论了不同的增加升力机制，区分了主动和被动两类高升力装置，被动高升力定义为仅通过改变形状来重定向气流流动以改变升力。相反，主动高升力则通过改变流动的能量以改变升力。

最后，从空气动力学的角度介绍了高升力装置的评估和设计方法，除了数值和试验方法之外，还专门介绍了高升力系统的气动设计。当然，本书无法全面涵盖所有主题，主要集中在高升力空气动力学与装置的具体特征上，并提供了初步的见解。关于设计和仿真的更多细节可参考专业文献。

正如读者即将看到的，高升力空气动力学涉及不同领域和学科。由于每个领域都有自己的标准和命名约定，许多符号具有双重含义，例如，流体力学中用 T 表示温度，而飞行力学中用 T 表示推力。为了增加本书的可读性，省略了通用术语表，每章都单独给出了术语表。

关于作者

约亨·怀尔德（Jochen Wild），博士，先后在德国慕尼黑工业大学（Technische Universität München）和达姆施塔特工业大学（Technische Hochschule Darmstadt）学习航空航天和机械工程，1995 年获得机械工程学位。2001 年，他获得德国布伦瑞克工业大学（Technische Universität Braunschweig）工学博士学位，并从 2014 年开始在该校任教。1995 年，他以博士生身份加入德国宇航中心（Deutsches Zentrum für Luft - und Raumfahrt e. V.，DLR），后成为设计空气动力学研究所（现空气动力与流动技术研究所）的研究工程师和科学家。2007 年至 2018 年间，他曾在运输机部门领导高升力空气动力学研究小组。他还是高升力空气动力学方面的专家，侧重于设计和验证；研究兴趣还包括数值优化、计算流体动力学（CFD）、网格生成、风洞测试和风能。

目　录

第1章　引　言

符号表

A_{ref}	m^2	参考机翼面积	R	J/(kg·K)	气体常数(干燥空气为 287.058 J/(kg·K))
a	m/s	声速	T	K	温度
D	N	气动阻力	V_∞	m/s(节)	飞行速度/流速
H	m(ft)	飞行高度	W	N	重力
L	N	气动升力	ρ_∞	kg/m^3	空气密度
M_∞	—	飞行马赫数	γ	(°)	航向角
n_z	—	过载	κ		等熵指数
p_∞	N/m^2	静压			

增加升力的主要动机是减小飞机靠近地面飞行时的飞行速度，如起飞、爬升、进场和着陆等阶段。众所周知，飞机匀速飞行时，飞机重量与升力大致相等

$$W = L\cos\gamma - D\sin\gamma \Rightarrow W \approx L \qquad \gamma < 10° \tag{1-1}$$

此时速度与升力系数之间的关系为

$$L = C_L \frac{1}{2}\rho_\infty V_\infty^2 A_{ref} = C_L \frac{1}{2}\kappa p_\infty M_\infty^2 A_{ref} \tag{1-2}$$

根据等式，减小飞行速度的途径有：

1）减小飞机质量；

2）增大最大升力系数；

3）增大机翼面积；

4）增大来流密度。

方法一可行，但会影响有效载荷和燃料容量。另一方面，在巡航飞行阶段，提高翼载荷也提高了飞行效率。另外，由于燃料消耗，运输机在着陆期间的最低速度通常低于起飞阶段。

方法二是通过高升力系统改变最低飞行速度的最有效手段。

方法三已经在几个项目中进行了试验，但工程实现的难度非常大。不过，一些高升力系统会增加机翼面积，例如富勒襟翼。为了不和其他气动因素对面积的影响混合，机翼参考面积保持为常数。因此，任何气动效率的改变，包括高升力系统带来的面积改变，被归因于升力系数。

最后一个方法目前尚无法实现，但原理表明气候条件会影响飞机的最低飞行速度。

图 1-1 显示了给定升力条件下飞行速度和升力系数之间的关系。升力系数与飞行速

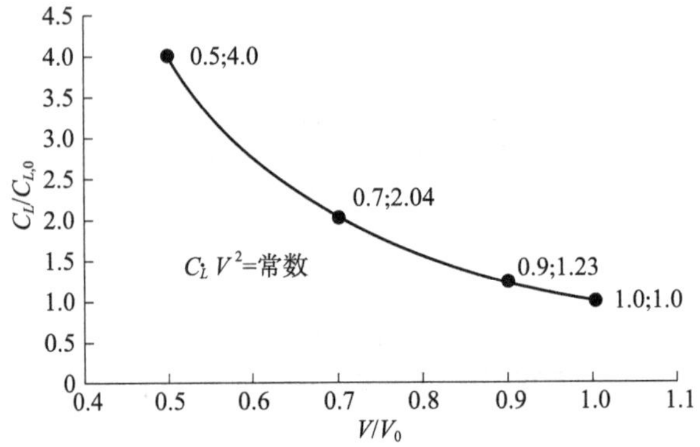

图 1-1　飞机质量与机翼面积不变时，速度下降与升力系数增大之间的关系

度二次方的关系［式（1-2）］表明，升力系数的增大与降低飞行速度之间也存在数量级上的影响。升力系数增大 10%，速度下降不到 5%；速度降低 10%，则升力系数需要增大 23%。升力系数加倍，速度降低约 30%。要使飞行速度减半，升力系数需要提高三倍，这表明，要想大幅降低飞行速度，必须付出巨大努力。

将这一关系移植到典型的宽体运输机上——如空客 A330，其最大着陆质量接近 200 t，机翼面积约为 A_{ref}=350 m^2——关系如图 1-2 所示。第 3 章介绍了最大升力系数及安全裕度，第 4 章讨论了此类飞机在大型机场的进场速度走廊，可以看出，为了实现国际民航组织（ICAO）要求的进场速度走廊，所需最大升力系数是常规后掠翼所能达到升力系数的 2～3 倍。

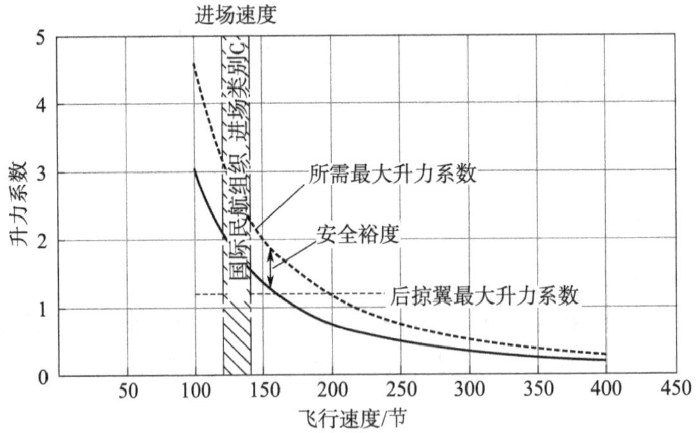

图 1-2　宽体飞机所需最大升力系数与飞行速度间的关系

如果忽略进场速度走廊，原则上可以以更高的速度进场，只要找到可以降落的机场即可。图 1-3 给出了前述宽体飞机的着陆距离与进场速度之间的关系。需要注意的是，根据第 3 章的要求，飞机必须能够在可用跑道长度的 60%内着陆，右图显示了中大型机场的可用机场跑道长度统计数据。当飞机速度位于 ICAO 进场速度走廊内时，可在 90%的此类机场降落。当最大升力系数要求进场速度为 200 节时，只有 30%的机场跑道长度满足要

求。左图中标出了目前世界上最长的机场跑道，其位于俄罗斯莫斯科茹科夫斯基机场，长度 5.4 km，这是世界上唯一一个可以以 300 节速度进场降落上述宽体飞机的机场。

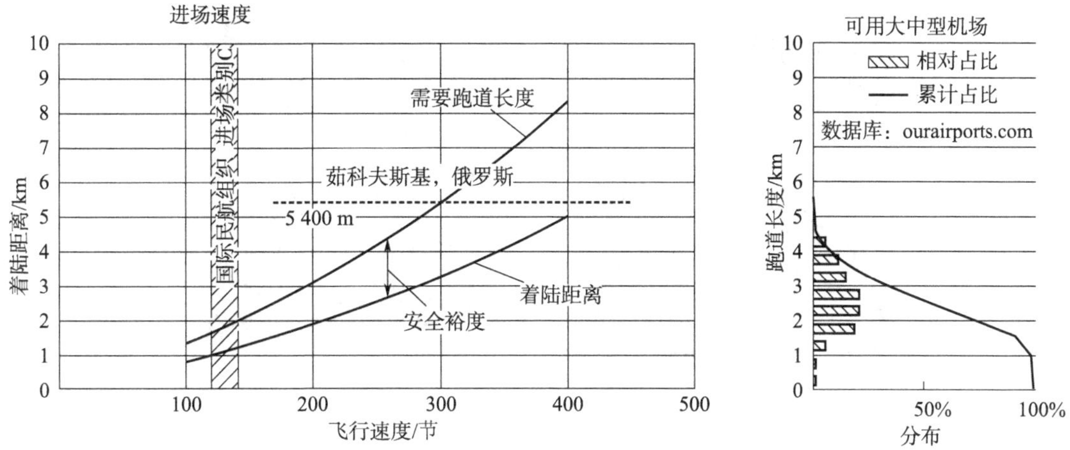

图 1-3 宽体飞机着陆距离与进场速度（左）、大中型机场跑道长度占比（右）[1]

1.1 高升力系统发展简史

进入航空时代以来，增加升力一直是飞机研究的重点领域。在早期飞行先驱看来，起飞和着陆是飞行中最危险的阶段。故障影响程度会随当前飞行速度的增加而急剧增大这一简单关系，促使人们致力于降低这些阶段的飞行速度。

尽管如此，高升力空气动力学的基础奠定几乎与莱特兄弟的首次飞行同时，这也是主动流动控制的基础。1904 年，普朗特发表了其著名作品《极低粘度①下流体的运动》[2]，奠定了边界层理论的基础。书中，普朗特利用试验证明边界层是引起流动分离的原因。图 1-4 为试验装置的原始图片，在水槽中有一个侧壁开缝的圆柱，试验中，流速较低时可以观察到层流双气泡（左上），而流速较高时可以观察到湍流分离（右上）；然后将圆柱旋转 45°，并将内部的液体吸出。对此，他解释为通过移除边界层可使得在层流和湍流下均为附体流动（下图）。由此，他将流动分离归结为是边界层引起的，但尚不知道抽吸边界层是主动流动控制的基础，这也是升力增强的基本原理。

1.1.1 高升力装置的发展

莱特兄弟首次飞行后，大量早期航空先驱尝试制造新的飞行器，但未能安全着陆。人们观察到，如果飞机着陆过程中速度太小就会失速、失控并坠毁。不久，人们把研究重点放到降低着陆时速度而不会陷入失速风险上。奈勒（Nayler），斯特德曼（Stedman）和斯特恩（Stern）首先提议将机翼铰接以适应翼型的弧度[3]。1912—1914 年间，他们利用铰

① 本书中 Viscosity 翻译为业内普遍使用的“粘度”。——译者注

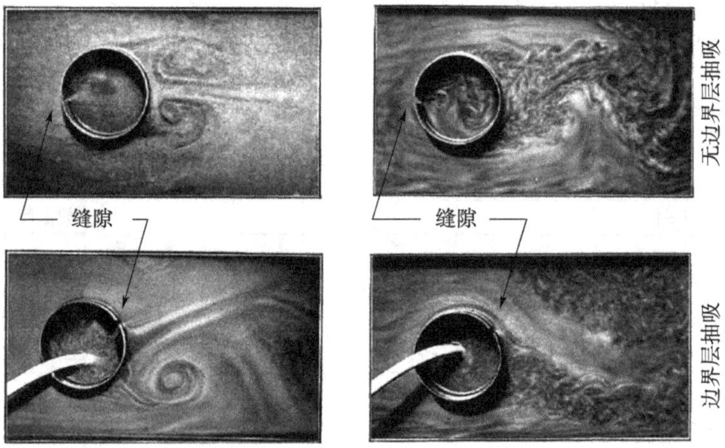

图 1-4　普朗特利用圆柱试验显示边界层在流动分离中作用（文献［2］中图 11）

链机翼进行试验，并称之为平面襟翼。图 1-5 显示了基于 RAF9 翼型设计的平面襟翼，其占比超过 1/3 弦长。实际上，这不仅仅是如今所说的高升力装置的开始，也是控制舵面的开始，不论是副翼、方向舵还是升降舵。

图 1-5　Nayler，Stedman 和 Stern 于 1912—1913 年基于 RAF9 翼型设计的铰链式襟翼，占比为 0.385c（文献［13］中图 2）

第一次世界大战结束时，高升力装置发展史中最戏剧性的故事发生了。一次事故后，德国人古斯塔夫·拉赫曼（Gustav Lachmann）详细研究了通过提高升力系数来降低失速速度的问题。他基于势流理论进行了详细的理论分析，提出了开缝机翼的想法。1918 年，他向德国专利局提出了开缝机翼的专利申请[4]。但那时人们根本不相信在机翼上开缝能够提高其升力，因此该专利被驳回了。

弗雷德里克·汉德利·佩奇（Frederic Handley Page）同期完全独立地试验了开缝机翼的设计，通过在机翼前方放置引流片，对失速速度产生了显著影响，并于 1920 年申请了专利[5]，从那时起，我们今天所称的缝翼就与他的名字联系在一起。对于佩奇而言，其从缝翼专利所获取的许可费要比飞机生产的收益大得多。

故事的结局是 1923 年，基于其在开缝机翼方面的工作，拉赫曼获得博士学位，随后加入佩奇的飞机公司，并成为研究部门负责人。在那里他度过了剩下的职业生涯。尽管如此，他的名字因为其在边界层控制方面的工作而广为人知，而缝翼装置仍归功于佩奇。

几年后，哈兰·D. 富勒（Harlan D. Fowler）首次发明了增加机翼面积以降低失速速度。在 1921 年的专利中，机翼在弦向是可变的[6]，然后他花了 6 年时间发展出今天所称的富勒襟翼[7]，通过增加弯度与开缝相结合以增加机翼面积，实际上，到目前为止富勒襟翼仍然是飞机研发中最重要的发明之一，截至当前，没有一架大型运输机能够在没有襟翼的情况下飞行，今天的任何一架飞机都离不开襟翼。

12年后，路德维希·伯尔科（Ludwig Bölkow）发明了下一个增升装置。他一直在寻找一种能够在飞行中打开和关闭缝翼的机构，最后的解决方案为将前缘一部分向下弯曲以打开缝翼[8]。只有在第二种情形下，他建议整个翼前缘可调——即空客A350XWB与A380机翼下垂式前缘设计源头。

最后发明的是前缘分裂襟翼。第二次世界大战期间，维尔纳·克鲁格（Werner Krüeger）试验了在机翼前缘下方增加平板并迎风偏转的装置[9]，这个装置今天被称为克鲁格襟翼。与先驱奈勒、斯特德曼和斯特恩不同，克鲁格没有申请发明专利，而是在一份公开报告中公布了自己的发明。20世纪50年代，喷气式客机时代开始后，波音公司完全依赖机翼前缘采用克鲁格襟翼设计。1972年，弗雷德里克·T.瓦茨（Frederick T. Watts）申请了第一个关于克鲁格襟翼的专利[10]并获授权，随后其向波音公司索要许可费。诉讼过程中，波音公司聘请克鲁格担任公司的顾问，克鲁格证明，由于其论述是公开发表的，这一装置是设计常识，因此专利本身毫无价值。

到1943年，所有已知类型的高升力装置均已被发明出来，两篇综述[11,12]介绍了那个时代已知高升力装置的工作原理，正如我们今天所知的那样，但只有一点例外：气动原理都是通过增加弯度和边界层控制，而缝翼是通过引入新的边界层。这一理解可追溯到普朗特1904年的工作。外尔（Weyl）在1945年的综述中将每种装置的物理解释都归结为边界层控制——这种误解一直持续到今天。

从第一个高升力装置到A. M. O. 史密斯（Smith，道格拉斯飞机公司首席空气动力学研究工程师）于1974年发表著名的“莱特演讲”，也即“高升力空气动力学”，历时60年[13]。他是总结与高升力流动尤其是开缝襟翼相关的流动物理学的第一人。他强调，多升力面相互作用对升力产生的影响要比边界层稳定所能解释的影响要大得多。早期工作，如Lachmann[4]，Betz[14]和Pleines[15]都提出了这一想法，但未能得到足够重视。史密斯清晰完整地总结了这一点，所发表的期刊论文是高升力空气动力学的教科书。

1.1.2 大型运输机发展趋势

如今的大型运输机，其演变趋势可称为“机翼＋箱子”布局，不同构型的差异只有专家才能看出。从远处看，除发动机数量外，空客A350XWB与波音Dash80（后来的B707）并没什么差别。其实，机翼内部大不一样，尤其是高升力系统。

1996年，彼得·K.C.鲁道夫（Peter K.C. Rudolph）详细分析了飞机高升力系统技术的发展史[16]。他很好地总结了在此之前的发展历程：

早期的商用飞机由于翼载荷较低，巡航速度与低速速度（起飞和着陆状态）比约为2∶1，因此不需要高升力系统，然而，即使在那个时代，人们已经意识到高升力装置的好处。引入简单的后缘襟翼，其目的不是降低着陆速度，而是在无侧滑的情况下提供更好的下滑控制，并改善低速飞行时飞行员的视野。

随着发动机技术的发展，商用飞机的巡航速度和翼载荷随之增加，切实需要高升力装置以将起飞和着陆速度保持在合理范围内。那个时代的高升力装置通常是后缘襟翼。当军用喷气发动机发展成熟并被引入商用时，为最大限度地发挥喷气发动机的性能，必须提高飞机速度。机翼后掠和增加翼载荷均可用于提高飞行速度。增加翼载荷要求低速时的升力系数更高，但机翼后掠实际上会降低低速条件下机翼的升力。

早期喷气式飞机的起飞和着陆速度的增加使得跑道长度必须加长。但跑道长度又会受经济、起降安全速度、轮胎速度等因素的限制。因此，为了将起降速度保持在合理范围内，需要更强大的高升力装置。后缘襟翼从简单的襟翼发展到带有单个、两个甚至三个缝隙的富勒襟翼。机翼前缘从固定的前缘发展到简单的克鲁格襟翼，从固定的、带缝隙的前缘发展到两个和三个位置的缝翼和可变弯度（VC）克鲁格襟翼。

高升力系统的复杂性在波音 747 上达到顶峰，其拥有可变弯度克鲁格襟翼以及内、外翼后缘三缝襟翼。从那时起，高升力系统发展的趋势就是使用更简单的装置来实现高升力，以减少采购和维护成本。

（Rudolph[16] p. 1）

通常认为对于以高亚声速巡航的大型运输机而言，较简单的高升力装置是不够的。但是，空客 A320 打破了这一观念，其完全依赖单缝富勒襟翼。鲁道夫对此表示：

长期以来，人们通常认为单缝襟翼无法提供可接受的降落姿态；然而，空客 A320、A330 和 A340 证明了情况并非如此。

（Rudolph[16] p. 137）

90 年代中期以来，更加注重研发简单系统，以减轻系统重量、减少维护工作量。当今最先进的两款飞机——波音 787 梦想飞机和空客 A350 XWB——均采用了类似的高升力技术：在机翼前缘使用缝翼（在 A350 XWB 上，利用发动机内部的下垂机鼻来取代），并将单缝襟翼安装在固定铰链上，利用可调节的扰流板来控制襟翼间隙——这是在道格拉斯 YC－15/C－17 项目中开发的技术，鲁道夫也建议进一步发展该技术。

1.2 飞行安全约束

最初高升力装置的主要目的就是降低飞机着陆速度，使着陆更可控、更安全。例如，由于着陆时发生事故，古斯塔夫·拉赫曼（Gustav Lachmann）开始了其缝翼研究工作。因此，高升力系统旨在将安全飞行的极限扩大到较低的飞行速度。

在详细介绍之前，需要引入两个速度的定义。真实空速（True Airspeed，TAS）即飞机相对于周围空气的速度，根据相对论，也即飞机表面的气流相对于飞机的流动速度。当量空速（Equivalent Airspeed，EAS）是在动压相等的情况下，转换到海平面标准大气中的空速。这对于结构分析尤其重要，因为飞机所受的气动力与动压成正比。TAS 与 EAS之间的关系与密度比相关

$$\mathrm{EAS}=\mathrm{TAS}\sqrt{\frac{\rho}{\rho_{H=0}}} \tag{1-3}$$

飞行极限可用飞机安全飞行的飞行包线来展现，可以用两类图表来形象地展示飞行包线。第一类飞行包线是如图 1－6 所示的速度-过载（$V-n$）曲线。它显示了不同飞行速度所允许的机动载荷系数（即过载）。飞行下限取决于最大升力系数所对应的无过载失速速度 V_{S1g}。受最大升力系数限制，正的过载只能通过更大的飞行速度来补偿，因而这是一个气动极限。与之对应，最小升力系数在负向过载范围内也定义了类似的边界。正如下文所述，制定认证规范时，运输机需能够承受的正向过载 $n_z=2.5$，负向过载 $n_z=-1$。此外，还定义了飞机的最大操纵速度 V_{MO}，在该速度下，飞机即使在湍流条件下也能安全飞行。当为了减小过载而限制机动时，可适当放宽速度约束，但必须保证不能超过 V_{NE}，以免超过过载约束。这些约束通常是出于结构方面的考虑。需要注意的是，对于飞机而言，速度-过载曲线并非不变。由于失速速度与飞机最大升力系数及质量相关，下边界还受飞机质量的影响。当飞行高度较高时，其上边界也是变化的，此时可采用另一种飞行包线进行展示。

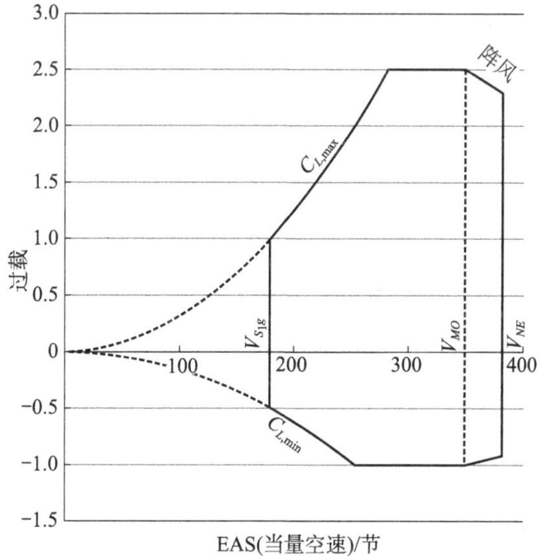

图 1－6　$V-n$ 曲线

第二类飞行包线是如图 1－7 所示的速度-高度（$V-H$）曲线，其显示了不同飞行高度所允许的飞行速度。它描述了稳定飞行（$n_z=1$）时不同飞行高度下飞行速度的限制，这里给出的是真实空速 TAS。由于密度随着高度的增加而降低，因此空速需随着高度的增加而增加。飞行高度较低时，最大和最小速度限制与 $V-n$ 曲线中相同。随着高度的增加，出现了不同的飞行边界，而在 $V-n$ 曲线中是不方便描述的。随着温度的降低，声速降低

$$a=\sqrt{\kappa RT} \tag{1-4}$$

因此，随着高度的增加，为保持相同的动压，飞机需要飞得更快，接近于声速时可能会出现跨声速流动现象，即所谓的颤振（超声速激波及其引起的流动分离等不稳定流动现象），

因此在最大飞行速度等约束之外，还需要引入基于马赫数定义相关的飞行边界，如 M_{MO}，M_{NE}，以体现此类气动约束。图中已考虑了失速速度随飞机重量的变化情况。此外，还显示了其他两个特征速度。一是绿点速度 V_{GD}，即以最佳升阻比飞行对应的速度，其名字来源于空客在速度指示器上用绿点提示该速度。由于其也是最低飞行速度，因此飞机无法以低于 V_{GD} 的速度来飞行。二是目标飞行速度，其对应最佳航程，接近速度上限。

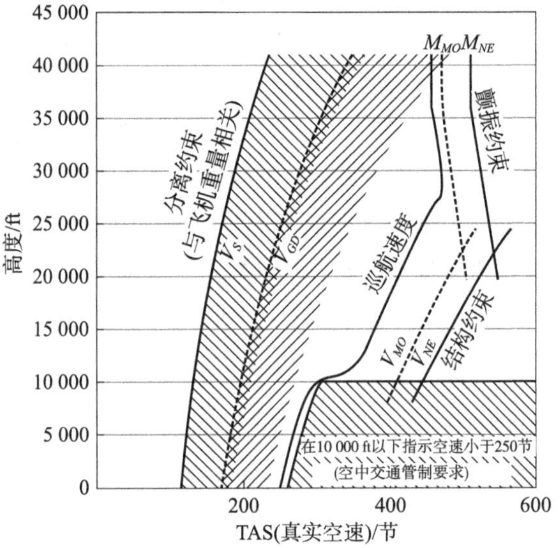

图 1-7　飞行速度-高度飞行包线（$V-H$ 图）

$V-H$ 图中显示的另一个飞行边界与空中交通管制（Air Traffic Control，ATC）有关。在 FL100 高度（标准大气 101 325 Pa 对应高度以上 10 000 ft）以下，民用运输与其他类型的飞行活动重合，尤其是通用航空。为了提高安全性，不同国家的空中交通法规[17]都限制了不同飞机之间的速度范围，最大 EAS 限制在 250 节。对于 $V-H$ 图（图 1-7）中飞行包线所代表的飞机而言，这一速度限制接近于——甚至可能已经小于——飞机重量较大情况下的最低飞行速度。

高升力系统的主要作用就是降低最小飞行速度，因此飞行包线需拓展到较低速度区域。高升力装置通过将与最大升力系数相关的气动边界转换到较低速度来实现。图 1-8 给出了包含两个不同偏转方向（如分别用于起飞和着陆）的高升力系统的 $V-n$ 图。可以预见，高升力系统主要用于不太看重机动性的飞行阶段。对应的最大机动载荷系数 $n_z=2$ 也小于巡航阶段，并且不会有负机动过载的预期。

由于高升力系统仅工作在特定的飞行阶段，因此没有必要覆盖所有的飞行状态，如高速飞行阶段，那将极大增加机构的重量。因此，需要降低高升力系统的结构约束，主要要求是要覆盖对高升力系统的需求区域，且响应过程要足够快，足够灵活。

图 1-9 展示了包含高升力系统的 $V-H$ 图，为简化起见，仅展示了干净机翼的使用包线，图中只显示了两个不同高升力装置的偏转效果。虽然失速速度（着陆时为 V_{S0}，起飞时为 V_{S2}）显示了极限能力，但以最小速度飞行时必须留有一定的安全裕度。对应的限

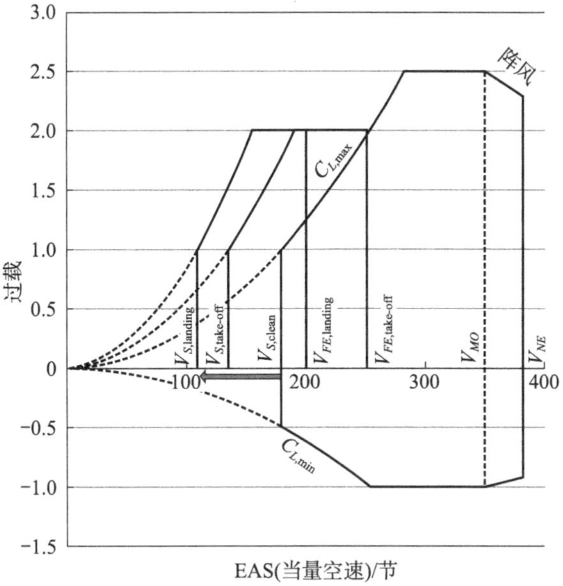

图 1-8　高升力系统对飞行包线的影响

制就是最小进场速度 V_{REF} 和最小爬升速度 V_2，这将在第 3 章的飞行安全规定部分进一步讨论。根据规定，飞机制造商必须针对每个高升力装置分别规定其对应的最大速度 V_{FE}。此外，可以看出，高升力系统并不针对整个飞行高度范围。常见的最大飞行高度限制为 FL200（标准大气 101 325 Pa 对应高度以上 20 000 ft）。

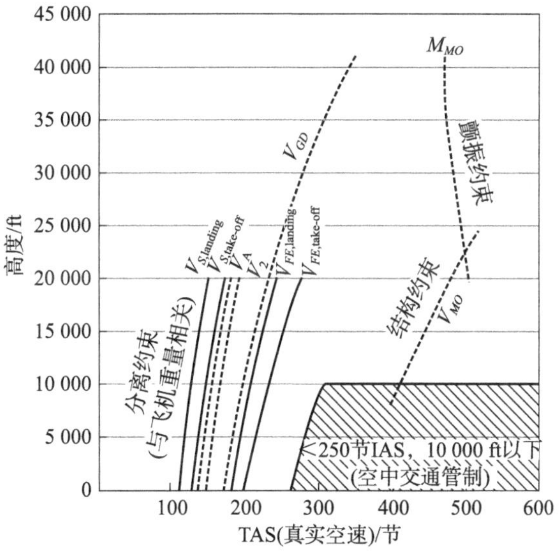

图 1-9　*V*-*H* 图（包含高升力装置，为了简化，仅展示了干净机翼的使用包线）

备注：由于版权问题，美国政府于 2006 年关闭了公众对其数字航空飞行信息文件（DAFIF）服务的访问。OurAirports.com 是一项公共领域的举措，旨在填补可用于研究的机场数据的空白。

参考文献

[1] OurAirports (2007) Open Data Downloads, accessed April 2021 @ https: //ourairports. com/data/airports. csv and https: //ourairports. com/data/runways. csv.

[2] Prandtl L (1904) "Über die Flüssigkeitsbewegung bei sehr kleiner Reibung," III Internationaler Mathematiker - Kongress, Heidelberg, translated to English as NACA TM 452.

[3] Nayler, Stedman, Stern (1914) "Experiments on an Aerofoil Having a Hinged Rear Portion," ARC R&M No. 110.

[4] Lachmann G (1921) Das unterteilte Flächenprofil, Zeitschrift für Flugtechnik und Motorluftschiffahrt 12, pp. 164 - 169, translated to English as: NACA TN 71.

[5] Handley Page F (1920) Wing and Similar Member of Aircraft, patent US 1, 353, 666.

[6] Fowler HD (1921) Variable Area Wing, patent US 1, 392, 005.

[7] Fowler HD (1928) Aerofoil, patent US 1, 670, 852.

[8] Bölkow L (1942) Tragflügel mit Mitteln zur Veränderung der Profileigenschaften, patent DE 694, 916.

[9] Krüeger W (1943) Über eine neue Möglichkeit der Steigerung des Höchstauftriebes von Hochgeschwindigkeitsprofilen, AVA - report 43/W/64, Aerodynamische Versuchsanstalt Göttingen.

[10] Watts FT (1968) Aircraft, patent US 3, 363, 859.

[11] Krüeger W (1943) Hochauftrieb. Zusammenstellung und Vergleich verschiedener Bauarten und Methoden, AVA - report 43/W/38, Aerodynamische Versuchsanstalt Göttingen.

[12] Weyl AR (1945) "High - Lift Devices and Tailless Airplanes," Aircraft Engineering, 17 (10), pp. 292 - 297.

[13] Smith AMO (1975) "High - Lift Aerodynamics," Journal of Aircraft, 12 (6), pp. 501 - 530. DOI: 10. 2514/3. 59830.

[14] Betz A (1922) Theory of the Slotted Wing, NACA TN 100. Translation of Berichte und Abhandlungen der wissenschaftlichen Gesellschaft für Luftfahrt (Supplement to Zeitschrift für Flugtechnik und Motorluftschiffahrt), No. 6, January, 1922.

[15] Pleines W (1935) Wing Brake Flaps, Aircraft Engineering, 7 (9), pp. 213 - 219.

[16] Rudolph PKC (1993) High - Lift Systems on Commercial Subsonic Airliners, NASA CR 4746.

[17] Code of Federal Regulations Title 14 Part 91 § 91. 117 (1993) Amdt. 91 - 233, 58 FR 43554.

第 2 章　升力产生的极限

符号表

a	m/s	声速	β	—	Falkner - Skan 系数
b	m	翼展	γ	(°)	航迹角
c	m	弦长	Γ	m^2/s	环量
c_f	—	摩擦系数	δ	m	位移厚度
c_p	—	压力系数	δ_N	m	特征边界层厚度
c_p^*	—	临界压力系数	ζ	m	变换后复坐标（保角映射）
$\bar{c}_p$	—	标准压力系数	η,ξ	m	变换后坐标
c_{Lu}	—	上侧截面产生升力系数	θ	m	动量损失厚度
C_L	—	升力系数	κ	—	比热比(理想气体为 1.4)
E	J/kg	比内能	λ	W/m^2	热流系数
f	m^2/s	壁面法向流函数	μ	m^2/s	偶极子强度(势流理论)
F	—	复流函数	μ	kg/(m・s)	动力粘度
H	J/kg	比焓	ν	m^2/s	运动粘度
H_{12}	—	形状因子	ρ	kg/m^3	密度
k	—	常数	σ	m^2/s	源发射率(势流理论)
l	m	特征长度	$\boldsymbol{\tau}$	N/m^2	粘性应力张量
L	N	升力	τ_w	N/m^2	壁面剪切应力
m	—	指数	Φ	m^2/s	势函数
M	—	马赫数	Ψ	m^2/s	流函数
$\boldsymbol{n}$	m	表面法向量(指向流体区域内)	ω	m/s	保角变换后的复速度
p	N/m^2	压力	Ω	m^2	物体表面面积
p_t	N/m^2	滞止压力	Δ	差分算子	
R	J/(kg・K)	比气体常数	∇	梯度算子	
R	m	圆柱半径	$\otimes$	外积算子	
r	m	半径	∞	来流条件	
Re	—	雷诺数	c	中心	
S	—	Stratford 准则	c	可压	

续表

t	s	时间	e	边界层外缘
T	K	温度	ic	不可压
$\boldsymbol{u}$	m/s	速度矢量	vac	真空
u，v，w	m/s	速度矢量分量	max	最大值
U	m/s	流动速度	min	最小值
V	m^3	体积	r	径向
w	m/s	复速度	D	偶极子
$\bar{w}$	m/s	共轭复速度	S	源/汇
x，y，z	m	笛卡儿坐标	θ	周向
z	m	复坐标	Γ	势涡
α	(°)	攻角	‖	平行流
β	(°)	开角	0	初始压强

在分析升力产生的物理极限之前，简要介绍流体流动的数学描述方程①。在空气动力学中，通常认为空气是具有一定材料属性的理想气体，其运动由 Navier - Stokes 方程组描述，该方程阐述了牛顿流体的质量、动量和能量守恒原理。

$$\frac{D}{Dt}\iiint_V \rho \, \mathrm{d}V = \iiint_V \frac{\partial \rho}{\partial t}\mathrm{d}V + \iint_\Omega \rho(\boldsymbol{u}\cdot\boldsymbol{n})\mathrm{d}\Omega = 0$$

$$\frac{D}{Dt}\iiint_V \rho\boldsymbol{u} \, \mathrm{d}V = \iiint_V \frac{\partial(\rho\boldsymbol{u})}{\partial t}\mathrm{d}V + \iint_\Omega \rho\boldsymbol{u}(\boldsymbol{u}\cdot\boldsymbol{n})\mathrm{d}\Omega = -\iint_\Omega p\boldsymbol{n}\,\mathrm{d}\Omega + \iint_\Omega(\boldsymbol{\tau}\cdot\boldsymbol{n})\mathrm{d}\Omega$$

$$\frac{D}{Dt}\iiint_V \rho E \, \mathrm{d}V = \iiint_V \frac{\partial(\rho E)}{\partial t}\mathrm{d}V + \iint_\Omega \rho H(\boldsymbol{u}\cdot\boldsymbol{n})\mathrm{d}\Omega = \iint_\Omega \lambda(\nabla T\cdot\boldsymbol{n})\mathrm{d}\Omega + \iint_\Omega(\boldsymbol{\tau}\cdot\boldsymbol{n})\cdot\boldsymbol{u}\,\mathrm{d}\Omega \tag{2-1}$$

上述方程组可由通用气体定律封闭

$$\frac{p}{\rho} = RT \tag{2-2}$$

对于亚声速流动，由于不存在不连续现象，可利用高斯定理将 Naveir - Stokes 方程组转换成微分形式

$$\frac{\partial \rho}{\partial t} + \nabla\cdot(\rho\boldsymbol{u}) = 0$$

$$\frac{\partial(\rho\boldsymbol{u})}{\partial t} + \nabla\cdot(\rho\boldsymbol{u}\otimes\boldsymbol{u}) = -\nabla p + \nabla\cdot\boldsymbol{\tau}$$

$$\frac{\partial(\rho E)}{\partial t} + \nabla\cdot(\rho H\boldsymbol{u}) = \nabla(\lambda\,\nabla T) + \nabla\cdot(\boldsymbol{\tau}\cdot\boldsymbol{u}) \tag{2-3}$$

基于量纲分析可得到两个重要的无量纲数，即马赫数

---

① 有大量的文献资料，以下为 Schlichting 与 Truckenbrodt [1]，Anderson[2] 和 Radespiel [3]给出的描述。

$$M=\frac{U_\infty}{a_\infty};\quad a_\infty=\sqrt{\kappa RT_\infty} \tag{2-4}$$

和雷诺数

$$Re_l=\frac{\rho_\infty U_\infty l}{\mu} \tag{2-5}$$

只有当这两个数相等时，两个流动才相似。

假设流体粘性系数为零，即流动为无粘流动，应力张量 $\boldsymbol{\tau}$ 消失，两种形式的方程都可得到欧拉方程。将动量方程沿流线进行积分得到伯努利方程

$$p_t=p+\frac{1}{2}\rho\|\boldsymbol{u}\|^2=p_\infty+\frac{1}{2}\rho_\infty U_\infty^2=\text{常数} \tag{2-6}$$

从而建立流动速度与压力的关系。无量纲分析时，定义局部压力系数

$$c_p=\frac{p-p_\infty}{p_{t,\infty}-p_\infty}=\frac{p-p_\infty}{\frac{1}{2}\rho_\infty U_\infty^2} \tag{2-7}$$

不可压流动可直接利用上式进行分析，但对于可压缩流动，密度的变化需要基于气体定律进行分析。假设沿流线流体状态变化过程绝热，则可得

$$p_t=p\left(1+\frac{\kappa-1}{2}M^2\right)^{\frac{\kappa}{\kappa-1}}=p_\infty\left(1+\frac{\kappa-1}{2}M_\infty^2\right)^{\frac{\kappa}{\kappa-1}}=\text{常数} \tag{2-8}$$

此外，对于不可压流动，方程可简化为

$$\begin{gathered}\nabla\cdot\boldsymbol{u}=0\\ \rho\frac{\mathrm{d}\boldsymbol{u}}{\mathrm{d}t}+\rho\nabla\cdot(\boldsymbol{u}\otimes\boldsymbol{u})=-\nabla p\\ \frac{\mathrm{d}(\rho E)}{\mathrm{d}t}+\rho\nabla\cdot(H\boldsymbol{u})=\nabla(\lambda\nabla T)\end{gathered} \tag{2-9}$$

无散度和旋度的向量场称为势场

$$\nabla\times\boldsymbol{u}=0 \tag{2-10}$$

在空气动力学中，势理论利用势函数来描述不可压缩流动守恒方程的解。流体动力学中，势函数 Φ 定义为（其空间导数为流场的速度）

$$\begin{aligned}\Phi_x&=\frac{\partial\Phi}{\partial x}=u\\ \Phi_y&=\frac{\partial\Phi}{\partial y}=v\end{aligned} \tag{2-11}$$

将其代入不可压质量守恒方程，可得到流体动力学中的线性化势函数方程①

$$\Phi_{xx}+\Phi_{yy}=0 \tag{2-12}$$

对于每个势函数 Φ，可定义对应的流函数 Ψ，其与势函数在每个点正交

$$\begin{aligned}\Psi_x&=\Phi_y\\ \Psi_y&=-\Phi_x\end{aligned} \tag{2-13}$$

① 势流理论符号来源于 Katz 和 Plotkin[4]。

势函数满足叠加原理，即两个势函数叠加产生一个新的势函数。

图 2－1 给出了满足流体动力学方程（2－12）的三个基本解，介绍如下。

（1）平行流动

$$\Phi_{\parallel}=U_{\infty}(x\cos\alpha+y\sin\alpha)$$
$$u(x,y)=U_{\infty}\cos\alpha \qquad (2-14)$$
$$v(x,y)=U_{\infty}\sin\alpha$$

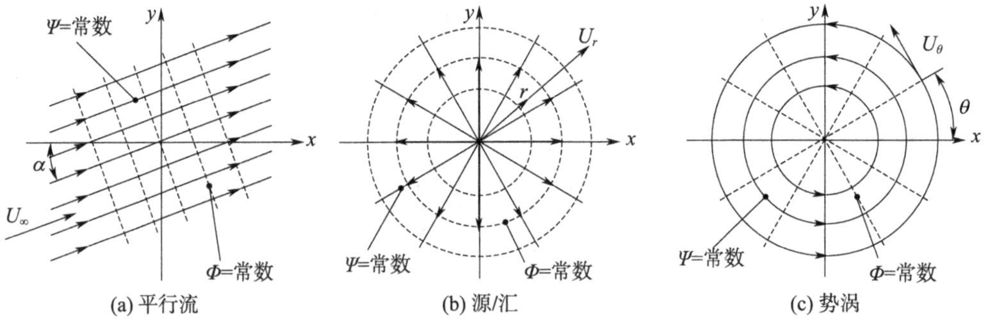

图 2－1　势流方程的基本解

（2）发射率 σ 的源/汇流动诱导产生径向速度 U_r

$$\Phi_S(x,y)=\frac{\sigma}{2\pi}\ln\sqrt{x^2+y^2}$$
$$u(x,y)=\frac{\sigma}{2\pi}\frac{x}{x^2+y^2} \qquad (2-15)$$
$$v(x,y)=\frac{\sigma}{2\pi}\frac{y}{x^2+y^2}$$

（3）环量 Γ 的势涡诱导产生周向速度 U_θ

$$\Phi_\Gamma(x,y)=\frac{\Gamma}{2\pi}\arctan\left(\frac{y}{x}\right)$$
$$u(x,y)=\frac{\Gamma}{2\pi}\frac{x}{x^2+y^2} \qquad (2-16)$$
$$v(x,y)=\frac{\Gamma}{2\pi}\frac{y}{x^2+y^2}$$

图 2－2 显示了源和汇在相同位置叠加得到的第四个基本解，即强度为 μ 的偶极子

$$\Phi_D(x,y)=-\frac{\mu}{2\pi}\frac{x}{x^2+y^2}$$
$$u(x,y)=\frac{\mu}{2\pi}\frac{x^2-y^2}{(x^2+y^2)^2} \qquad (2-17)$$
$$v(x,y)=\frac{\mu}{2\pi}\frac{2xy}{(x^2+y^2)^2}$$

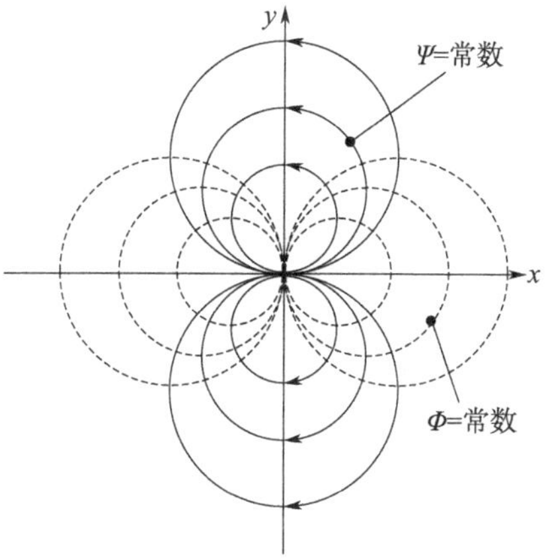

图 2-2　偶极子势场

2.1　无粘不可压流动

首先基于最简单的流动分析产生升力的极限，分析不可压无粘流动中是否存在产生升力的理论极限。因此，第一个流动分析中采用了势流理论。

图 2-3 所示为平行流、偶极子和势涡叠加产生的流场，用于表示“旋转”圆柱周围的水平流动（$\alpha=0$），对应的势场为

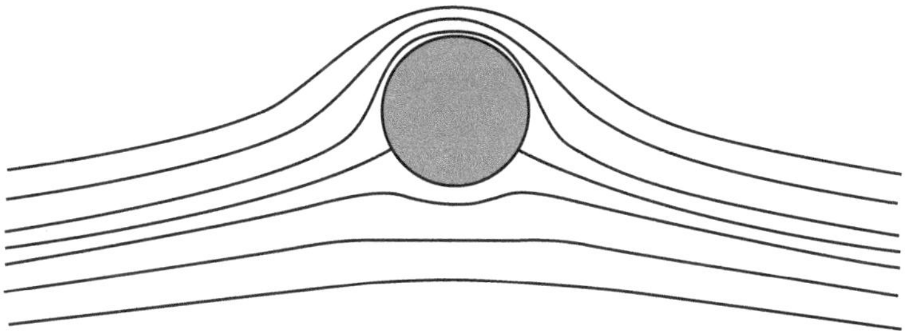

图 2-3　平行流、偶极子和势涡叠加产生的流场（来源于 Smith[5] 中图 9（a））

$$
\begin{aligned}
\Phi(x,y) &= U_\infty x - \frac{\mu}{2\pi}\frac{x}{x^2+y^2} + \frac{\Gamma}{2\pi}\arctan\left(\frac{y}{x}\right) \\
u(x,y) &= \Phi_x(x,y) = U_\infty + \frac{\mu}{2\pi}\frac{x^2-y^2}{(x^2+y^2)^2} - \frac{\Gamma}{2\pi}\frac{y}{x^2+y^2} \qquad (2-18) \\
v(x,y) &= \Phi_y(x,y) = \frac{\mu}{2\pi}\frac{2xy}{(x^2+y^2)^2} + \frac{\Gamma}{2\pi}\frac{x}{x^2+y^2}
\end{aligned}
$$

分析可知，偶极子强度与圆柱的直径直接相关，对于该模型，什么因素限制了升力的产生？可以看出，在流场中存在两个不同的滞止点，位置与环量直接相关。因此，如果存在两个驻点在圆柱下表面重合的解，其应该是产生最大升力的情况。

针对如图 2-4 所示的流场，方程（2-18）需满足侧向边界条件，假设半径为 1，对

方程进行简化

$$u(0,-1)=v(0,-1)=u(-1,0)=0 \qquad (2-19)$$
$$v=0 \quad \forall x=0$$

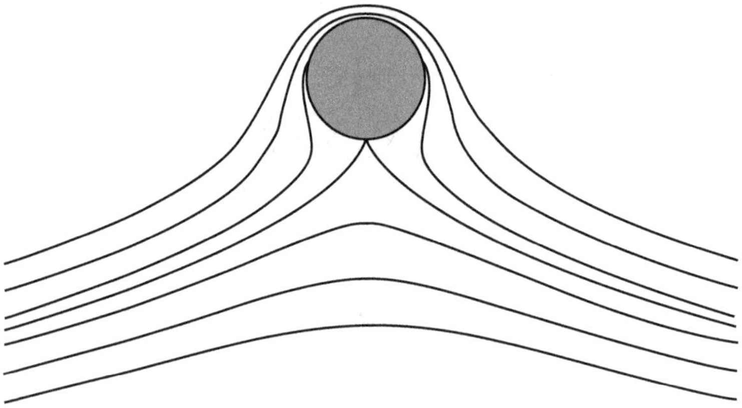

图 2-4 圆柱周围受限流场，力与后滞止点对齐（来源于 Smith[5] 中图 9（b））

虽然偶极子强度由中心轴线定义，但环量由驻点位置定义

$$u(-1,0)=U_\infty+\frac{\mu}{2\pi}=0\Rightarrow\mu=-2\pi U_\infty \qquad (2-20)$$
$$u(0,-1)=U_\infty-\frac{\mu}{2\pi}+\frac{\Gamma}{2\pi}=0\Rightarrow\Gamma=-2\pi U_\infty+\mu=-4\pi U_\infty$$

利用茹科夫斯基定理可得环量与升力之间的关系

$$L=-\rho_\infty\Gamma bU_\infty \qquad (2-21)$$

升力系数定义为

$$C_L=\frac{L}{\frac{1}{2}\rho_\infty U_\infty^2 bc} \qquad (2-22)$$

由于 $c=2r=2$，该流动的最大升力系数

$$C_{L,\max}=4\pi \qquad (2-23)$$

这也是不可压无粘流动的最大升力系数，此时驻点位于物体上。

可能引起争议的地方是，旋转圆柱流动是人为假想的，旋转圆柱要带动周围流体一起旋转，必须存在摩擦作用，因此无粘流动假设是不成立的。但通过势流理论得到的上述基本解是分析翼型流动的基础。

引入从笛卡儿空间到复空间的变换

$$z=x+\mathrm{i}y \qquad (2-24)$$
$$w=u+\mathrm{i}v$$

由于其为直接坐标变换，因此势函数是不变的

$$\Phi(z)=\Phi(x,y) \qquad (2-25)$$

为了获得方程（2-14）～（2-17）在复空间内势函数的基本解，定义复流函数为

$$F(z)=\Phi+\mathrm{i}\Psi \tag{2-26}$$

速度可通过流函数的共轭复数求得

$$\frac{\mathrm{d}F}{\mathrm{d}z}=u-\mathrm{i}v=\bar{w} \tag{2-27}$$

对于奇点位于 z_c 处的复流函数的基本解为

$$F_{\parallel}=\bar{w}_{\infty}\cdot z \tag{2-28}$$

$$F_S=\frac{\sigma}{2\pi}\ln(z-z_c) \tag{2-29}$$

$$F_{\Gamma}=\mathrm{i}\frac{\Gamma}{2\pi}\ln(z-z_c) \tag{2-30}$$

$$F_D=\frac{\mu}{2\pi}\frac{1}{z-z_c} \tag{2-31}$$

根据保角映射理论，上述变换为保角变换，由于势函数和流函数经过保角变换后仍然保持正交，因此，势场的保角映射仍为势场。

库塔-茹科夫斯基变换就为一种保角映射

$$\zeta=z+\frac{1}{z} \tag{2-32}$$

如图 2-5 所示，它将单位圆转换为长度为 4 的线段。此外，该映射将通过点 $z=1$ 的圆变换成后缘尖锐的翼型形状，翼型的形状取决于圆心的位置。

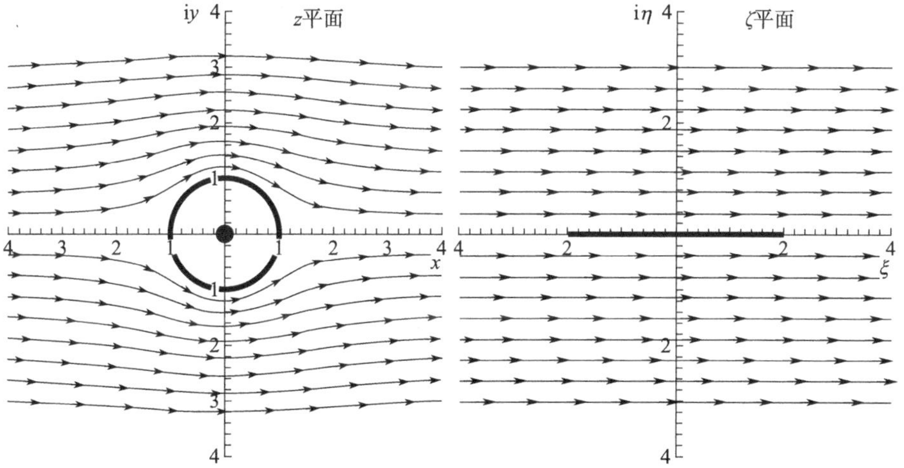

图 2-5　库塔-茹科夫斯基变换将圆柱的势流变换为平板流动

图 2-6 显示了圆心运动时变换结果，沿实轴负向移动时会引入厚度，而沿着虚轴向上移动会引入弯度。需要记住的是，它将 z 平面中的 $z=1$ 映射成 z 平面的 $z=2$。引入库塔条件[①]，固定 z 平面内的尖后缘上的驻点（z 平面内点 $z=1$），从而确定 z 平面内扰流

① 需要强调的是这是库塔条件，其来源于附体流动不会绕过后缘这一观察现象，流行的解释是气流会沿机翼后缘切向流动或上下表面压力会在后缘处平衡，这实际上只是库塔条件的结果。

流场的唯一解，该流场取决于圆心、来流速度及攻角

$$
\begin{aligned}
R &= |1 - z_c| \\
\mu &= 2\pi R^2 U_\infty \\
\Gamma &= 4\pi R U_\infty \sin(\alpha + \beta)
\end{aligned}
\tag{2-33}
$$

其中，β 为后缘与圆心的连线和实轴之间的夹角，通常称之为翼型的张角（如图 2-7 所示），对应的流场可表示为

$$
w(z) = U_\infty e^{-i\alpha} + \frac{i\Gamma}{2\pi(z - z_c)} - U_\infty e^{i\alpha} \frac{R^2}{(z - z_c)^2} \tag{2-34}
$$

映射到 ζ 平面内的速度为

$$
w(\zeta) = \frac{w(z)}{1 - \frac{1}{z^2}} \tag{2-35}
$$

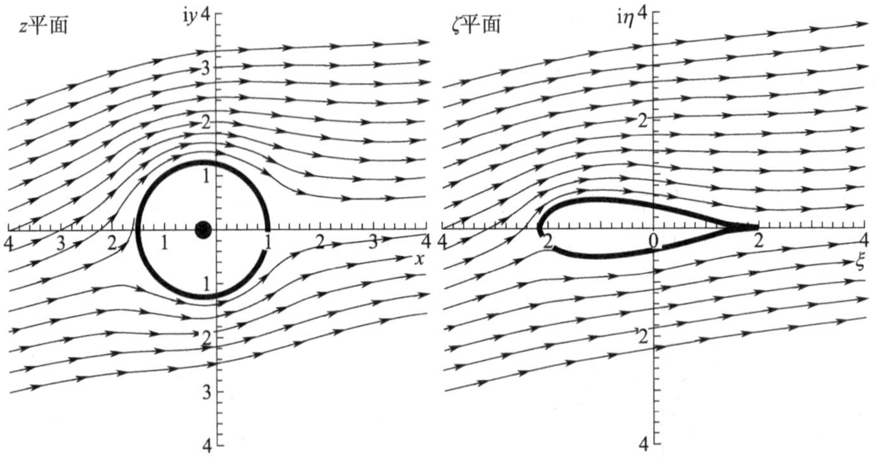

(a) 沿实轴负向运动对厚度影响

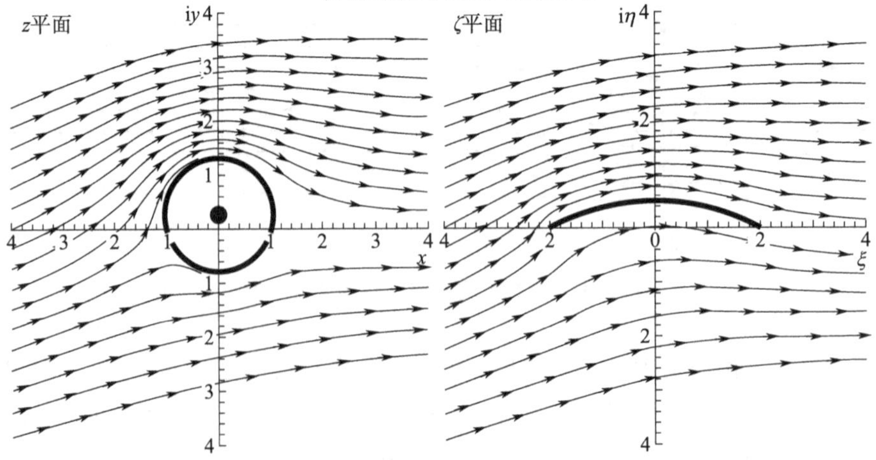

(b) 沿虚轴正向运动对弯度影响

图 2-6　圆心移动对库塔-茹科夫斯基变换形状影响

忽略厚度的影响，圆心沿虚轴正向的运动会引起翼型中弧线的变化，对应的升力系数为

$$C_L=\begin{cases}2\pi\sin(\alpha+\beta)/\cos(\beta) & 0^\circ\leqslant\beta\leqslant45^\circ\\ 4\pi\sin(\beta)\sin(\alpha+\beta) & 45^\circ<\beta\leqslant90^\circ\end{cases}\tag{2-36}$$

很明显，当攻角与翼型张角之和为 90°时，升力系数达到最大值。表 2-1 汇总了不同中弧线形状对应的最大升力系数。

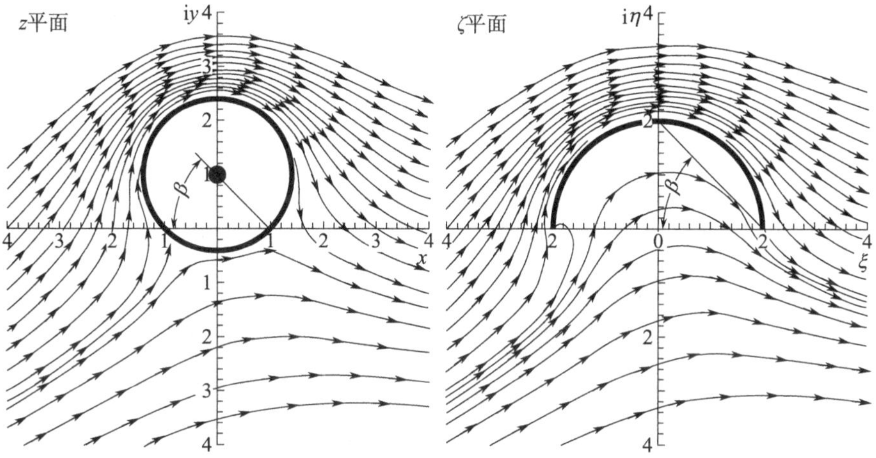

图 2-7　库塔-茹科夫斯基变换中张角的定义

利用分段翼型可使中弧线形状与 1/4 弧线相近，经验表明，利用分段翼型可使得最大升力系数达到 $C_{L,\max}\approx5$。

一方面，这表明势流解较接近；但另一方面，额外的效应限制了升力的产生，必须重视势流理论中忽略的影响因素，即可压缩性和粘性。

2.2　可压缩性影响

一般而言，空气为可压缩流体。当可压缩性影响不可忽略时，可从流动方程中推导出可压缩流动的一个常用假设。其中一种方法是将线性势流方程（2-12）与 Prandtl（普朗特）和 Glauert 的与小扰动理论相关的可压缩势流方程进行比较

$$(1-M_\infty^2)\Phi_{xx}+\Phi_{yy}=0\tag{2-37}$$

表 2-1　基于库塔-茹科夫斯基变换势流理论得到的不同中弧线最大升力系数（无粘不可压）

中弧线类型	开角 β	攻角 α	最大升力系数 C_L
平板	0°	90°	$2\pi\approx6.28$
1/4 圆弧	22.5°	67.5°	$\frac{2\pi}{\cos(22.5^\circ)}\approx6.28$

续表

中弧线类型	开角 β	攻角 α	最大升力系数 C_L
半圆弧	45°	45°	$\frac{2\pi}{\sqrt{2}}\approx 8.9$
圆弧	90°	0°	$4\pi\approx 12.56$

对比二者可知，针对薄翼型的 Prandtl－Glauert 校正实际上是可压缩流和不可压缩流中的压力系数之比

$$\frac{c_{p,\mathrm{ic}}}{c_{p,\mathrm{c}}}=\sqrt{1-M_\infty^2} \tag{2-38}$$

当二者误差超过 5%时，即认为是可压流动，因此可将流动视为不可压流动的马赫数限制为

$$\sqrt{1-M_\infty^2}<0.95\Rightarrow M_\infty>\sqrt{1-0.95^2}\approx 0.31 \tag{2-39}$$

稍后将讨论该假设是否有效，以排除在极端升力条件下可压缩性的影响。

首先，需要研究可压缩性如何直接限制升力的产生。可压缩性带来的一个明显的限制是，根据定义，在可压缩介质中，压力的定义不能低于 $p=0$，因为这一值对应的是真空。可压缩流动中压力系数的定义为

$$c_p=\frac{p-p_\infty}{\frac{1}{2}\kappa p_\infty M_\infty^2} \tag{2-40}$$

将实际压力设置为真空，推导出最小压力系数的极限条件，其取决于来流马赫数

$$c_{p,\mathrm{vac}}M_\infty^2=-\frac{2}{\kappa}\approx -1.4 \tag{2-41}$$

Mayer[6] 的试验表明，无法利用附体流动实现真空。图 2－8 对 Mayer 分析进行了总结，根据现有的试验数据绘制了 $c_pM_\infty^2$ 的最小值和实际马赫数之间的关系图。给出了不同的马赫数能够达到的 $c_pM_\infty^2$ 最小值，对应于 70%的真空度。因此，最小压力系数由 Mayer 极限给出

$$c_{p,\min}M_\infty^2\geqslant -1 \tag{2-42}$$

可压缩流动的另一个重要条件是流动从亚声速变成超声速，这由临界压力系数给出，此时局部流动达到声速，沿着流线，可压缩伯努利方程（2－8）仍然有效，压力之间的关系由当地马赫数给出

$$\frac{p}{p_\infty}=\frac{\left(1+\frac{\kappa-1}{2}M_\infty^2\right)^{\frac{\kappa}{\kappa-1}}}{\left(1+\frac{\kappa-1}{2}M^2\right)^{\frac{\kappa}{\kappa-1}}} \tag{2-43}$$

临界压力系数可由声速条件给出

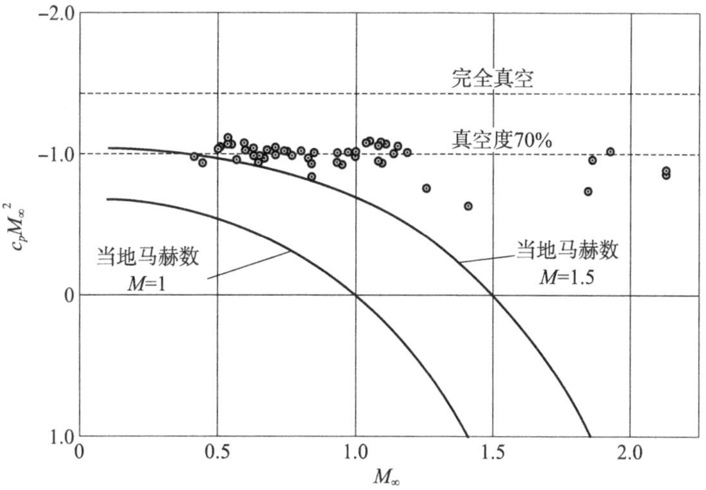

图 2-8　Mayer 分析试验数据[6] 可达到的最小压力系数（来源于 Smith[5] 中图 12）

$$c_p^* = \frac{\left(1+\frac{\kappa-1}{2}M_\infty^2\right)^{\frac{\kappa}{\kappa-1}} - \left(1+\frac{\kappa-1}{2}\right)^{\frac{\kappa}{\kappa-1}}}{\frac{\kappa}{2}M_\infty^2\left(1+\frac{\kappa-1}{2}\right)^{\frac{\kappa}{\kappa-1}}} \tag{2-44}$$

图 2-9 显示了亚声速流动区间内临界压力系数和 Mayer 极限的演变，马赫数较低时，幅度会增加，但不会很高。需要注意的是，在不可压缩流动中，压力系数与速度比值直接相关

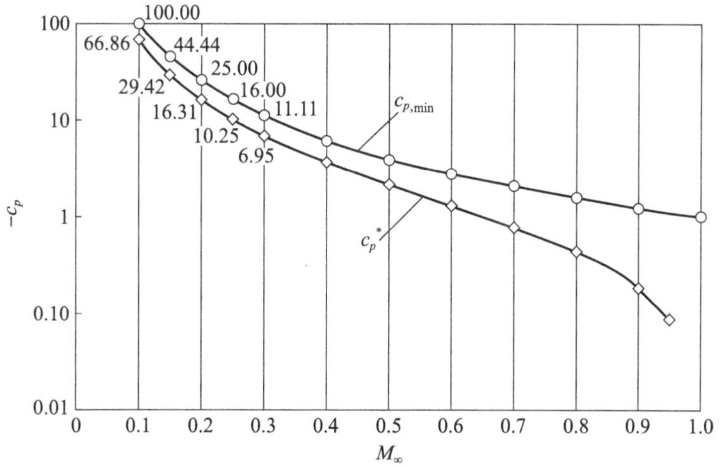

图 2-9　亚声速流动时 Mayer 极限和临界压力系数与马赫数的关系

$$c_{p,\mathrm{ic}} = 1 - \left(\frac{|\boldsymbol{u}|}{U_\infty}\right)^2 \tag{2-45}$$

压力系数 $c_{p,\ \mathrm{ic}} = -24$ 意味着局部速度是来流速度的 5 倍，对于大攻角且前缘附近流动加速度很大的流动而言，这并非不可能实现。

回到 Prandtl - Glauert 校正方程（2 - 38），当 $M_\infty \leqslant 0.3$ 时流动可视为不可压缩流动，但基于薄翼小扰动理论研究的高升力流动是否满足这一假设则需要重新考虑。Prandtl - Glauert 修正给出了局部压力系数与全局参数（自由流马赫数）之间的关系，但相应的误差是局部误差。因此，通过建立可压缩压力系数与局部马赫数之间的关系可得到改进的局部可压缩修正。常用的两种修正分别是 kármán - Tsien 公式[7]

$$c_{p,\mathrm{c}} = \frac{c_{p,\mathrm{ic}}}{\sqrt{1-M_\infty^2} + \dfrac{M_\infty^2}{1+\sqrt{1-M_\infty^2}}\dfrac{c_{p,\mathrm{ic}}}{2}} \tag{2-46}$$

和 Laitone 修正[8]

$$c_{p,\mathrm{c}} = \frac{c_{p,\mathrm{ic}}}{\sqrt{1-M_\infty^2} + \dfrac{M_\infty^2}{1+\sqrt{1-M_\infty^2}}\left(1+\dfrac{\kappa-1}{2}M_\infty^2\right)\dfrac{c_{p,\mathrm{ic}}}{2}} \tag{2-47}$$

图 2 - 10 描绘了上述修正压力系数之间差异超过 5% 时的各参数之间的关系。此外，图中还给出了达到 Prandtl - Glauert 修正极限 $M=0.3$ 时的局部压力系数。注意，不可压缩流动中压力系数 $c_p=-3$ 意味着流速加倍，因此，即使对于来流马赫数较低的流动，在高升力流动中可压缩性影响也很大。

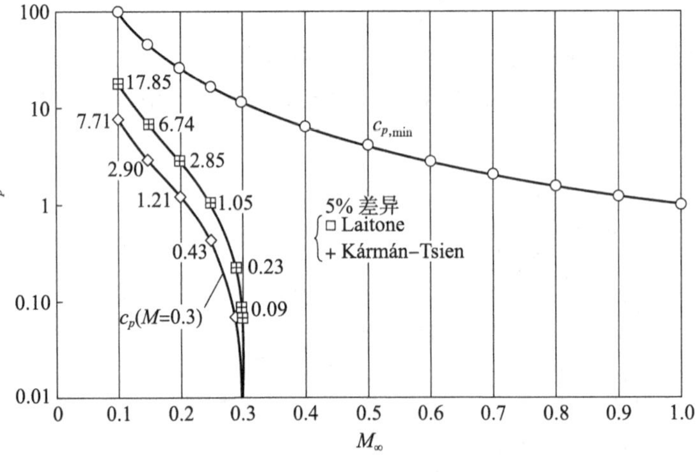

图 2 - 10　可压缩修正超过 5% 及局部马赫数达到 0.3 时压力系数随来流马赫数变化

图 2 - 11 给出了不同来流马赫数下缝翼流动最小压力系数的变化[9]。来流马赫数较低 ($M_\infty=\{0.13;0.15\}$)时，可以看到极限最小压力，$c_p \approx -25$，表明局部速度超过自由流速度的 5 倍。来流马赫数较高($M_\infty=\{0.2;0.25\}$)时，压力系数发生显著变化。图中显示了这两个马赫数下的 Mayer 极限和临界压力系数。小攻角下，压力系数增加更快；超过临界压力系数后，曲线斜率出现明显的扭曲变化；接近 Mayer 极限则会阻碍压力系数进一步上升。可以得出：当来流马赫数 $M_\infty=0.2$ 时已经出现较强的可压缩效应，大攻角下会出现明显的超声速流动，此时，升力的产生受可压缩性的限制，由于来流马赫数显著小于 Prandtl - Glauert 修正值，因此建议利用可压缩方法评估高升力翼型的流动。

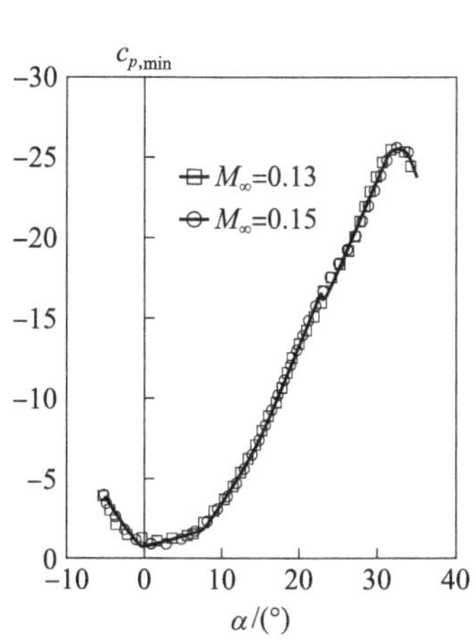

图 2-11　不同马赫数下 DLR-F15 三段翼型最小压力系数随攻角变化关系[9]

2.3　粘性影响

流动分离与壁面附近的回流有关，回流现象主要是由于边界层中的粘性力导致动能损失产生的，首先由边界层理论的建立者普朗特[10]观察并提出。他从 Navier-Stokes 方程 (2-1) 出发，建立 x 轴与壁面平行、y 轴指向壁面法向的坐标系，忽略 Navier-Stokes 方程中的高阶项，推导了边界层方程。所有基于高阶假设而忽略的项为

$$
\begin{aligned}
&\rho = \text{常数} \\
&v \ll u \\
&\frac{\partial v}{\partial x} \ll \frac{\partial u}{\partial y} \\
&\frac{\partial^2 u}{\partial x^2} \ll \frac{\partial^2 u}{\partial y^2} \\
&\frac{\partial v}{\partial t} \ll 1, \frac{\partial^2 v}{\partial x^2} \ll 1, \frac{\partial^2 v}{\partial y^2} \ll 1
\end{aligned}
\tag{2-48}
$$

将上式代入方程 (2-1) 得到不可压层流边界层方程[11]

$$
\begin{aligned}
&\frac{\partial u}{\partial x} + \frac{\partial v}{\partial y} = 0 \\
&\frac{\partial u}{\partial t} + u\frac{\partial u}{\partial x} + v\frac{\partial u}{\partial y} = -\frac{1}{\rho}\frac{\partial p}{\partial x} + v\frac{\partial^2 u}{\partial y^2} \\
&0 = \frac{\partial p}{\partial y}
\end{aligned}
\tag{2-49}
$$

流动分离首先从壁面开始，由于粘性边界条件，壁面的速度为零

$$u\big|_{y=0} = 0 \tag{2-50}$$

将上述特性代入动量方程 (2-49) 中，可以得到

$$\frac{1}{\rho}\frac{\partial p}{\partial x}\bigg|_{y=0}=\frac{\partial^2 u}{\partial y^2}\bigg|_{y=0} \tag{2-51}$$

出现分离时，壁面上方速度也为零，因此速度梯度在壁面法向分量也为零

$$\frac{\partial u}{\partial y}\bigg|_{y=0}=0 \tag{2-52}$$

当边界层容易分离时，基于上式可得到拐点条件。图 2-12 显示了边界层内速度分布的主要形状。

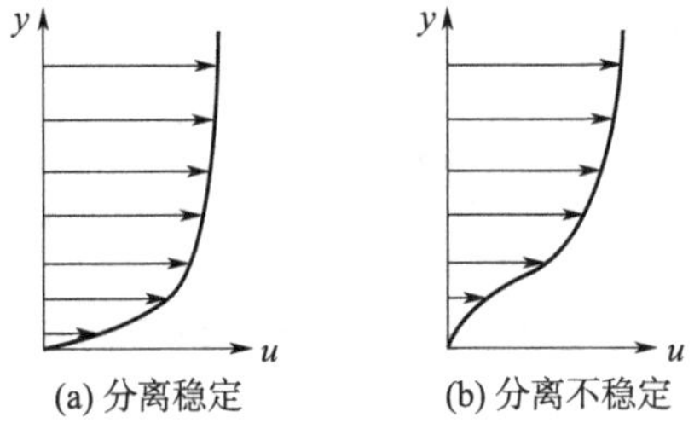

图 2-12　边界层内速度分布形状

从流动分离的角度而言，左图所示的速度分布是凸的，因而是稳定的，右图壁面处速度梯度趋于零，因而其是不稳定的。对于边界层外部流动参数，速度分布的特征曲率

$$\frac{\partial u}{\partial y}>0$$
$$\frac{\partial^2 u}{\partial y^2}<0 \tag{2-53}$$

因此，存在拐点、速度在壁面分布的二次曲率为正是不稳定边界层的基本特征

$$\frac{\partial^2 u}{\partial y^2}\bigg|_{y=0}>0 \tag{2-54}$$

方程（2-51）意味着由于粘性效应导致流动分离的先决条件是沿壁面切向的压力上升[12]。

图 2-13 显示了边界层分离时流动的主要特征。分离点之前，沿壁面的流动均指向下游，流动壁面剪切应力为正。在分离点，壁面法向速度梯度降低为零，壁面剪切应力消失。分离点之后，壁面附近流动方向反转出现回流区，显示出负的壁面剪切应力。由于流体能量仅通过粘性力随剪切层传递至分离流中，因此流动速度相对较低。一阶假设下，分离流流动的边界流线近似楔形。右图则显示了随着压力的上升，速度沿壁面法向分布的发展。伯努利方程沿每条流线均成立，相比于外部流线，靠近壁面的流线的减速效应更强，速度更低，因此，很明显具有拐点的边界层是不稳定的。

对速度边界层进行积分有助于了解其特征。位移厚度 δ 是指在无粘流动中，为了获得与粘性流动相同的质量流量，需要加厚的壁面厚度。图 2-14 显示了边界层外缘速度为 U_e 时速度曲线所覆盖的面积以及相同速度下所需要的位移厚度

$$\delta=\frac{1}{U_e}\int_0^\infty (U_e-u)\mathrm{d}y \tag{2-55}$$

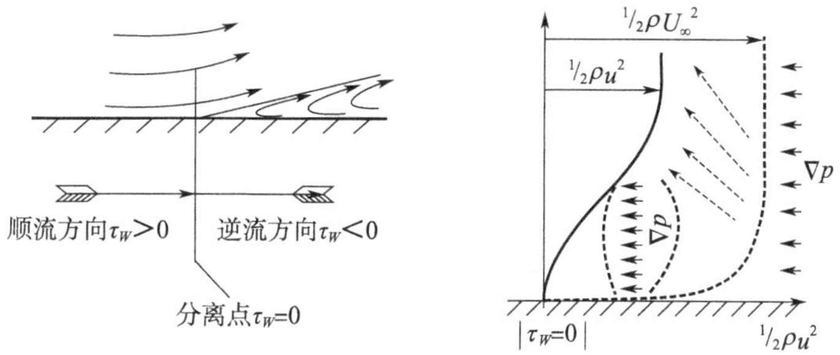

图 2-13　粘性效应导致流动分离（来源于文献［8］中图 3）

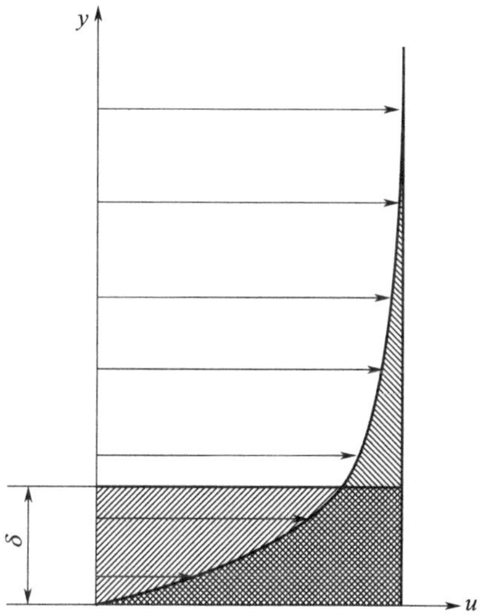

图 2-14　边界层位移厚度

动量损失厚度 θ 类似于在无粘流动中物体表面必须增加的厚度，以补偿粘性动量损失

$$\theta=\frac{1}{U_e^2}\int_0^\infty u(U_e-u)\mathrm{d}y \tag{2-56}$$

雷诺数是与动量损失厚度相关的无量纲数，通常也用其来表征边界层

$$Re_\theta=\frac{U_e\cdot\theta}{\nu} \tag{2-57}$$

位移厚度与动量损失厚度的比值称为形状因子

$$H_{12}=\frac{\delta}{\theta} \tag{2-58}$$

壁面摩擦系数定义为

$$c_f=\frac{\tau_w}{\frac{\rho}{2}U_e^2}=\frac{2\nu}{U_e^2}\frac{\partial u}{\partial y}\bigg|_{y=0} \tag{2-59}$$

为了获得速度分布，将边界层方程沿壁面法向进行积分。通过这种部分积分，可以将

动量方程（2-49）转化为边界层积分方程

$$\frac{\mathrm{d}\theta}{\mathrm{d}x}+(2+H_{12})\frac{\theta}{U_e}\frac{\mathrm{d}U_e}{\mathrm{d}x}=\frac{c_f}{2} \tag{2-60}$$

可以证明，沿边界层外缘的速度分布形式为

$$U_e(x)=kx^m \tag{2-61}$$

边界层沿壁面的形状是仿射变换，从而产生恒定的形状因子，这意味着对其进行归一化可得到相同的速度分布

$$\frac{u}{U_e}=f\left(\frac{y}{\delta}\right) \tag{2-62}$$

对边界层速度分布进行坐标变换，变换后的坐标轴分别沿壁面的法向和切向

$$\xi=x,\eta=y\sqrt{\frac{m+1}{\nu}\frac{U_e(x)}{x}} \tag{2-63}$$

与势流理论一样，满足下式的流函数方程

$$u=\frac{\partial\Psi}{\partial y},v=-\frac{\partial\Psi}{\partial x} \tag{2-64}$$

同时也满足连续性方程。对于边界层而言，形如下式的流函数

$$\Psi(x,y)=\sqrt{\frac{\nu}{m+1}xU_e(x)}f(\eta) \tag{2-65}$$

将沿壁面法向的分布与流向上的变化区分开来，比较重要的结果是 Falkner-Skan 方程[13]

$$2\frac{\mathrm{d}^3f}{\mathrm{d}\eta^3}+f\frac{\mathrm{d}^2f}{\mathrm{d}\eta^2}+\beta\left(1-\left(\frac{\mathrm{d}f}{\mathrm{d}\eta}\right)^2\right)=0;\beta=\frac{2m}{m+1} \tag{2-66}$$

这意味着流函数将形如方程（2-49）的偏微分方程转化成常微分方程。基于方程（2-63），定义与特征边界层厚度相关的相似变量

$$\eta=\frac{y}{\delta_N(x)} \tag{2-67}$$

以及与速度分布方程（2-61）相关的变量

$$\delta_N(x)=\sqrt{\frac{\nu x}{(m+1)kx^m}} \tag{2-68}$$

分离边界层是 Falkner-Skan 方程的一个特例，其特征为

$$\frac{\mathrm{d}^2f}{\mathrm{d}\eta^2}=0 \tag{2-69}$$

对其进行数值求解[14]，可得到如下常数

$$\beta=-0.199,\quad m=-0.091 \tag{2-70}$$

对应的层流边界层分离形状因子为

$$H_{12}=4.029 \tag{2-71}$$

m 值较低意味着压力上升相对较低时层流边界层已经开始分离。

正如分析所示，形如方程（2-61）的速度分布对应的是楔形流，针对的是推导特定形状因子所表征的层流分离边界层的速度分布的理想情况，但无法预测可能存在湍流边界

层的实际翼型流动。但对流场特征参数进行归一化的方法这里也使用。一般而言，尽管翼型流动的边界层速度分布不具有仿射特征，但是在相同攻角、不同速度下，翼型的压力分布具有仿射特征。归一化的压力系数为

$$\bar{c}_p = \frac{p - p_\infty}{\frac{1}{2}\rho_\infty U_0^2} = 1 - \left(\frac{U_e}{U_0}\right)^2 \tag{2-72}$$

其中，U_0 为压力上升之前边界层边缘的最大速度，使得压力分布形状与实际值解耦。压力开始上升时，压力系数值为 $c_p = 0$；滞止点处，压力系数值 $c_p = 1$。Stratford[15] 基于这一典型的压力分布推导了流动分离标准。从层流边界层开始，他将壁面法向速度分布划分为两个区域。在外层区域，沿着流线，剪切力降低了流动的总压

$$\frac{\partial}{\partial s}\left(p + \frac{1}{2}\rho u^2\right) = \mu \frac{\partial^2 u}{\partial y^2} \tag{2-73}$$

由于内层区域的速度（以及相对应的动压）接近分离时相对较低，这里的剪切力主要抵消静压的上升

$$\frac{\partial p}{\partial s} = \mu \frac{\partial^2 u}{\partial y^2} \tag{2-74}$$

通过分析内外层边界的连接条件以及分离时速度剖面 Falkner - Skan 方程的解，Stratford 基于压力梯度推导了层流边界层分离的局部条件

$$\bar{c}_p \left(x \frac{\partial \bar{c}_p}{\partial x}\right)^2 = 7.64 \times 10^{-3} \tag{2-75}$$

相比于方程（2 - 71）中的形状因子准则，Stratford 准则的优势在于其是一个局部准则，不需要整个边界层方程的全解。Stratford 准则的重要特征是其与压力梯度的恢复相关，而与压差无关。

对于湍流边界层而言，并不存在类似于 Falkner - Skan 方程的解析关系。因此，需要寻求建立类似的分离要求的经验关系。Von Doenhoff 和 Tetervin[16] 从试验数据出发推导出湍流边界层分离时形状因子为

$$H_{12} = 1.8 \sim 2.3 \tag{2-76}$$

Maskell[17] 提出了一种从壁面速度分布计算动量损失厚度和形状因子发展的交互方法，由此，计算壁面摩擦系数的 Ludwieg - Tillmann 关系式为

$$c_f = 0.246 \cdot e^{-1.561 H_{12}} \cdot Re_0^{-0.268} \tag{2-77}$$

令 $c_f \to 0$ 可确定分离点位置。

和处理层流边界层类似，Stratford 将速度剖面划分成内层和外层进行分析[18]。通过对试验数据进行分析，Stratford 推导了湍流边界层可能发生局部分离时的判断准则

$$\frac{\bar{c}_p \left[x (\mathrm{d}\bar{c}_p / \mathrm{d}x)\right]^{1/2}}{(10^{-6} Re_x)^{1/10}} = S; S = \begin{cases} 0.39 & \dfrac{\mathrm{d}^2 p}{\mathrm{d}x^2} \geqslant 0 (\text{压力分布为凸}) \\ 0.36 & \dfrac{\mathrm{d}^2 p}{\mathrm{d}x^2} < 0 (\text{压力分布为凹}) \end{cases}; Re_x = \frac{U_0 x}{\nu} \tag{2-78}$$

需要指出的是，湍流边界层分离判据值远高于层流边界层，这表明湍流边界层能够承受更大的压力梯度。这一准则还是偏保守，正如 Stratford 所言："预测的分离压力上升在 0～10%还是太低，使得其精度次于其他方法，如 Maskell 方法（1951）。然而，该方法使用的便利性使得其在许多应用中的误差变得可以接受。"（Stratford[18] p. 1）

如果用 Stratford 准则来预测可能或即将发生分离时压力变化过程中的压力分布，则会出现一种有趣的情况。令方程（2-78）中 $S = 0.35$ 可得微分方程，其 Stratford 解为

$$\bar{c}_p(x) = \begin{cases} 0.435Re_0^{1/5}\left[(x/x_0)^{1/5}-1\right]^{1/3} & \forall \bar{c}_p \leqslant \dfrac{4}{7} \\ 1-\dfrac{a}{\left[(x/x_0)-b\right]^{1/2}} & \forall \bar{c}_p > \dfrac{4}{7} \end{cases} \tag{2-79}$$

其中，x_0 为压力开始上升的位置，Re_0 为对应的雷诺数

$$Re_0 = Re_{x=x_0} = \frac{U_0 x_0}{\nu} \tag{2-80}$$

通过令压力分布斜率在连接点左右相匹配可确定参数 a 和 b，此时 $\bar{c}_p = \dfrac{4}{7}$。

图 2-15 给出了两个不同来流雷诺数下、压力开始上升点 x_0 位于不同位置时 Stratford 准则预测的压力分布。在相同雷诺数下，压力开始上升位置向下游移动会使得边界层更加薄弱，从而允许的逆压梯度减小。雷诺数较低时也存在同样的现象。此时压力分布存在一些独特的特征，就其在翼型压力恢复中的应用而言，需要注意以下特点：

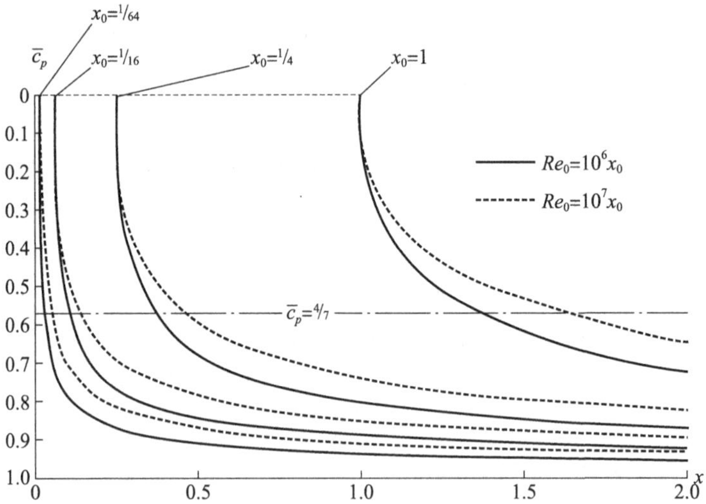

图 2-15 不同雷诺数下压力上升初始位置不同时 Stratford 压力分布（来源于 Smith[5] 中图 21）

• 压力上升处的初始压力梯度趋于无穷大 $\left(\dfrac{\mathrm{d}c_p}{\mathrm{d}x} \to \infty\right)$，因此在压力上升开始时不会出现流动分离现象。

• 压力分布的初始形状类似于 $\bar{c}_p \sim (x-x_0)^{1/3}$，因此初始时与速度剖面相仿（参考式（2-61）层流边界层方程）。

• 影响压力分布的主要参数是相对位置 $\frac{x}{x_0}$ 本身，外流雷诺数的变化影响相对较小。

• 即使对于粘性边界层，只要恢复距离足够长（$x/x_0 \to \infty$），压力恢复系数就能达到 1（$\bar{c}_p = 1$）。

• 满足 Stratford 压力分布的压力恢复距离最短，此时任意点的压力梯度最陡且没有流动分离。

• 满足 Stratford 压力分布的阻力系数最小。此时边界条件为边界层处于分离极限，这意味着不存在壁面剪切应力，因此摩擦对总的阻力没有贡献。

Robert H. Liebeck（＊1937）毕业于伊利诺伊大学香槟分校，毕业后，加入道格拉斯飞机公司，在 A. M. O. 史密斯的指导下攻读博士学位。

Bill Litant，https：//news. mit. edu/2010/liebeck－guggenheim.

他对空气动力学的主要贡献之一是在博士论文中提出了设计最大升力翼型的方法论。基于 Stratford 压力分布的流动不发生分离且压力恢复距离最短的特性，他将其用于翼型的反向设计，使得直到机翼后缘上表面也不发生流动分离，且保持较高的负压力，直到今天，Liebeck 翼型广泛应用于风能、风扇和赛车的设计中。

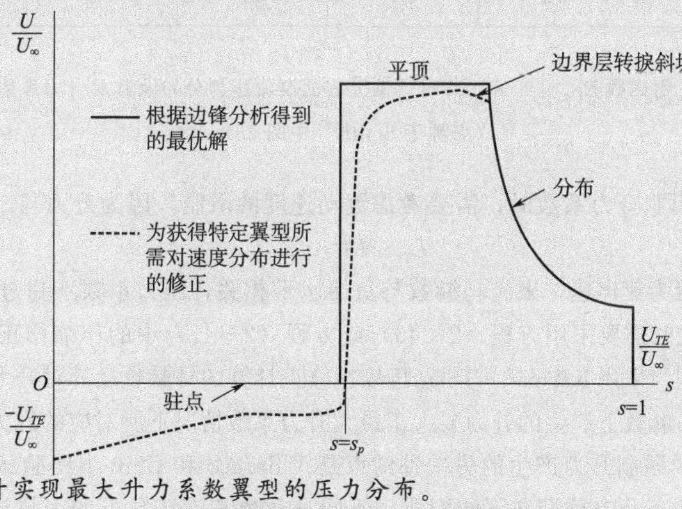

通过反设计实现最大升力系数翼型的压力分布。

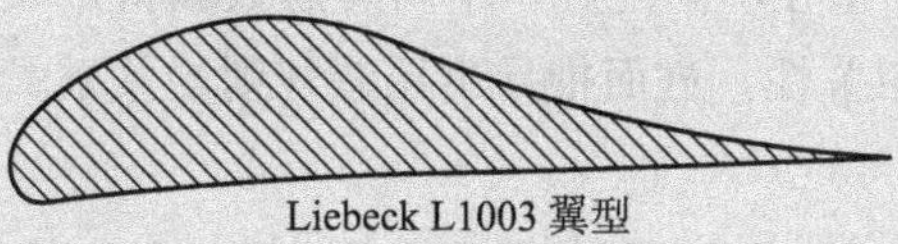

Liebeck L1003 翼型

Liebeck L1003 翼型是典型的 Liebeck 翼型。

来源：Aero－Astro，no. 4，MIT，2007；Liebeck RH（1978）Design of Subsonic Airfoils for High Lift，AIAA Journal of Aircraft 15（9），pp. 547－561.

压力恢复长度最短时的压力分布对于设计最大升力系数翼型非常有意义，它允许将压力恢复的起点向下游移动。例如，对于亚声速翼型，局部压力系数需小于临界压力系数 c_p，为达到最大升力系数，理想的压力分布形状应具有 Stratford 恢复特征[20]。

图 2-16 给出了具有上述湍流压力恢复特征的 $c_{p,TE}=0.2$ 的翼型在压力开始上升位置处不同负压水平下的上表面压力分布，显示数据为上表面对截面升力系数的贡献

$$c_{Lu}=-\int_0^1 c_p \mathrm{d}x \tag{2-81}$$

当 $c_{p,\min}\approx -2.5$ 时，升力系数最大。

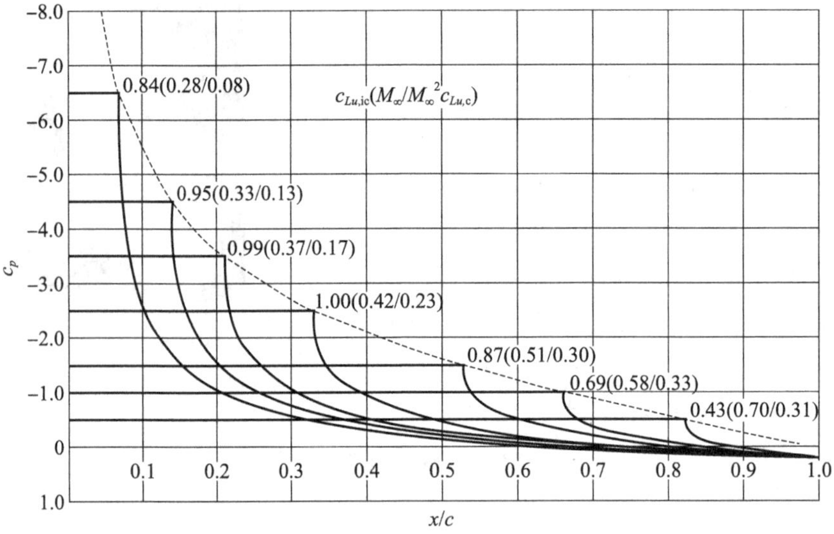

图 2-16　雷诺数 $Re_c=5\times10^6$ 时翼型上表面湍流压力分布及其对升力系数的贡献

（来源于 Smith[5] 中图 25）

当要求升力而非升力系数时，需要考虑流动速度的限制，因为升力与二者均成正相关

$$L\sim M_\infty^2 c_{Lu} \tag{2-82}$$

假设流动保持为亚声速，来流马赫数与负压水平相关，压力系数不超过临界压力系数。需要注意的是，此时需要采用方程（2-46）或方程（2-47）中的压缩修正。图 2-16 中，括号中的数字分别为采用 Kármán-Tsien 压缩性修正计算的马赫数及其对升力的贡献①②。可以看出，在更高马赫数下产生的升力要大于最大升力系数情况下所对应的升力。

文献中提出的限制升力产生的另一种约束是 Valarezo 和 Chin 半经验压差准则[21]。他们分析了 30P30N 高升力翼型在不同配置、不同马赫数和雷诺数下的大量试验数据，获得了压力上升与压差之间的相关性，进而推导出压差规则的关系式。图 2-17 为 Valarezo 和

① 根据 2013 年 NTRS 审查，Mayer 的原始报告[6]仍然属于机密文件，仅限于美国政府和承包商使用。这是因为其在美国国家航空咨询委员会（NACA）技术报告清单及美国国家航空航天局（NASA）科学和技术信息（STI）数据库中被指定为受限或非公开文件。

② 参考文献指向 Maskell 的一篇未发表的论文，可能是 Maskell[17] 的预先发布版本。Smith[5] 使用 Kármán-Tsien 公式来计算外流马赫数，但压力分布本身并未考虑可压缩修正，因此，与原始图形并不完全相同。

Chin 的研究成果，绘制了不同马赫数下 30P30N 翼型测得的最大压力差与雷诺数之间的关系，分析表明，在高雷诺数下，当压力系数满足下式时

$$\Delta c_p = |c_{p,\min} - c_{p,TE}| < 14 \tag{2-83}$$

最大压力差呈现明显的饱和趋势。因此，当马赫数较高时，饱和度也对应较高的雷诺数。对于马赫数 $M_\infty < 0.2$ 的流动，最大压差对应的雷诺数约为 $Re_\infty \approx 5\times10^6$。

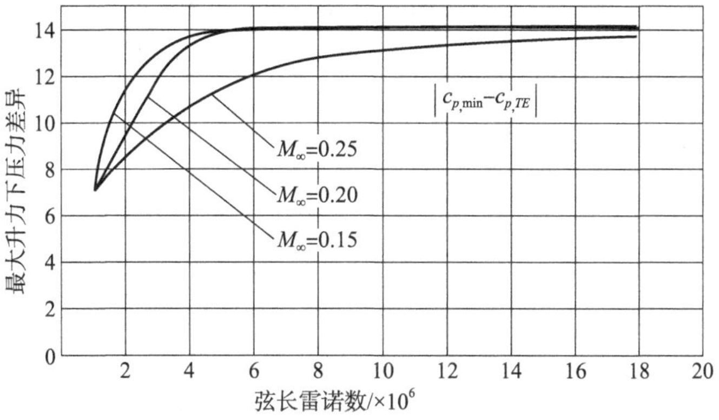

图 2-17　基于 30P30N 翼型试验数据整理的不同马赫数和雷诺数下负压峰与后缘之间的压差

（来源于 Valarezo 和 Chin[21] 中图 2）

然而，对于另一高升力翼型 L1T2[22] 的测量值完全不同

$$\begin{aligned} \Delta c_p &< 11(\text{机翼}) \\ \Delta c_p &< 22(\text{缝翼}) \end{aligned} \tag{2-84}$$

更有甚者，最近对于 DLR-F15 翼型的测量[9] 表明

$$\begin{aligned} \Delta c_p &< 14 \sim 16(\text{机翼}) \\ \Delta c_p &< 19 \sim 22(\text{缝翼}) \end{aligned} \tag{2-85}$$

还取决于机翼弦长。必须指出的是，利用压差来估计最大升力的准则可行性有限。对于多段翼型而言，当仅改变元件的位置时可能是适用的，但各组件的基本形状和尺寸的影响使得这类准则不具有普遍性。

2.4　失速类型

对于飞行员而言，飞行的飞机抬头的正常反应是降低飞行速度。当升力系数不再随着攻角的增大而增大时，随着升力低于飞机重力，需要飞行速度再次增大，飞机失速。

传统上根据翼型前缘半径和雷诺数将失速类型分为几类。解释不同类型失速发生的主要假设是基于前缘直至吸力峰均处于层流边界层，随后产生层流分离气泡，流动转捩成湍流并在短时间内重新变成附体流动。Woodward[28] 总结了不同的失速类型，图 2-18 用升力曲线展现了不同的失速模式，图 2-19 则显示了对应的压力分布和流动模式。McCullough 和 Gault[23] 提出了三种翼型失速模式：

（1）后缘失速（随着攻角的增大，湍流分离点从后缘向前缘移动）（McCullough 和 Gault[23] p. 4）

对于翼前缘倒圆角的翼型而言，雷诺数足够高时失速通常从后缘开始。由于湍流边界层中摩擦能量损失，流动无法抵抗后缘的逆压梯度，从而发生分离（图 2－18/图 2－19（a）中的点 A4）。“随着攻角的增大，分离点向上游移动，升力线峰值处变圆，失速后升力损失增加和压差阻力增大的过程是渐变的”（McCullough 和 Gault[23] p. 5）。对于所研究的翼型，其得到的结论是：“达到最大升力时，流动分离大约发生在翼型的后半部分（图 2－18/图 2－19（a）中的点 B4），随后，分离点继续前移，前移速度与失速前大致相同”（McCullough 和 Gault[23] p. 5）。

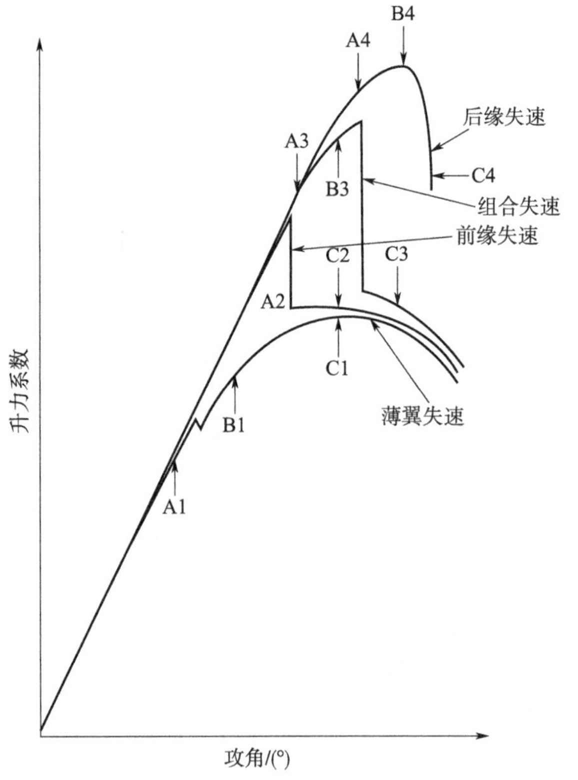

图 2－18　四种失速模式的典型升力线（来源于 Woodward 等[28]，图 1）

（2）“前缘失速（前缘附近突然发生流动分离，一般不会再附着）”（McCullough 和 Gault[23] p. 4）

对于前缘为圆弧的薄翼型而言，中等雷诺数（$1\times10^6<Re_c<1\times10^7$）时就会发生前缘失速。升力线显示到达最大升力（图 2－18/图 2－19（b）中点 C2）后升力毫无征兆地下降，且没有失速的迹象。失速机理为层流分离泡突然破裂，流动完全转捩成湍流后分离泡也无法再附。层流气泡破裂的另一个特征是“前缘压力峰的突然崩塌”（McCullough 和 Gault[23] p. 7），导致分离后形成较平坦的吸力峰，且只有一个较小的吸力峰值。

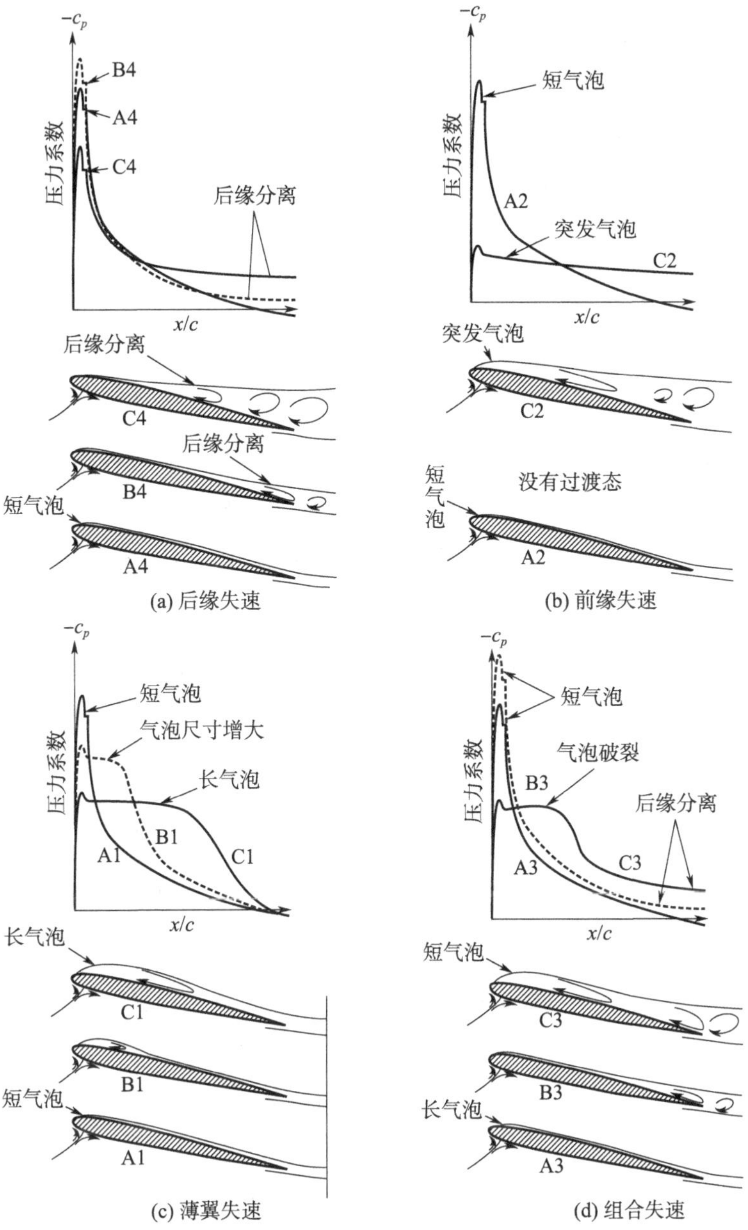

图 2-19　失速时边界层内压力分布

（来源于 Woodward 等[28]，图 2（a）～（d））

（3）“薄翼失速（前缘流动分离后在下游某点流动再附，该点位置随着攻角增大向后移动）”（McCullough 和 Gault[23] p. 5）

薄翼失速发生在雷诺数非常低的情况下的锐边翼型或前缘倒圆角翼型上。随着层流分离泡延伸，再附点向后缘移动（图 2-18/图 2-19（c）中点 B1），体现在升力线上就是斜率 $\dfrac{\partial C_L}{\partial \alpha}$ 的降低，“附点抵达后缘时”，失速发生（McCullough 和 Gault[23] p. 11；图 2-18

中点 C1)。

后来，Gault[24] 引入第四种失速类型，即组合失速——前缘失速与后缘失速的组合。其特征是首先在后缘发生流动分离（升力线斜率的降低，图 2-18/图 2-19（d）中 B3 点），且在后缘流动分离完全演变为失速之前，前缘也发生了流动分离（图 2-18 中点 C3）。

Gault 根据雷诺数和翼型前缘钝度的几何参数（即上表面 $x/c=1.25\%$处的坐标）对四种失速类型进行了分类。尽管“失速特征与翼型前缘附近上表面纵坐标之间没有明显的物理上的相关性，但获得的相关度等令人鼓舞。”（Gault[24] p. 5）。图 2-20 基于雷诺数和前缘钝度展现了不同失速类型之间的关系，对于低雷诺数（$Re_c<1\times10^6$）而言，即使机翼前缘较钝或较厚，薄翼失速也占主导地位，而当雷诺数 $Re_c>1\times10^7$ 时，单个机翼上多数会出现后缘失速。

对于是否存在翼前缘湍流分离的争论由来已久。根据 Thwaites[26] 提出的积分边界层解，Van den Berg[25] 对积分边界层方程进行分析得出的结论是，当

$$\lambda=\frac{\delta_2^2}{\nu}\frac{\partial U_e}{\partial s}=-0.09 \tag{2-86}$$

会发生层流分离，且只有当分离点的动量厚度雷诺数 $Re_{\delta_2}<125$①或 $Re_{\delta_2}<140$②时才会发生层流分离泡破裂。图 2-20 中给出了这些边界，显示前缘分离只有一小部分属于雷诺数足够低的区域。Van den Berg 进一步给出了在 $x/c=10\%\sim15\%$处突然失速的压力分布，此时层流前缘分离没有全压力平台。他引入无量纲分离参数

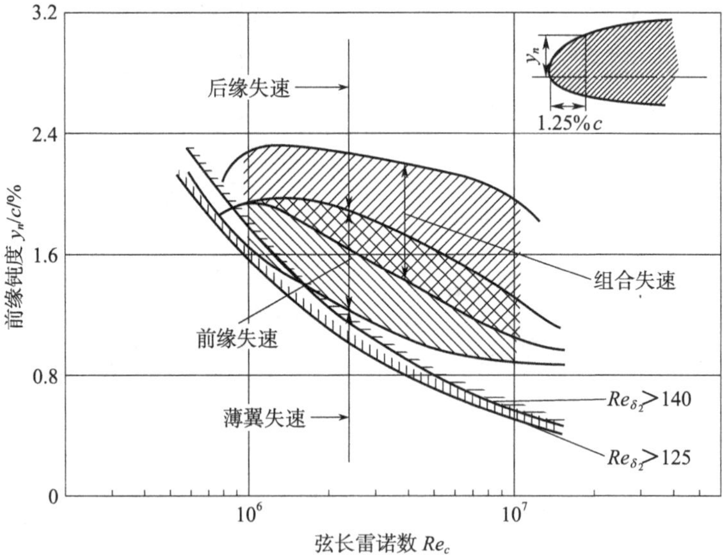

图 2-20　Gault[24] 总结的失速类型与雷诺数及前缘钝度之间的关系（来源于 Van den Berg[25] 中图 3）

① 根据 Thwaites 积分边界层解[26]。

② 根据 Gaster 积分边界层解[27]。

$$a^{+}=\frac{\rho^{1/2}\nu}{\tau_w^{3/2}}\frac{\mathrm{d}p}{\mathrm{d}s} \qquad (2-87)$$

来衡量压力与剪切力的比值。对两个翼型在大攻角下的测量分析表明，只有当 $a^{+}>(1.5\sim2)\times10^{-2}$ 时才发生湍流前缘分离。

最后一个失速类型与粘性效应无关而与可压缩性有关，尤其是出现在翼型或带襟翼的机翼上。图 2-21（a）显示了中等来流马赫数（$M_\infty=0.18$）、飞行雷诺数 $Re_c=22.8\times10^6$ 时 2 元机翼的升阻力曲线。升力特性显示，在较大的攻角范围内，失速后曲线异常平滑。阻力特性则显示出比流动分离开始时阻力逐渐增加更强的阶梯式增加趋势。利用数值模拟进行详细分析显示，攻角 $\alpha<12°$时该机翼均未发生明显的流动分离现象，然后失速变得更加突然，对前缘仔细观察可以发现失速的起因。

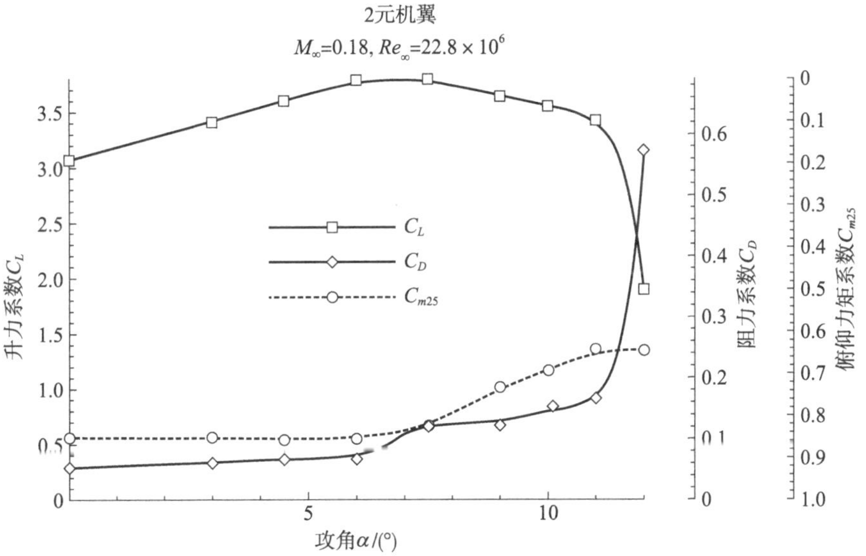

(a) 升阻力随攻角变化

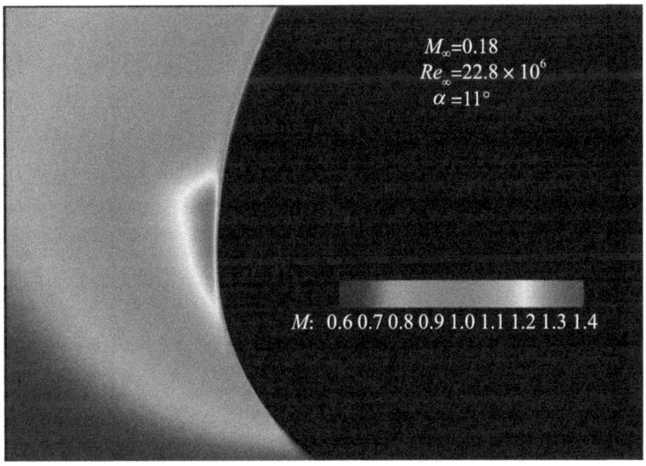

(b) 失速后机翼前缘局部马赫数分布

图 2-21　可压缩性导致的 2 元机翼失速

图 2-21（b）显示了攻角 $\alpha=11^{\circ}$下无流动分离时主翼型前缘处马赫数分布，前缘附近存在显著的超声速流动区域，局部马赫数高达 $M=1.3$，超声速区域终止于正激波，这也是升力系数能够达到的极限。根据跨声速流动理论，正激波后的流动总是亚声速流，根据激波关系式，激波前流动速度越快，波后速度越低[1]，前缘周围加速度越大，激波越强，波后上表面速度越低，总之，上表面压力上升，升力下降。需要指出的是，与超声速巡航中机翼周围流场的区别在于，这里激波的方向不是垂直于来流方向，而是与机翼弦线平行。因此，从沿弦向的压力分布曲线中几乎观察不到激波的存在，此外，通常称为波阻的可压缩性损失其实是沿垂直方向的，而不是沿阻力方向的，从而其对阻力系数的贡献是由于激波边界层干扰导致边界层增厚进而引起压差阻力的增大。

参考文献

[1] Schlichting H, Truckenbrodt E (2001) Aerodynamik des Flugzeuges, Band 1. Springer Verlag, Berlin, Heidelberg, New York.

[2] Anderson JD Jr (1991) Fundamentals of Aerodynamics, 2nd edition, McGraw Hill, New York.

[3] Radespiel R (2007) "Manuscript of lecture 'Airfoil Aerodynamics'," TU Braunschweig.

[4] Katz J, Plotkin A (2001) Low Speed Aerodynamics, 2nd edition, Cambridge University Press, Cambridge, UK.

[5] Smith AMO (1975) "High-Lift Aerodynamics," Journal of Aircraft 12 (6), pp. 501-530.

[6] Mayer JP (1948) "A Limit Pressure Coefficient and an Estimation of Limit Forces on Airfoils at Supersonic Speeds," NACA Research Memo L8F23.

[7] Von Kármán T (1941) Compressibility Effects in Aerodynamics, Journal of the Aeronautical Sciences 8 (9), pp. 337-356, DOI: 10.2514/8.10737.

[8] Laitone EV (1951) New Compressibility Correction for Two-Dimensional Subsonic Flow, Journal of the Aeronautical Sciences 18 (5), p. 350, DOI: 10.2514/8.1951.

[9] Wild J (2013) Mach and Reynolds Number Dependencies of the Stall Behavior of High-Lift Wing-Sections, Journal of Aircraft 50 (4), pp. 1202-1216.

[10] Prandtl L (1904) "Über die Flüssigkeitsbewegung bei sehr kleiner Reibung," III International Mathematiker-Kongress, Heidelberg.

[11] Schlichting H, Gersten K (2006) Grenzschichttheorie, 10th edition, Springer Verlag, Berlin Heidelberg.

[12] Radespiel R (2007) "Skript zur Vorlesung Strömungsmechanik 2," TU Braunschweig.

[13] Falkner VM, Skan SW (1930) Some Approximate Solutions of the Boundary Layer Equations. Phil. Mag. 12 (1931), pp. 805-896; ARC-Report 1314.

[14] Hartree DR (1937) On an Equation Occurring in Falkner and Skan's Approximate Treatment of the Equations of the Boundary Layer, Proceedings of the Cambridge Philosophical Society, 33 (2), pp. 223-239.

[15] Stratford BS (1957) Flow in the Laminar Boundary Layer near Separation, ARC R&M 3002.

[16] Von Doenhoff AE, Tetervin N (1943) Determination of General Relations for the Behavior of Turbulent Boundary Layers, NACA TR 772.

[17] Maskell EC (1951) Approximate Calculation of the Turbulent Boundary Layer in Two-Dimensional Incompressible Flow, RAe report AERO. 2334.

[18] Stratford BS (1959) The Prediction of Separation of the Turbulent Boundary Layer, Journal of Fluid Mechanics 5 (1), pp. 1-16.

[19] Stratford BS (1959) An Experimental Flow with Zero Skin Friction throughout its Region of Pressure Rise, Journal of Fluid Mechanics 5 (1), pp. 17-35.

[20] Liebeck RH (1978) Design of Subsonic Airfoils for High Lift, AIAA Journal of Aircraft 15 (9), pp. 547 - 561.

[21] Valarezo WO, Chin VD (1994) Method for the prediction of Wing Maximum Lift, Journal of Aircraft 31 (1), pp. 103 - 109.

[22] Woodward DS, Lean DE (1993) Where Is High - Lift Today? - A Review of Past UK Research Programmes, no. 1 in High - Lift System Aerodynamics, AGARD CP 515.

[23] McCullough GB, Gault DE (1951) Examples of Three Representative Types of Airfoil - Section Stall at Low Speed, NACA TN 2502.

[24] Gault DE (1957) A Correlation of Low - Speed, Airfoil - Section Stalling Characteristics with Reynolds Number and Airfoil Geometry, NACA TN 3963.

[25] Van den Berg B (1981) Role of Laminar Separation Bubbles in Airfoil Leading edge Stalls, Journal of Aircraft 19 (5), pp. 553 - 556.

[26] Thwaites B (1949) Approximate Calculation of the Laminar Boundary Layer, The Aeronautical Quarterly 1 (3), pp. 245 - 280.

[27] Gaster M (1969) The Structure and Behavior of Laminar Separation Bubbles. ARC R&M 3595.

[28] Woodward DS, Hardy BC, Ashill PR (1988) Some Types of Scale Effect in Low - Speed, High - Lift Flows, 16th Congress of the International Council of the Aeronautical Sciences, ICAS -88 - 4. 9.

第3章 适航性

符号表

c	m	参考弦长	V_{MC}	m/s	最小控制速度
F_z	N	离心力	V_{MCG}	m/s	地面最小控制速度
g	m/s^2	重力加速度	V_{MCL}	m/s	着陆构型中的最小控制速度
L	N	升力	V_{MCL-2}	m/s	着陆构型下第二台发动机故障时最小控制速度
n_z	—	过载	V_{MU}	m/s	最小离地速度
n_{zw}	—	法向过载	V_R	m/s	旋转速度
q	Pa	动压	V_{REF}	m/s	参考进场速度
R	m	航迹半径	V_S	m/s	失速速度
s	m	阵风穿透长度	V_{SR}	m/s	参考失速速度
S	m^2	机翼面积	V_{SW}	m/s	失速告警速度
U_{ds}	m/s	设计速度	V_{S1g}	m/s	$1g$ 失速速度
U_{gust}	m/s	阵风速度	V_1	m/s	决策速度
V	m/s	飞行速度	V_2	m/s	爬升速度
V_{CLMAX}	m/s	最大升力系数下速度	$V_{2\,min}$	m/s	最小爬升速度
V_{EF}	m/s	发动机失效速度	w	m/s	爬升/下降速度
V_F	m/s	襟翼设计速度	W	m/s	飞机重量
V_{FE}	m/s	飞机展开速度	γ	m/s	航向角
V_{FTO}	m/s	最终下降速度	ϕ	m/s	倾侧角
V_{LOF}	m/s	起飞速度	—		

飞机是一个非常复杂的技术系统，一旦发生故障，可能产生很大的影响，因此，飞机制造商必须证明其产品的安全性，并采取所有可能的措施将故障风险降至最低。起飞和着陆是飞行中非常关键的阶段，安全问题直接影响了对高升力系统的要求。本章中我们将主要了解飞行安全法规如何影响对高升力系统的设计要求。

飞机必须经过认证以满足当局颁布的对于飞机性能和操作相关的法规要求，该证书证明了该型飞机的适航性。飞机交付后的生命周期内，保持飞机适航性不受影响的义务即转移至所有者，机主必须通过文件和审计来证明飞机的持续适航性。

航空运输是一项全球性的业务。要获准从 A 国飞往 B 国，必须满足这两个国家以及所有可能飞越的其他国家的适航要求。值得庆幸的是，目前已有协议协调了大多数国家的适航要求。大多数国家在双边基础上接受美国和/或欧洲的适航认证。

在欧洲，有关当局是位于德国科隆的欧洲航空安全局（EASA），所有与航空运输相关问题的认证规范（CS）均由它发布。在欧洲航空安全局成立之前，这些条例被称为《联合航空条例》(JAR)，一直沿用至2003年。在美国，相关机构则是联邦航空管理局（FAA），相关法规汇总在《联邦法规汇编》(CFR）的第14篇“航空与航天”部分，也称为《联邦航空条例》(FAR)。尽管这两部法规并不完全相同，但其结构基本相似，使用时简化了具体搜索流程。当然，法规内容的具体细节也有所不同。

法规也细分为若干部分，因此适航标准也分布在有关不同飞机类别的部分。表3-1列出了定义的飞机类别以及在FAA和EASA法规中对应的部分，适航标准与认证规则一一对应，要归入某个类别，必须满足所有标准，否则飞机将归入下一个更高的类别。

表3-1　飞机分类及对应的适航条例

类别	最大质量	乘员数量 s	动力系统	CFR 14	EASA
滑翔机	≤750 kg	≤1	无	Part21(21.17(b))	CS-22
机动滑翔机	≤850 kg	≤1	1台活塞发动机		
超轻型飞机	≤750 kg	≤1	1台活塞发动机		CS-VLA
普通飞机、特技飞机和多用途飞机	≤5 670 kg (12 500 lb)	≤9	—	Part 23	CS-23
通勤飞机	≤8 618 kg (19 000 lb)	≤19	≥2 螺旋桨		
大型运输机	—	—	—	Part 25	CS-25

注：s 不包含机组人员。

非常有意思的是，FAR将滑翔机、机动滑翔机和超轻型飞机的适航性浓缩为一个段落：“对于特殊类别的飞机，包括其上安装的发动机和螺旋桨（如滑翔机、飞艇和其他非传统飞机)，如果本章未发布其适航标准，那么适用的要求将是FAA认定的、适用于该飞机及特定类型设计的第23、25、27、29、31、33和35部分中的那些适航要求，或FAA可能认为这些标准提供了与这些部分相当的安全水平。”(CFR 14[1] Part 21.0017（b)）。这意味着对于此类飞机，FAA没有明确的认证程序，具体飞机应遵循的规则需要与主管部门协商。

下文中，我们将根据第25部分的规定重点讨论大型运输机的认证规则。本章中引用的是撰写本文时适航条例的实际版本[1]。当然，这些规定可能随着时间的变化而修订，因此在飞机设计过程中需要掌握了解现行版本。对于已认证的飞机而言，其始终与认证时版本相关，后续过程中不强制要求重复认证并证明符合不断变化的标准。

3.1　失速速度定义

对于高升力系统而言，失速速度的确定是最重要的内容。定义飞行条件时，涉及高升力系统的部分都包含与失速速度相关的超速比这一概念。§25.0103（a）部分定义了失速速度，CS－25 与 FAR 25 中定义几乎相同：

§25.0103 失速速度

a. 参考失速速度 V_{SR} 是申请人定义的校准空速，V_{SR} 不得小于 1 g 失速速度，其定义为

$$V_{SR} \geqslant \frac{V_{CLMAX}}{\sqrt{n_{zw}}}$$

其中：V_{CLMAX} 为 FAR 25 相关章节中定义的机动飞行［FAR 25：机动］过程中经载荷系数校正后的升力系数 $\left(\frac{n_{zw}W}{qS}\right)$ 达到最大值时所得到的校准空速。此外，当在一定攻角下机动飞行且受到低头作动器限制（如推杆）时，V_{CLMAX} 将不得小于该装置工作瞬间的速度；n_{zw} 为垂直于飞行方向 V_{CLMAX} 的载荷系数；W 为飞机总重；S 为机翼参考面积；q 为动压。

（CS－25 第 18 版修定版[2]，FAR 25 第 25－108 号修定版[3]）

因此，所谓参考失速速度都是由制造商选取的，在飞行测试期间，制造商必须证明参考失速速度大于等于经过载荷系数校正的空速，该空速为飞机失速速度或者失速预防机构主动阻止飞机失速速度。

需要注意的是，失速速度的定义在 2002 年发生了变化[3]。此前，§25.0103（a）[4] 中原文为"V_S 为校准失速速度，或者是飞机可控的最小稳定飞行速度，单位为节"（CS－25 第 13 版修定版[5]，FAR 25 第 5066 号修定版[3]），因此需要在机动飞行中加以验证。由于没有考虑机动过程的动力学特性，因此此前定义的失速速度总是略低于新定义的失速速度。考虑到这一点，在同一修订版本中所有与失速速度相关的定义中都采用降低安全系数的方式来处理。

3.2　速度定义

表 3－2 列出了与高升力系统相关的速度定义，这些定义适用于各种高升力装置，与起飞、进场或着陆阶段无关。失速告警速度 V_{SW} 由制造商定义，是在接近失速状态时必须激活失速告警的速度。失速告警速度必须至少比失速速度高 5%，且至少比校准空速（CAS）高 2 节。

带有偏转高升力系统的飞行速度上限由襟翼设计速度 V_F 和襟翼展开速度 V_{FE} 定义。襟翼设计速度"必须大于飞行阶段推荐的巡航速度"（§25.0335（e）（1））。V_F 不得小于 1g 失速速度 V_{S1g} 的 1.6 倍，对应于"最大起飞重量情况下飞机起飞时，机翼襟翼所处的位置"（§25.0335（e）（3）（i））；且 1.8 倍于 1g 失速速度 V_{S1g}，对应于"飞机处于进近位置（§25.0335（e）（3）（ii））或者着陆位置（§25.0335（e）（3）（iii））的情况下，机翼襟翼所处的位置"。襟翼展开速度 V_{FE}"必须约束在不超过设计襟翼速度 V_F 的范围内"（§25.1511）。

3.2.1 起飞和爬升

表 3－3 列出了起飞阶段所定义的速度。图 3－1 描述了正常起飞阶段飞机达到这些速度的先后顺序，省略了无法起飞过程中直接观察到的速度。

表 3－2　CS－25/FAR 25 对高升力系统的速度定义

名称	描述	对应段落
V_{SW}	失速告警速度	§ 25.0203(c)
V_F	襟翼设计速度	§ 25.0335
V_{FE}	襟翼展开速度	§ 25.1511

表 3－3　CS－25/FAR 25 对起飞阶段的速度定义

名称	描述	对应段落
V_{MC}	最小控制速度	§ 25.0149
V_{MCG}	地面最小控制速度	§ 25.0149(e)
V_{MU}	最小拉杆(离地)速度	§ 25.0107(d)
V_{EF}	引擎故障速度	§ 25.0107(a)(1)
V_1	决策速度	§ 25.0107(a)(2)
V_R	抬前轮速度	§ 25.0107(e)
V_{LOF}	起飞速度	§ 25.0107(f)
V_2	爬升速度	§ 25.0107(c)
$V_{2\ min}$	最小爬升速度	§ 25.0107(b)
V_{FTO}	最终起飞速度	§ 25.0107(g)

对于高升力装置而言，为确保在起飞和着陆阶段能够安全使用，所有速度均需经过认证，此外对于结冰条件也需要进行认证。

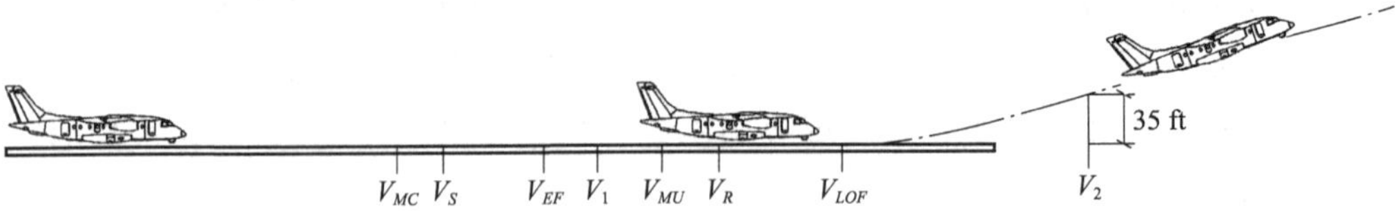

图 3－1　起飞航迹及相关速度

根据 § 25.0149 (b)，最小控制速度 V_{MC} 是“关键发动机突然失效且不工作的情况下，飞行员能保持对飞机的控制，飞机能够以不超过 5°倾斜角保持直线飞行时的校准空速”。因此，这是在发动机发生故障情况下，操纵面上的力能够保持飞机安全操纵时的速度，该速度需要通过飞行试验来证明。根据 § 25.0149 (c)，V_{MC} 不得超过参考失速速度的 13%。最小控制速度的选取也限制了控制面的尺寸。不过，在发动机不能正常工作且接近失速的情况下，为保持对飞机的安全控制，选取最小控制速度低于失速速度是明智的。

地面最小控制速度 V_{MCG} 与此类似，但其仅影响方向控制。根据 § 25.0149 (d)，其同样为起飞阶段的校准空速，在该速度下，即使“关键动力系统突然失效，仅使用方向舵（不适用前轮转向）即可保持对飞机航向的控制，横向控制也可保持机翼水平状态”。这是前轮已经离地且飞机能在跑道上的最低速度，其主要影响方向舵和翼的尺寸。

最小离地速度 V_{MU} “是飞机能够安全离开地面并继续起飞的校准空速”（§ 25.0107 (d)），其比 V_{MC} 和 V_{SR} 都要高，反映了飞机飞行攻角受到的限制。对于机身很长或着陆架很短的飞机，它们在着陆时可能会出现尾部撞击地面的问题，从而限制了飞机的性能并影响飞机的安全。由于参考失速速度需要较大的攻角，此时可能发生参考失速速度在地面无法实现的情况。同样，如果需要提高受最小控制速度影响的控制面效率，则可能也需要提高最小离地速度。

起飞速度 V_{LOF} “是飞机初次升空时的校准空速”（§ 25.0107 (f)）。起飞速度必须至少要比“全发动机工作状态下 V_{MU}”高 10%，比“单发失效下确定的 V_{MU}”高 5%（§ 25.0107 (e) (1) (iv) (A)）。当 V_{MU} 受几何结构限制（机尾擦地）时，则在全发动机工作状态下，速度储备系数降低到 8%，在单发失效情况下速度储备系数降至 4%（§ 25.0107 (e) (1) (iv) (B)）。

发动机故障速度 V_{EF} 和决策速度 V_1 与发动机故障发生时的安全性要求有关，此时飞机仍处于地面加速阶段。这两种速度都是由飞机制造商确定，它们限制了所需跑道长度。决策速度需要经过测试和验证，飞机一旦达到决策速度，即使发动机发生故障，剩余发动机推力仍能够确保实现飞机安全起飞和爬升。发动机故障速度由制造商确定，这是在加速停止测试中发动机可能发生故障的速度，其“不得低于 V_{MCG}”（§ 25.0107 (a) (1)），并且应该低于一个速度，在该速度下，发动机发生故障后飞行员不采取任何行动，飞机也能够达到决策速度 V_1。

抬前轮速度 V_R 是飞机可以安全地将前起落架离开地面的速度（§ 25.0111 (b)），由于此时飞机可以继续安全起飞，因此抬前轮速度不得低于决策速度 V_1，同时应该至少比 V_{MC} 高 5%，因为此时仅依靠控制舵面就可以实现对飞机的安全操纵（§ 25.0107 (e) (1) (ii)）。此外，该速度的选取应该保证即使抬前轮速度最高的情况下也不会发生以低于最小起飞速度 V_{LOF} 起飞的情况（§ 25.0107 (e) (1) (iii)）。

爬升速度 V_2 是飞机在 35 ft 高度需要达到的速度，以保证飞机有足够的爬升率（§ 25.0107 (c)）。最小爬升速度 $V_{2\min}$ 与参考失速速度的比值超速比主要取决于推进器类型。对于双发和三发涡轮螺旋桨动力飞机以及涡轮喷气式飞机，若其没有“可在单发失效且其他发动机工作时显著降低失速速度的装置”，则超速速度需比参考失速速度（V_{SR}）高 13%（§ 25.0107 (b) (1)）。对于四发涡轮螺旋桨动力飞机和涡轮喷气式飞机，若其具有“可在单发失效且其他发动机工作时显著降低失速速度的装置”，则所需的超速速度可降至比参考失速速度 V_{SR} 高 8%（§ 25. 0107 (b) (2)）。此外，$V_{2\min}$ 需要比 V_{MC} 高至少 10%（§ 25.0107 (b) (3)）。

最终起飞速度 V_{FTO} 是飞机可以转换航路配置的速度，并且仍有足够的爬升能力。V_{FTO} 必须至少比 V_{SR} 高 18%（§25.0107（g）（1））。

图 3－2 直观展现了各种起飞速度之间的关系。

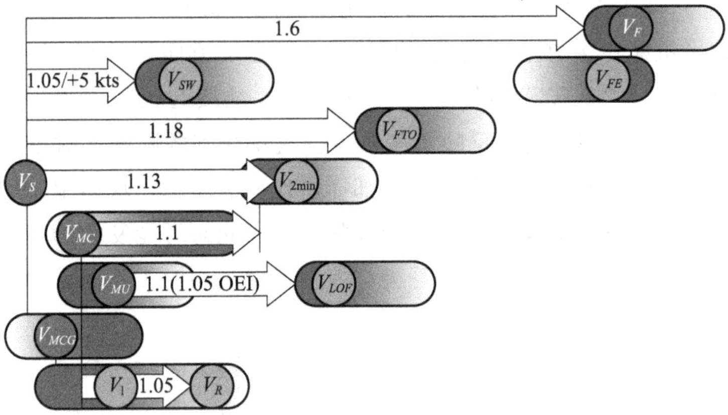

图 3－2　起飞阶段的速度间关系

3.2.2　进场和着陆

表 3－4 给出了进场和着陆时的速度定义。速度 V_{MC} 和 V_{MCG} 用于起飞阶段的速度定义，此时推力设置为“最大可用起飞功率或推力”（§25.0149（c）（1）），对于进场和着陆阶段，也给出了类似的定义。着陆最小控制速度（§25.0149（f））V_{MCL} 与最小控制速度 V_{MC} 的不同之处在于，此时发动机处于“全发工作进场和着陆的临界状态或复飞设置功率（推力）状态”（$25.0149（f）（6））。此外，对于三发或三发以上的飞机，还必须定义第二台发动机突然停车时的最小控制速度 V_{MCL-2}（§25.0149（g））。

表 3－4　CS－25/FAR 25 对着陆速度的定义

名称	描述	对应段落
V_{MCL}	着陆构型的最小控制速度	§25.0149(f)
V_{MCL-2}	双发失效时着陆构型的最小控制速度	§25.0149(g)
V_{REF}	参考着陆进场速度	§25.0107(c)

参考着陆进场速度 V_{REF} 是飞机进场着陆阶段的最小稳定着陆速度。“稳定进场必须是以校准空速不低于 V_{REF} 稳定下降至 15 m（50 ft）”（§25.0125（b）（2））。V_{REF} 不得小于 1.23× V_{SR0}（即着陆构型的参考失速速度，§25.0125（b）（2）（i）（A））或 V_{MCL}（§25.0125（b）（2）（i）（B））。

3.2.3　高升力飞行的工作范围

定义最大和最小飞行速度是为了防止飞机进入不可控的状态，这也意味着未能充分利用可能的气动区间范围。

图 3-3 显示了起飞和着陆时的气动极曲线，途中的极值点分别对应起飞着陆阶段的襟翼展开速度 V_{FE}，最小爬升速度 $V_{2\min}$ 和参考着陆进场速度 V_{REF}。很明显，飞机工作范围不包括最大升力系数，但最大升力系数会影响飞机的工作范围，此外还标出了攻角为零时的升力系数。由于起飞阶段安全系数较低，典型的运输机都以正攻角飞行。在着落阶段，零攻角状态通常位于工作范围中心稍下区域。

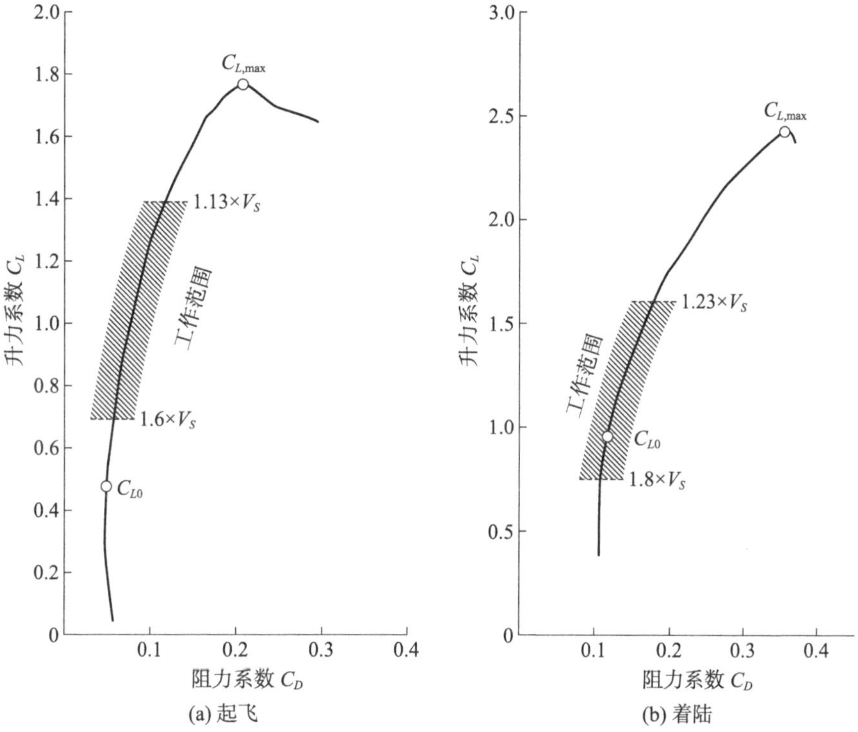

图 3-3　包含操纵极限的飞机起飞和着陆阶段极曲线

3.3　飞行阶段

3.3.1　起飞

如图 3-4 所示，将起飞阶段航迹分为几段，根据 § 25.0111（a），“起飞航迹从起飞始点开始延伸至飞机起飞过程中高于起飞表面 457 m（1 500 ft）的那一点，或者从起飞点到完成航路构型的转变且速度达到 V_{FTO} 的位置，以较高者为准”。

干跑道起飞距离（TOD）定义为“从起飞始点到飞机高于起飞表面 11 m（35 ft）之间的水平距离”（§ 25.0113（a）），计算 TOD 时，必须考虑主发动机达到速度 V_{EF} 时发生故障的情况（§ 25.0111（a）（2））。起飞距离为下述距离中的大者：一是有发动机故障时定义的起飞距离，二是全发工作时起飞距离的 115%（§ 25.0113（a）（2））。对于湿跑道，定义与上述类似（§ 25.0113（b））。

TOD 结束时，飞机必须至少达到最小爬升速度 $V_{2\ min}$（§25.0111（c）（2）），飞机离开起飞表面 400 ft 之前，除了起落架的收放，不得改变其他配置（§25.0111（c）（4）），这被称为第一爬升段；接下来直到起飞段终点被称为第二爬升段，期间速度不得低于 $V_{2\ min}$（§25.0111（c）（2）），此时飞机速度达到 V_{FTO}，并收回高升力系统，飞机构型变成巡航配置。

与上述定义密切相关，必须确定飞机起飞所需跑道长度。除了确定 TOD 外，还需要确定起飞终止的加速停止距离（ASD）。全发工作状态发动机的 ASD（§25.0109（a）（2））以及主发动机在 V_{EF} 速度下发生故障情况下的 ASD（§25.0109（a）（1））均需要根据图 3-5 确定，对于后者，假设飞机加速到 V_1，直到飞行员第一次终止起飞，相当于至少 1 s 的反应时间（AMC 25.0101（h）（3））。两种情况下，都必须在速度 V_1 时增加 2 s 时间作为额外的安全裕度。

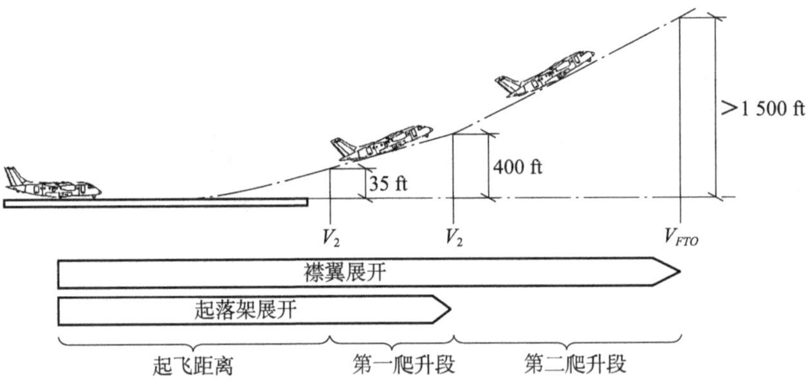

图 3-4　起飞航迹段

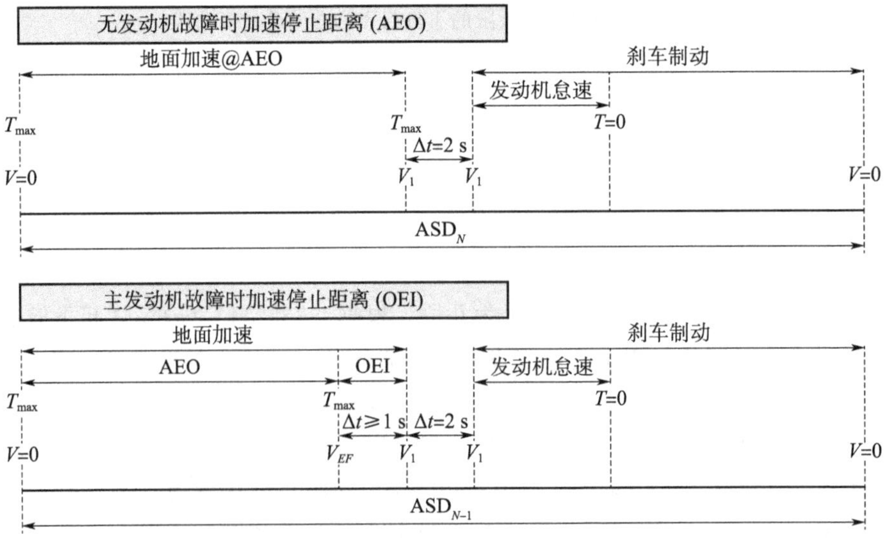

图 3-5　§25.0109 定义的加速停止距离示意图

3.3.2 进场和着陆

如图 3-6 所示，飞机进场和着陆段航迹至少可分为三段，在朝机场飞行期间的某个高度，飞机构型从巡航构型变为进场构型。最终进场段包括“稳定进场，以校准空速不低于 V_{REF}，下降到 15 m（50 ft）高度”（§ 25.0125（b）（2））。50 ft 高度是飞行员最后决定是继续降落还是复飞的决策高度。在积极决策情况下，着陆距离是“跑道上方 15 m（50 ft）高度开始到完全着陆点之间的水平距离”（§ 25.0125（a））。需要注意的是，飞机着陆所需的跑道长度并未在第 25 部分中定义，而是在航空运营法规中规定，即欧洲的 Part-CAT[6] 和美国关于商业空中运输的 CFR 14 Part 121 [7]，按规定，对于涡轮喷气发动机飞机，飞机的实际着陆距离必须小于可用跑道长度的 60%，对于涡轮螺旋桨飞机，则必须小于 70%（CAT. POL. A. 230[6]，§ 121. 195[7]）。

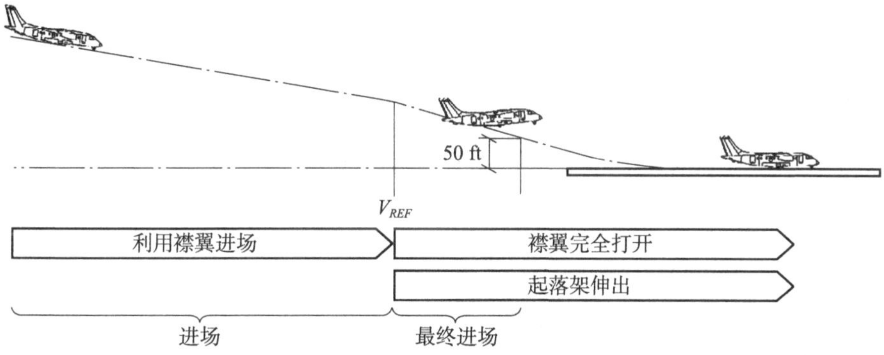

图 3-6　进场和着陆段航迹

3.4 飞行航迹坡度要求

对于 3.3 节中定义的任何飞行段，适航性均要求其爬升梯度为最小值。根据规定，爬升梯度以百分比表示

$$爬升梯度 = \tan\gamma \cdot 100\% \tag{3-1}$$

爬升梯度较小的情况下，其可近似用爬升速度（垂直方向速度）与飞行速度的比值代替

$$\tan\gamma = \sin\gamma = \frac{w}{V} \tag{3-2}$$

通常爬升速度取决于发动机的数量，双发、三发、四发或更多发动机的爬升速度也不同。并对所有发动机正常工作（AEO）和一台发动机无法正常工作（OEI）的情况进行了区分，此外，起落架处于伸出（LGE）和收回（LGR）状态也是不同的。

3.4.1 起飞爬升要求

图 3-7 描绘了飞机起飞各阶段所需的爬升梯度。所有发动机均正常工作时，要求整

个起飞阶段（第一、第二爬升段）的爬升梯度在任一点均为正值（§25.0111（c）（1））。从飞机高于起飞表面 400 ft（起落架收回以后）那点开始，根据发动机的数量，要求爬升梯度不得小于 1.2%（双发）/1.5%（三发）/1.7%（四发）（§25.0111（c）（3））。

爬升阶段关键情况在于发动机故障，因此，对一台发动机不工作时的爬升梯度要求进行了更详细的规定。起飞后不久，当起落架仍为伸出时，只需要>0%/0.3%/0.5% 的爬升梯度（§25.0121（a）），这样可以在收回起落架的同时保持高度稍微提高，从而消除一大气动阻力源。起落架收回后，爬升梯度明显增加，爬升梯度需要 2.4%/2.7%/3.0%（§25.0121（b））。起飞阶段结束后进入最后爬升阶段，爬升梯度要求降低至 1.2%/1.5%/1.7%，此时发动机使用情况与之前相同（§25.0121（c））。

乍一看，在第二爬升段，相比于有一台发动机发生故障，似乎没有必要规定所有发动机均工作时的爬升梯度。但必须记住，法规仅要求在达到 400 ft 高度之前不得改变高升力系统配置（见 3.3.1 节），这样，在所有发动机正常工作的情况下，通过选择不同的高升力系统配置虽然可能降低爬升梯度，但却使得飞机运行更高效。但在发动机发生故障时，首先需要考虑的是安全因素而非经济上的考量。

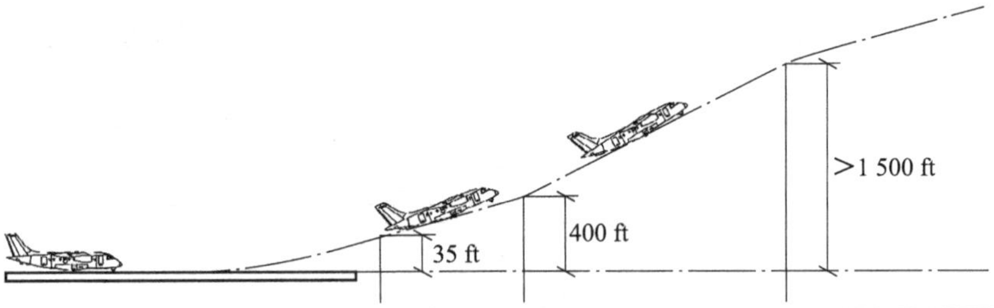

AEO		>0	1.2%/1.5%/1.7%	
OEI	LGR	2.4%/2.7%/3.0%	2.4%/2.7%/3.0%	1.2%/1.5%/1.7%
	LGE	0/0.3%/0.5%		

第一爬升段　第二爬升段　最终爬升段

图 3－7　起飞阶段爬升梯度要求

3.4.2　着陆爬升要求

图 3－8 描述了进场或着陆构型所需的下降梯度。在此阶段，要求仅限于错过进场或需要绕场机动时执行爬升操作。在正常进场和着陆期间，并未规定下降梯度以实现要求的着陆进场性能。

飞机进场时，一台发动机不能正常工作时要求爬升梯度为 2.1%/2.4%/2.7%，比起飞时略低（§25.0121（d）），所有发动机正常工作时并没有进一步要求。

对于复飞，襟翼已经处于着陆位置且起落架已经放出，此时终止降落，要求“发动机处于工作状态或重新点火 8 s 内的功率或推力应使得稳定爬升梯度不得小于 3.2%”（§25.0119）。这可能是对爬升梯度的最高要求了。

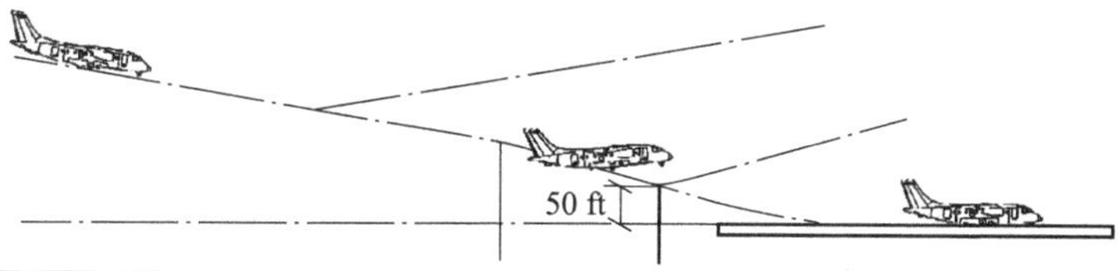

AEO	LGE		3.2%
OEI	LGR	2.1 %/ 2.4% /2.7%	

进场　　最终进场

图 3－8　进场和着陆期间对爬升梯度的要求

3.4.3　陡峭进场

CS－25[5] 的 13 号修正案针对飞机的陡峭进场能力规定了特殊适航条例。需要指出的是，FAR 25 不受此条款管辖。这些条件已经过整合，以证明飞机适应伦敦机场的操作管理[9]，通常进场滑翔航迹角为 3°，该机场要求为 5.5°，并且它是唯一一个要求在“飞行手册数据和程序中包含 5.5°或更陡峭进场航迹角能力”的机场（AIP EGLC AD 2.20，1（a））。由于《飞机飞行手册》是经过认证批准的文件，因此需要制定相应的规则。

陡峭进场着陆（SAL）能力的认证要求汇编在 CS－25 的附录 Q 中，特定的陡峭进场着陆构型所需的爬升梯度与正常进场一样，为 2.1%/2.4%/2.7%（§CS－Q（SAL）25.4）。此外，在进场和着陆期间，“所有构型均应能够实现比所选进场航迹角陡峭 2°的进场航迹角”（§CS－Q（SAL）25.5（d））。

涡轮螺旋桨飞机是最有能力实现陡峭进场要求的飞机。只有少数涡轮喷气式飞机能够获得陡峭进场能力认证，主要是支线喷气式飞机，如英国航空公司的 BAe 146，巴西航空工业公司的 ERJ135，福克 70 以及多尼尔 328－300 客机，载客量在 35～100 之间。新近经过陡峭进场认证的较大的飞机有空客 A318、庞巴迪 C 系列（现为空客 A220）和巴西航空工业公司的 E－Jet 系列。

3.5　用于应力评估的载荷工况

制定认证规范的一个基本目的是为飞机整体及所有零部件结构尺寸设计提供设计规范。因此，规范规定了飞机设计时必须遵循的结构载荷包络。本节只讨论源于气动的影响和高升力系统的基本要求。

必须建立整个飞行包线内各种状态下的气动载荷。这意味着载荷不仅要覆盖整个飞机的速度范围，还必须覆盖质量范围，因为气动力尤其是升力与质量成比例，因此高升力设备的载荷必须覆盖飞机整个质量范围，从工作空重（OEW）到最大起飞重量（MTOW），以及最大着陆重量（MLW）。

第 1 章已经讨论了高升力系统的飞行包线，并利用图 1－6 勾勒了飞行包线的速度范围，以说明高升力系统的必要性。根据 3.2 节中对飞行速度的定义，对于不同的构型，结构设计考虑的速度范围在 1g 失速速度 V_{S1g} 及襟翼设计速度 V_F 之间。由于实际作用力与速度及气动力系数相关，原则上又可细分为各组成部分，因此规范规定了整个飞行包线范围内的载荷条件。

需要考虑的载荷因素由载荷因子给出。“飞行载荷因子表示气动力沿垂直于飞机轴线方向的分量与飞机重量的比值，载荷系数为正表示气动力方向向上”（§25.0321（a））。

3.5.1 机动载荷

分析机动载荷时将其视作一种准静态过程，作用力导致飞机运动的变化，从这个意义上讲，机动包括改变飞机姿态的俯仰以及转弯飞行等。需要注意的是附加载荷系数 n_z，其与飞机重量相乘即为飞机曲线飞行时的补偿离心力。

载荷系数与飞行速度以及转弯半径直接相关，图 3-9 显示了俯仰飞行时的受力情况，其与飞行航迹相关，最大值为

$$n_{z,\max}=1+\frac{V^2}{Rg} \tag{3-3}$$

注意其最大值位于航迹最低点，对于向下低头，式（3-3）中的半径取负值。

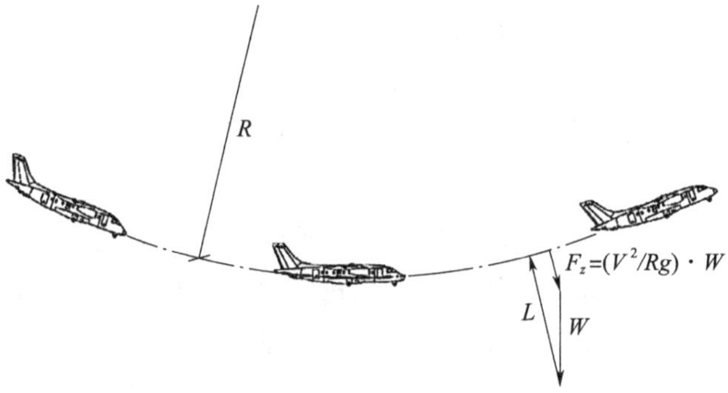

图 3-9 抬头飞行时附加载荷

转弯飞行时，转弯半径与飞机速度及倾侧角相关。如图 3-10 所示，飞机需在产生额外升力的同时进行滚转，以使得升力在沿航迹曲率半径方向的分量能够平衡离心力

$$n_z=\sqrt{1+(V^2/Rg)^2} \tag{3-4}$$

相应的倾侧角为

$$\tan\phi=V^2/Rg \tag{3-5}$$

从而建立转弯飞行时载荷系数与倾侧角之间的关系

$$n_z=\sqrt{1+(\tan\phi)^2} \tag{3-6}$$

安装部署了高升力装置的飞机需要达到的规范为“机动时极限正载荷系数为 2.0”（§25.0345（a）（1）），这意味着对于基本构型不需要考虑负载荷系数，最小载荷系数 $n_{z,\min}=0$。对于着陆构型，除了最大着陆重量（MLW）下最大载荷系数 $n_{z,\max}=2$ 外，

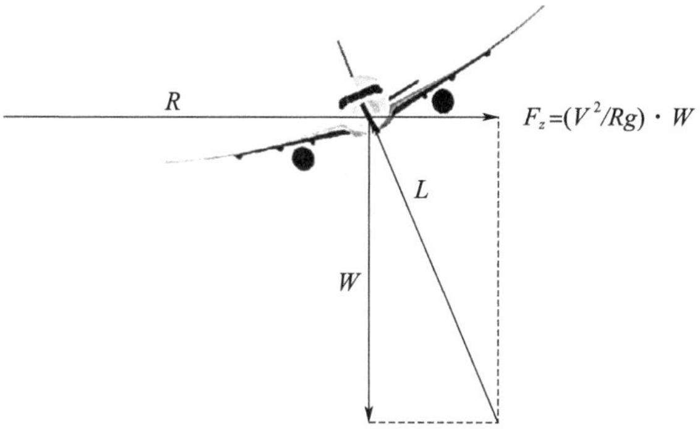

图 3 - 10　转弯机动时的附加载荷

还需要考虑最大起飞重量（MTOW）下载荷系数 $n_z = 1.5$（§25.0345（d）），这是为了允许超重着陆且在立即返场的情况下不抛投燃料。

3.5.2　阵风载荷

对于巡航飞行，需要评估阵风影响（§25.0335），对于高升力系统而言，需要考虑“垂直于水平飞行方向（§25.0345（a）（2））上 7.62m/s（25fps）的阵风”（§25.0345（b）（2））。阵风的速度剖面类型为

$$U_{gust}(s)=\frac{U_{ds}}{2}\left(1-\cos\frac{\pi s}{12.5c}\right), 0<s<25c \tag{3-7}$$

其中，s 为穿透阵风的距离（§25.0335（a）（2））。“分析时必须考虑飞机的非定常气动特性及刚体运动”（§25.0345（a）（2））。后者至关重要，因为飞机的规避动作一方面会将阵风期间的最大载荷系数降低多达 60%，但阵风消失，飞机恢复稳定飞行时，又会引入方向相反的载荷系数。

飞机的法向加速度取决于实际速度，而水平速度与垂直方向速度均取决于阵风方向。

$$\begin{aligned}&\frac{V_{gust}}{w_{gust}}(t)=\frac{25c}{V_\infty}\cdot\alpha_{gust}\cdot U_{gust}(s)\\&V_{eff}(t)=V_\infty+V_{gust}(t)\\&w_{eff}(t)=w_{gust}(t)-w(t)\end{aligned} \tag{3-8}$$

此外，升力取决于实际攻角

$$\alpha_{eff}(t)=\alpha+\arctan\frac{w_{eff}(t)}{V_{eff}(t)} \tag{3-9}$$

垂直方向加速度为

$$a(t)=\frac{C_L\left|_{\alpha_{eff}(t)}\frac{\rho}{2}(V_{eff}^2(t)+w_{eff}^2(t))A_{ref}\right.}{m}-g \tag{3-10}$$

刚体运动方程最终由微分方程给出

$$\frac{\mathrm{d}w(t)}{\mathrm{d}t}=\frac{\rho}{2}\frac{A_{ref}}{m}C_L\left|_{\alpha_{eff}(t)}((V_\infty+V_{gust}(t))^2+(w_{gust}(t)-w(t))^2)-g\right. \tag{3-11}$$

其可通过时间积分方法求解。

3.5.3 工作负载

除巡航状态外，高升力系统在运行期间还面临其他负载状态，这意味着构型的变化，要求“在飞行速度低于 V_F +17 km/h（9.0 节）时，在发动机最大功率状态下，高升力装置必须能够稳定工作且能够从完全伸展的位置收回”（§25.0697（d））。这里要求的速度更高，以便在速度超过襟翼设计速度 V_F 时（此时结构负载更大）仍可收回高升力装置。因此该负载条件不会影响升力系统本身的结构设计，而是影响其作动机构。

3.6 噪声分类

CS-36[10] 文件包含了对飞机噪声的要求，（完整）要求如下：“飞机的设计必须符合 21.B.85（a）条款中规定的噪声要求”（CS-36，§36.1）。

21.B.85（a）条款即 EASA 的第 21 部分[11]：

管理机构应指定并通知申请人飞机的类型证书或限制类型证书、补充类型证书或对类型证书或补充类型证书的重大更改，适用噪声要求（《芝加哥公约》附件 16 中第一卷第二部分第 1 章所规定的）以及：

1）对于亚声速喷气式飞机，第 2，3，4，14 章；

2）对于螺旋桨飞机，第 3，4，5，6，10 和 14 章；

3）对于直升机，第 8 和 11 章；

4）对于超声速飞机，第 12 章；

5）对于倾转旋翼机，第 13 章。

（EASA Part 21，21.B.85（a））

在美国，类似的规定是 CFR 14 Part 36（FAR 36）[12]。与 CS-36 不同的是，FAR 36 区分了不同的飞机“阶段”。虽然针对不同的阶段为其他类型（主要是较老的）飞机引入了略有不同的噪声级，但从“阶段 4”开始，FAR 36 直接引用了国际民航组织（ICAO）的附件 16（FAR 36，§B36.5（d）和§B36.5（e）），规定了噪声等级和测量程序。下文中我们重点关注亚声速喷气式飞机，这在国际民航组织 ICAO 的附件 16 第 3 章中有明确规定，其规定了 3 个不同位置的噪声级限值：飞越、横向和进场。

飞越时的噪声测量与起飞有关。图 3-11 显示了相应的测量点，该点位于跑道中心延长线距离跑道起点 6 500 m 处（ICAO 附件 16，第 3 章，§3.3.1（b））。起飞阶段的主要噪声源是发动机。然而，空气动力学会直接影响飞越噪声，因为地面上感知到的噪声与观察者和噪声源之间的距离的平方成反比

$$p^2 \sim 1/h \tag{3-12}$$

飞机飞越点的高度取决于地面滑跑的距离，最大升力系数是一个重要的因素，因为它决定了起飞速度（V_{LOF}）和爬升性能，而爬升性能又与升阻比密切相关。

对于喷气式飞机，横向噪声测量点是“在平行于跑道中心线且距其 450 m 的某一点处测量，该点在起飞时噪声水平最大”（ICAO 附件 16，第 3 章，§3.3.1（a）（1））。对于螺旋桨飞机，也可在飞机离地面 650 m 高度时在中心线上测量横向噪声（ICAO 附件 16，第 3 章，§3.3.1（a）（2））。由于麦克风距离保持不变，横向噪声是发动机噪声的函数，因此气动对其没有影响。

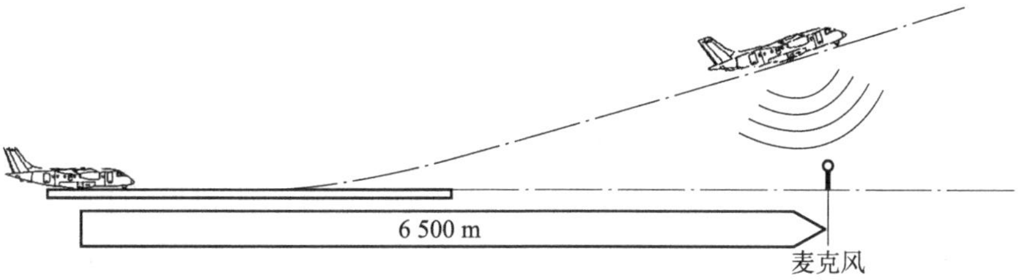

图 3-11　飞越噪声测量

进场噪声是在进场的最后阶段测量，此时发动机处于怠速状态。如图 3-12 所示，测量点位于“距离跑道入口 2 000 m 的中心线延长线上，从地面上看，这相当于从跑道入口 300 m 处开始的 3°下降路径上距离地面 120 m（340 ft）的位置”（ICAO 附件 16，第 3 章，§3.3.1（c））。由于进场航迹是给定的，因此到麦克风的距离不受气动的影响。此时，发动机不再是主要的噪声源，而是机身。由于机身噪声与飞行速度相关，因此可通过降低进场速度来降低感知的噪声，而进场飞行速度与最大升力系数直接相关。

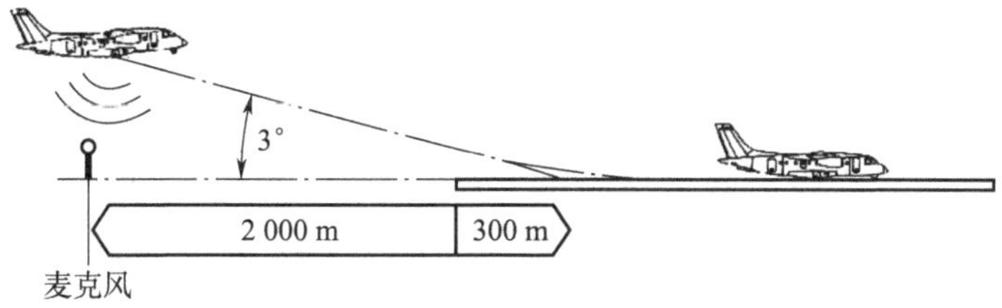

图 3-12　进场噪声测量及影响因素

ICAO 附件 16 中规定的最大噪声等级与重量相关。超过临界重量时，最大噪声水平保持不变。此后，最大噪声水平随重量的对数而降低，直至达到最小噪声水平或临界重量阈值。所使用的噪声等级是有效感知噪声级 EPNL（ICAO 附件 16，附录 2 第 4 章），将飞越过程中的最大噪声等级和噪声感知持续时间相结合，用有效感知噪声分贝 EPNdB 来衡量。

图 3-13 总结了 1977 年 10 月 6 日至 2006 年 1 月 1 日之间认证的所有亚声速喷气式飞机（在本章定义的所有三个测量方向上）基于基准重量的最大噪声等级。对于起飞期间的飞越噪声，上限基准设定为飞机质量为 385 t，具体限值取决于发动机数量。飞机质量减半，噪声水平线性降低 4EPNdB，直到噪声水平达到 89EPNdB。飞机所发出的噪声不需要比这更小，因为这与质量无关。对于质量超过 400 t 的飞机，横向噪声上限为 105EPNdB，这与发动机数量无关，对于质量为 35 t 及以下的飞机，其下限为 94EPNdB。

对于质量在 280 t 及以上的飞机，进场噪声上限为 105EPNdB，对于质量在 35 t 及以下的飞机，进场噪声下限为 98EPNdB，质量介于二者之间的飞机，噪声水平与质量的对数呈线性关系。

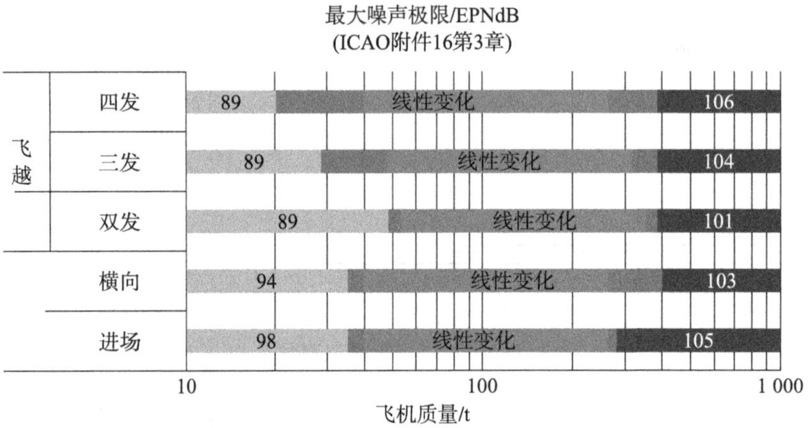

图 3-13　ICAO 附件 16 第 3 章噪声极限与飞机质量关系

对于认证时间在 2006 年 1 月 1 日与 2017 年 12 月 31 日之间的飞机，第 4 章给出了更严格的噪声规定。虽然噪声限值未发生变化，但增加了额外的要求，即飞越、横向和进场的噪声水平之和，也即累积噪声水平，必须比第 3 章要求的噪声限值的总和小 10EPNdB。此外，每两个噪声测量点的总和必须比对应的噪声限值之和至少低 2EPNdB。

对于 2017 年 12 月 31 日之后认证的飞机，新制定的第 14 章将累积噪声水平提高到比第 3 章规定的噪声限值之和小 17EPNd，且每个噪声测量点的噪声水平要比相应的限值至少低 1EPNdB，因此有效噪声限值就降低了 1EPNdB。此外，对于最大起飞质量小于 8 618 kg 的飞机，第 14 章还规定了要求更严格的噪声下限。

图 3-14 总结了涡轮喷气发动机飞机的噪声限值的发展情况，这取决于飞机的认证日期。

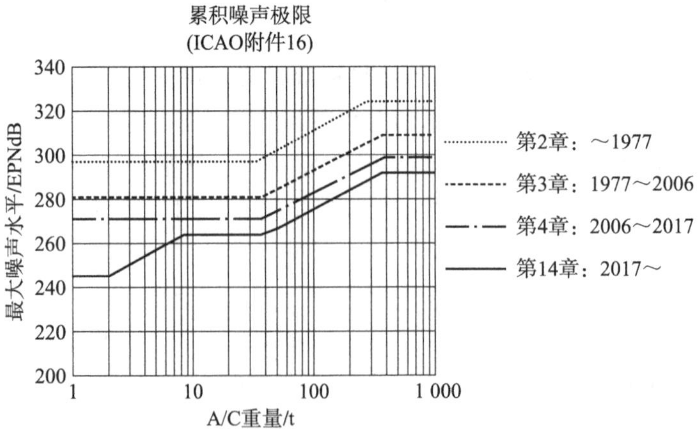

图 3-14　ICAO 附件 16 规定的不同认证时期飞机累积噪声限值

注：美国没有关于陡峭进场着陆的认证标准，只有 AC 120-29A 咨询手册[8] 给出了一些操作提示。

参考文献

[1] Federal Aviation Administration (2018) Code of Federal Regulations Title 14 Part 25 (Annual Edition), Amendment 146, 25 - US Government Publishing Office.

[2] European Aviation Safety Agency (2020) Certification Specifications and Acceptable Means of Compliance for Large Aeroplanes, CS - 25, Amendment 26.

[3] Federal Aviation Administration (2002) Code of Federal Regulations Title 14 Parts 1, 25, 36, and 97, Doc. No. 28404, 67 FR 70825, Nov. 26, 2002, as amended by Amdt. 25 - 108.

[4] Federal Aviation Administration (1964) Code of Federal Regulations Title 14 Parts 1, 4a, 4b, 25, and 91, Doc. No. 5066; Amendment Nos. 1 - 6, 4a - 0, 4b - 0, 25 - 0, 91 - 10.

[5] European Aviation Safety Agency (2013), Certification Specifications and Acceptable Means of Compliance for Large Aeroplanes, CS - 25, Amendment 13.

[6] European Aviation Safety Agency (2020) EU regulation No 965/2012, Annex IV (Part - CAT).

[7] Federal Aviation Administration (2021) Code of Federal Regulations Title 14 Part 121, US Government Publishing Office.

[8] Federal Aviation Administration (2002) Criteria for Approval of Category Ⅰ and Category Ⅱ Weather Minima for Approach, Advisory Circular 120 - 29A.

[9] Civil Aviation Authority (2016) United Kingdom AIP, ELGC - London City, AD 2. EGLC - 8.

[10] European Aviation Safety Agency (2019), Certification Specifications and Acceptable Means of Compliance and Guidance Material for Aircraft Noise, CS - 36, Amendment 5.

[11] European Commission (2016) Part 21 - Certification of Aircraft and Related Products, Parts and Appliances, and of Design and Production Organisations, Annex to Commission Regulation (EC) No 1702/2003, Issue 2, Amendment 6.

[12] Federal Aviation Administration (2005) Code of Federal Regulations Title 14 Part 36 (Annual Edition), US Government Publishing Office.

[13] International Civil Aviation Organization (2017) Environmental Protection, Annex 16 to the Convention on International Civil Aviation, Volume Ⅰ, Aircraft Noise, Eight Edition, July 2017, Amendment 13, effective January 1, 2018.

第 4 章　起飞着陆阶段飞机性能

符号表

a	m/s^2	加速度	s_A	m	进场距离
a_b	m/s^2	制动减速度	s_{FL}	m	拉平距离
a_{FL}	m/s^2	拉平减速	s_{FR}	m	无动力滑行距离
a_{GR}	m/s^2	地面滑跑加速度	s_{GR}	m	地面滑行距离
a_{LOF}	m/s^2	起飞加速度	s_{LOF}	m	升空距离
A_{ref}	m^2	参考机翼面积	s_{IC}	m	初始爬升距离
b	m	翼展	s_R	m	水平距离
c	m	弦长	T	N	推力
c_L	—	截面升力系数	T_S	N	静推力
c'_L	—	考虑地面效应下截面升力系数	U	m/s	速度
C_D	—	阻力系数	V	m/s	飞行速度
C'_D	—	考虑地面效应下阻力系数	V_{LOF}	m/s	离地速度
$C_{D,i}$	—	诱导阻力系数	V_R	m/s	旋转速度
C_{D0}	—	零阻力系数	V_{REF}	m/s	参考进场速度
$C'_{D,SP}$	—	减速板偏转时地面效应下阻力系数	V_{SR}	m/s	参考失速速度
C_L	—	升力系数	V_{TD}	m/s	着陆速度
C'_L	—	考虑地面效应下升力系数	V_2	m/s	爬升速度
C_{L0}	—	零升系数	w	m/s	爬升/下降速率
C'_{L0}	—	地面效应下零升系数	W	kg	重量
$C'_{L0,SP}$	—	减速板偏转时地面效应下零升力系数	α	(°)	攻角
$C_{L,\max}$	—	最大升力系数	α_i	(°)	诱导攻角
$C'_{L\max}$	—	地面效应下最大升力系数	α_{LOF}	(°)	起飞攻角
D	N	阻力	$\alpha_{\max}$	(°)	地面最大旋转速度
ε_E	(°)	发动机轴线安装角	β	—	Torenbeek 升力影响系数
e	—	Oswald 效率因子	β_D	—	Phillips 和 Hunsaker 升力对阻力的影响系数
F_{eff}	N	有效加速度力	β_L	—	Phillips 和 Hunsaker 升力对升力的影响系数
g	m/s^2	重力加速度	γ	(°)	航迹角

续表

h	m	离地高度	Γ'	m^2/s	地面效应中的环量
h_f	m	拉平起始高度	δ_D	—	Phillips 和 Hunsaker 系数引起的阻力
k	—	Pistolesi 环量影响因子	δ_L	—	Phillips 和 Hunsaker 系数引起的升力
L	N	升力	Λ	—	展弦比
m	kg	质量	Λ'	—	地面效应下的有效展弦比
n_z	—	载荷系数	μ_R	—	旋转摩擦系数
P	W	功率	$\mu_{R,b}$	—	刹车状态旋转摩擦系数
r	—	Pistolesi 速度影响系数	ρ	kg/m^3	密度
R	m	航迹半径	σ	—	诱导系数
s	m	距离			

在讨论了粘性可压缩流动产生升力的潜力和飞机的飞行安全要求之后，下一个问题是其对飞机性能的影响。通常，高升力系统在整个飞行任务过程中工作时间很短。然而，除了降低飞行速度之外，在整个低速飞行阶段都应该充分利用高升力系统。

飞机制造商不太愿意用数字来说明高升力系统的优势。Meredith[1] 的文献是为数不多的例子之一。他概述了高升力系统改善整个飞机性能的一些令人印象深刻的关系：

1）相同攻角下，升力系数每增加 0.1 意味着进场姿态角可降低 1°。机身后部到地面净空约束恒定时，可缩短起落架的长度，从而减轻 1 400 lb（635 kg）的重量。

2）进场速度固定时，最大升力系数增加 1.5%，有效载荷可增加 6 600 lb（2 994 kg）。

3）起飞升阻比增加 1%，相当于有效载荷增加 2 800 lb（1 270 kg），或航程增加 150 n mile（278 km）。

（Meredith[1] p. 19－1）

其他研究表明，通过改善爬升或陡峭下降性能，飞行航迹高度增加 100 m 可使地面上感知噪声水平降低 1 dB。本章的目的是分析整个飞机环境中影响高升力系统性能的气动参数。

4.1　一般关系

稳定状态下，飞机的飞行性能与升力、重力、阻力和推力之间的平衡有关。图 4－1 显示了作用在飞机上的力。对于非加速飞行，气动力平衡方程为

$$\begin{aligned} W\cos\gamma &= L + T\sin(\alpha+\varepsilon_E) \\ T\cos(\alpha+\varepsilon_E) &= D + W\sin\gamma \end{aligned} \tag{4-1}$$

其中，推力线与飞机体轴夹角为 ε_E。将式（4－1）相除，可得航迹角，也就是爬升梯度

$$\tan\gamma = \frac{T\cos(\alpha+\varepsilon_E) - D}{T\sin(\alpha+\varepsilon_E) + L} \tag{4-2}$$

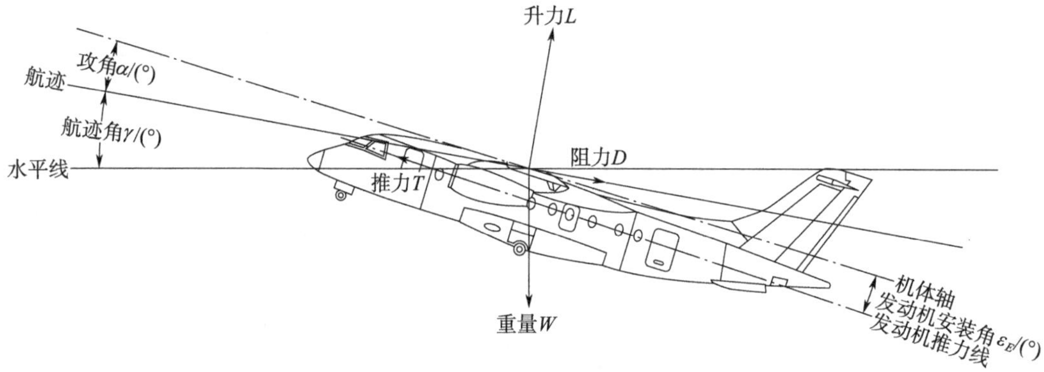

图 4-1 稳定飞行时飞机的受力平衡

因此支撑飞机重量所需升力为

$$L = W\cos\gamma - T\sin(\alpha + \varepsilon_E) \tag{4-3}$$

由于升力和阻力与攻角有关，只能通过迭代求解上述关系式。

近似计算时，发动机安装角与飞机轴向的夹角可忽略不计。当航迹角和攻角较小时，飞机重量约等于升力

$$W \approx L \tag{4-4}$$

对式（4-2）重新排列，可得航迹角

$$\sin\gamma \approx \frac{T}{W}\cos\alpha - \frac{C_D}{C_L} \tag{4-5}$$

此时，用于表示飞机构型特征的推重比与表示气动性能的升阻比是分离的，但由于需要升力和推力来平衡飞机重力，因此对应的升阻比需和飞行速度及攻角相匹配。

根据速度三角形，爬升率/下降率与航迹角及速度之间的关系为

$$\sin\gamma = \frac{w}{V} \Rightarrow w = V\sin\gamma \tag{4-6}$$

利用式（1-2）和式（4-5），可以得到

$$w \approx \frac{TV}{W}\cos\alpha - \sqrt{\frac{2W}{\rho_\infty A_{ref}}}\,\frac{C_D}{C_L^{3/2}} \tag{4-7}$$

或

$$w \approx \sqrt{\frac{2W}{\rho_\infty A_{ref}}}\left(\frac{T}{W}\,\frac{1}{C_L^{1/2}}\cos\alpha - \frac{C_D}{C_L^{3/2}}\right) \tag{4-8}$$

因此，爬升率不仅取决于推重比，还与翼载荷有关，此时用于描述爬升指数的气动参数是 $C_L^{3/2}/C_D$ 。推进系统的类型决定了方程的形式。对于螺旋桨驱动的飞机，通常认为推进功率相对于飞行速度是恒定的

$$P = TV \tag{4-9}$$

此时建议使用式（4-7），对于喷气式飞机，假定推力相对于飞行速度是恒定的，此时使用式（4-8）。

需要强调的是，在起飞阶段，航迹角和攻角较低的假设并不一定有效，特别是起飞过程中，爬升梯度较高时推力主要用于平衡飞机重力，因此这一阶段飞机的升力系数要小得多，飞机可能以不同的升阻比飞行。为了准确确定起飞爬升路径，需要迭代求解式（4-2）和式（4-3）。

飞机推进系统的性能取决于环境条件，如温度和压力（高度），但可认为推进系统的推力或功率是恒定的。相反，重量则不然，其还取决于有效载荷、燃料和其他因素。飞机设计时，需定义几个特定的重量以确定不同的设计重量。表 4-1 列出了几个重量的定义。对于高升力系统的设计而言，最重要的是几个重量的上限。从式（1-2）和式（4-4）可知，最大重量下，无论是需要以一定速度飞行时的升力系数还是一定升力系数条件下的飞行速度，二者均需取最大值。因此，飞机设计过程中，定义了两个特定的重量：

1）最大起飞重量（MTOW），即飞机允许起飞的最大重量。

2）最大着陆重量（MLW），即飞机着陆时允许的最大重量。

表 4-1　运输机的重量定义

缩写	重量	定义
MEW	制造商定义空重	结构重量，包括所有附件（液压油、制动器）
OEW	工作空重	＋设备、机组人员、润滑剂（水、机油）
DOW	干运行重量	＋载荷设备（如餐饮、报纸）
ZFW	零燃料重量	＋有效载荷
LW	着陆重量	＋储备燃料
TOW	起飞重量	＋任务燃料

在飞机研发的早期阶段，与飞机相关的参数尚未被冻结，但如果独立于飞机来开发高升力翼型，情况会很糟。因此在不掌握飞机细节的情况下开发具有良好爬升性能的高升力翼型，乍一看是不可能的。另一种观点认为，从全球的视角看，大多数现役运输机都是相似的，由一个机身、一副机翼、一组发动机和一副尾翼构成。因此，分析运输机的推重比或翼载荷是有意义的。文献［2］总结了在 20 世纪末服役的大多数飞机的重量和推力数据。图 4-2 为最大起飞重量和静推力的数据汇总，可以看出，二者几乎是线性相关的，与飞机尺寸无关。最大起飞重量和推重比之间的回归分析（图 4-2 中的虚线）结果为

$$\frac{T_S}{\mathrm{MTOW}\cdot g}=0.271\pm0.010 \tag{4-10}$$

最大着陆重量与空重之间的回归分析近似为

$$\begin{aligned}\frac{T_S}{\mathrm{MLW}\cdot g}&=0.368\pm0.015\\ \frac{T_S}{\mathrm{OEW}\cdot g}&=0.566\pm0.037\end{aligned} \tag{4-11}$$

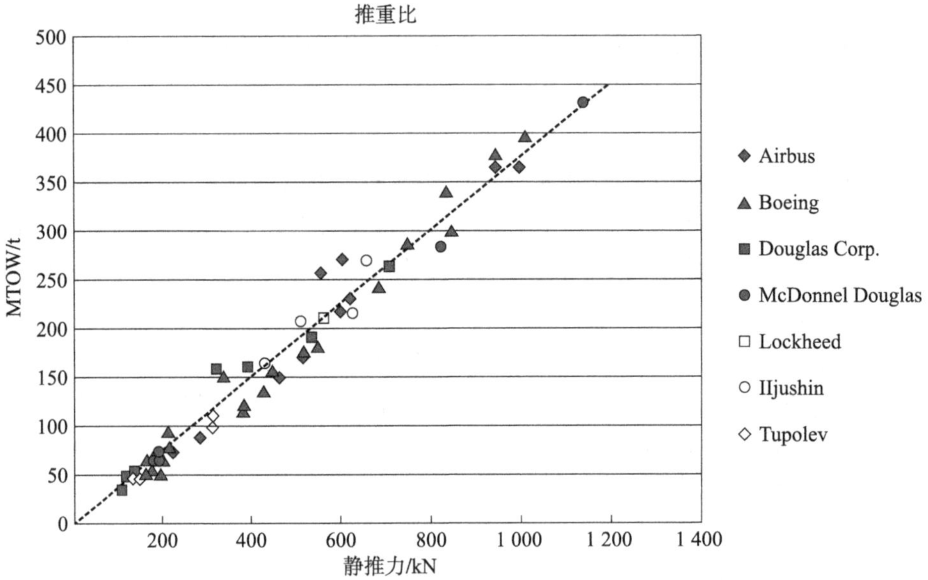

图 4-2　20 世纪末民用运输机最大起飞重量与静推力之间的关系

图 4-3 显示最大起飞重量与机翼面积之间存在类似的关系，这里并不存在线性关系，针对 MTOW 和相关权重之间的回归计算结果为

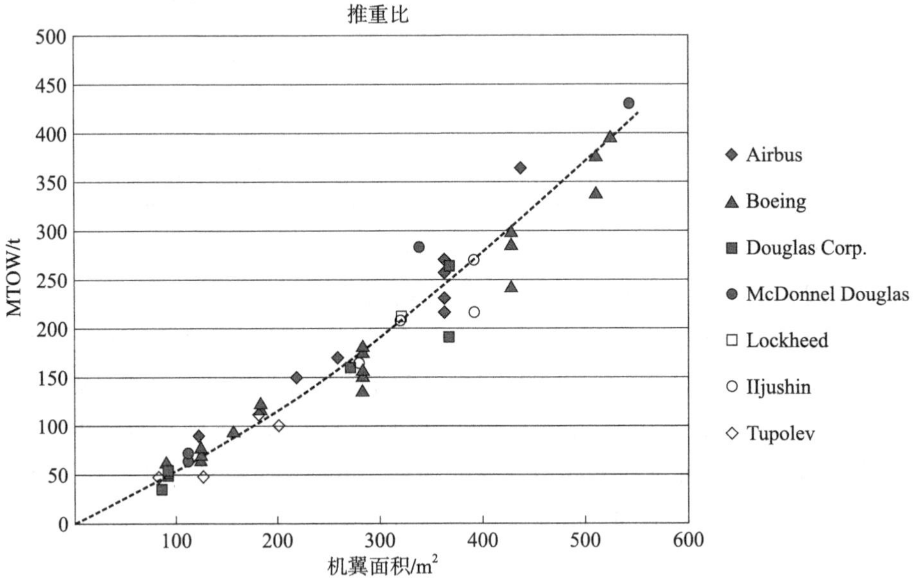

图 4-3　20 世纪末民用运输机最大起飞重量与机翼面积之间的关系

$$\frac{\text{MTOW}}{A_{ref}} = 480.28 + 0.514 \cdot A_{ref}$$
$$\frac{\text{MLW}}{A_{ref}} = 453.23 + 0.131 \cdot A_{ref} \quad (4-12)$$
$$\frac{\text{OEW}}{A_{ref}} = 263.66 + 0.163 \cdot A_{ref}$$

4.1.1　高升力飞行阶段

研究高升力系统气动性能细节之前，有必要了解其用于哪些飞行阶段。图 4-4 显示了高升力系统工作的不同飞行阶段。

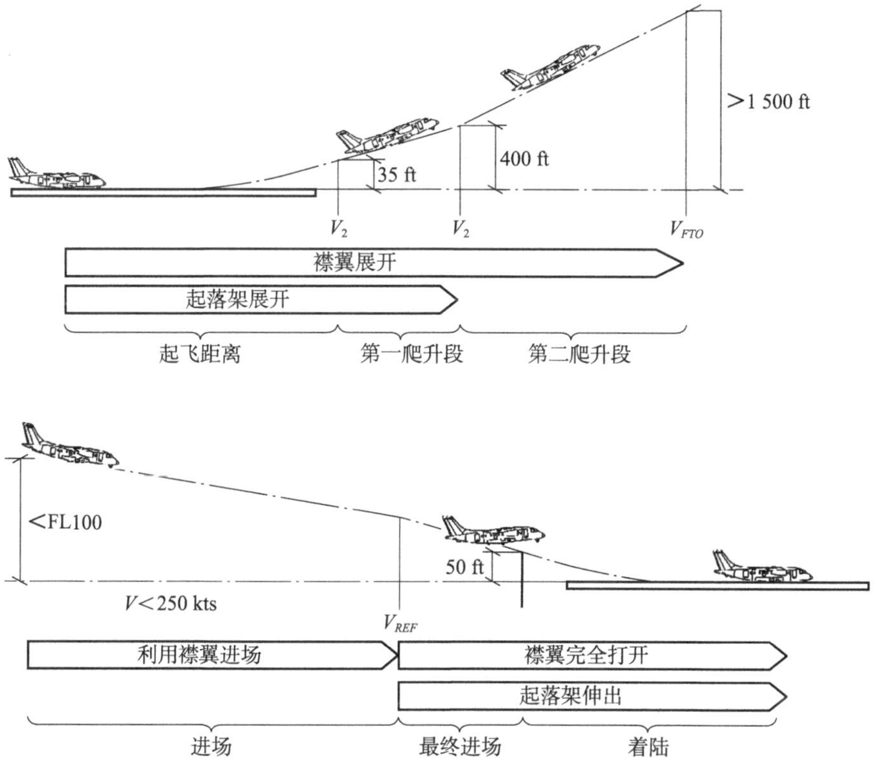

图 4-4　使用高升力系统的飞行阶段

从航程的起点开始，升空是飞机加速、离开地面并达到 35 ft 安全高度点，从该点开始，第一爬升段直到 400 ft 高度结束，起落架收回。最重要的是接下来的第二爬升段，一直持续到飞机再次加速且高升力装置收回。根据相关规定，该段的终点不得低于地面 1 500 ft，但这取决于高升力系统的气动效率是否需要保持到飞机到达更高的高度。

根据飞行程序和飞机的特性，高升力系统在飞机到达 FL100（以 101 325 Pa 为基准，气压高度 10 000 ft）之前不会变化，这主要是为了达到 1.2 节所提到的 250 节最大飞行速度。进场阶段需要一直持续到起落架和高升力系统变为着陆设置，并且达到空管部门规定的最终进场航迹，常见的下滑角为 $g=3°$。着陆阶段，飞机保持该配置直到离地面 50 ft 高度，这是飞行员最终选择着陆或复飞的决策高度。

4.1.2　地面效应

飞机离地面高度较低的情况下，对飞机性能最重要的影响是升力系数和阻力系数的变化，也就是所谓的地面效应，可通过势流理论进行估算。通过对地表流场进行镜像可得到对称边界条件，即气流不会流过地面，这也是流场的主要特征。

图 4－5 显示了镜像的环量会诱导向上的流动，这需要通过物体本身的环量来补偿。Wieselsberger[3] 基于升力线理论的分析表明，镜像流场作用类似于机翼展弦比的变化，会诱导负攻角

$$\Delta\alpha_i=-\sigma\frac{C_L}{\pi\Lambda} \tag{4-13}$$

以及减小对应的诱导阻力

$$\Delta C_{D,i}=-\sigma\frac{C_L^2}{\pi\Lambda} \tag{4-14}$$

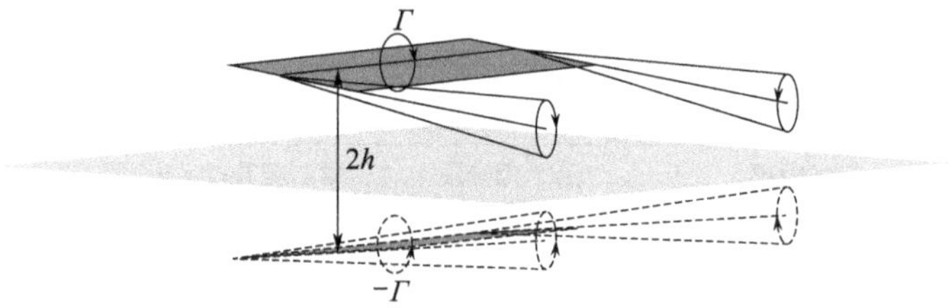

图 4－5　通过镜像势流理论分析地面效应

普朗特[4] 对双翼进行分析得出了椭圆环量分布机翼的诱导系数为

$$\sigma=\frac{1-0.66\dfrac{2h}{b}}{1.05+3.7\dfrac{2h}{b}},\quad 1/15<\frac{2h}{b}<1/2 \tag{4-15}$$

其中，h 为环流中心到地面的距离①。因此，影响阻力的主要特征是离地面高度与翼展之比。上式是基于升力为椭圆分布假设。由于地面效应仅影响升力的诱导阻力系数，因此地面附近的总阻力系数为

$$C'_D=C_{D0}+\frac{C_L^2}{e\pi\Lambda'} \tag{4-16}$$

这一影响也被描述为有效展弦比的变化，也适用于升力不是椭圆分布的情况。根据式（4－15）中普朗特系数，可得到有效展弦比为

① Wieselsberger[3] 和 Prandtl[4] 在其原始公式中使用的是两个环量中心的距离，即机翼到地面距离的两倍，这里和大多数公式一样，采用的是机翼离地面高度。

$$\frac{\Lambda}{\Lambda'}=1-\sigma \tag{4-17}$$

基于简单的镜像旋涡分析，McCormick[5] 给出了考虑地面效应时另一个展弦比的表达式①

$$\frac{\Lambda}{\Lambda'}=\frac{16\left(\frac{h}{b}\right)^2}{1+16\left(\frac{h}{b}\right)^2} \tag{4-18}$$

针对相同的单涡系统，Suh 和 Ostowari[6] 得到的计算式为

$$\frac{\Lambda}{\Lambda'}=1-\frac{2e}{\pi^2}\ln\left[1+\pi\left(\frac{b}{4h}\right)^2\right] \tag{4-19}$$

Torenbeek[7] 对升力线进行了拟合，他第一次意识到地面效应对阻力的影响不仅与离地面的高度有关，而且与展弦比和升力系数有关②

$$\frac{\Lambda}{\Lambda'}=\frac{1-\mathrm{e}^{-2.48\left(\frac{2h}{b}\right)^{0.768}}}{1-\dfrac{\beta C_L}{4\pi\Lambda\dfrac{h}{c}}} \tag{4-20}$$

$$\beta=\sqrt{1+\left(\frac{2h}{b}\right)^2}-\frac{2h}{b}$$

Phillips 和 Hunsaker[8] 对 Torenbeek 的升力线方程进行了改进，和 Torenbeek 一样，他们认识到了机翼展弦比和升力系数的影响，还意识到梢根比的影响，因此他们得到的地面效应影响表达式为

$$\begin{gathered}\frac{\Lambda}{\Lambda'}=\frac{\left(1-\delta_D\mathrm{e}^{-4.74\left(\frac{h}{b}\right)^{0.814}}-\left(\frac{h}{b}\right)^2\mathrm{e}^{-3.88\left(\frac{h}{b}\right)^{0.758}}\right)}{\beta}\\ \delta_D=1-0.157(\lambda^{0.775}-0.373)(\Lambda^{0.147}-1.27)\\ \beta_D=1-\frac{0.361C_L^{1.21}}{\Lambda^{1.19}\left(\frac{h}{b}\right)^{1.51}}\end{gathered} \tag{4-21}$$

Hoerner 和 Borst[9] 则将有效展弦比和诱导攻角的变化联系起来

$$\frac{\Lambda}{\Lambda'}=\frac{\left(\dfrac{\mathrm{d}\alpha_i}{\mathrm{d}C_L}\right)'}{\dfrac{\mathrm{d}\alpha_i}{\mathrm{d}C_L}} \tag{4-22}$$

---

① 这是第 2 版第 360 页的式（7 - 4），Phillips 和 Hunsaker[8] 考证表明该式最初为 $\Lambda'=\Lambda\left[1+\left(16\frac{h}{b}\right)^2\right]\left[\left(16\frac{h}{b}\right)^2\right]$，经过 18 次印刷后变成 $\Lambda'=\Lambda\left[1+\left(16\frac{h}{\pi b}\right)^2\right]/\left(16\frac{h}{\pi b}\right)^2$。"McCormick[5] 的解是"通过确定地面对完全卷起的旋涡系统的一对涡中间位置的下洗效应的影响，类似于图 4 - 5 中解释地面效应的涡的图像"而得出的。方法类似于 Suh 和 Ostowari[6] 的解法。

② Phillips 和 Hunsaker[8] 引用的方程（7）中使用翼展 b 和展弦比 Λ，而非平均弦长 c。

从而得出诱导攻角梯度的表达式①

$$\frac{\left(\frac{\mathrm{d}\alpha_i}{\mathrm{d}C_L}\right)'}{\frac{\mathrm{d}\alpha_i}{\mathrm{d}C_L}}=\frac{33\left(\frac{h}{b}\right)^{3/2}}{33\left(\frac{h}{b}\right)^{3/2}+1} \tag{4-23}$$

图 4-6 比较了计算地面效应对阻力系数影响的不同方法，将地面高度与展长之比 h/b 用对数坐标绘制，以突出差异。普朗特方法的缺陷是其只在 $2h/b \leqslant 0.5$ 时有效，且高度增加时，其不会趋近于 1。除了 McCormick 方法之外，其余公式在高度较低时均与普朗特方法相近，但会趋近于 1。一般而言，地面效应大约在飞机离地面高度超过翼展时消失。

Pistolesi[10] 用涡格法详细研究了地面距离对升力系数的影响，考虑地面效应影响时无限翼展长机翼升力系数为

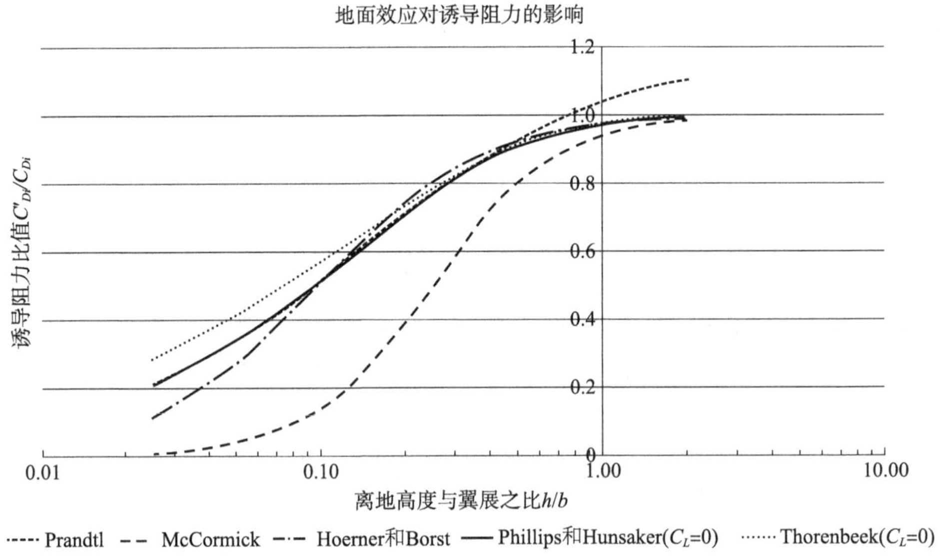

图 4-6　不同方法计算的地面距离对阻力系数的影响

$$\frac{C_L'}{C_L}=k(1-kr) \tag{4-24}$$

其中对环量的影响为

$$k=\frac{1+\left(\frac{c}{4h}\right)^2\cos^2\alpha}{1+\left(\frac{c}{4h}\right)\sin\alpha} \tag{4-25}$$

①Hoerner[9] P20-10，方程（8）。Phillips 和 Hunsaker[8] 引用的 1975 年第 1 版中的关系式为 $\frac{(C_{D,i}/C_L^2)'}{C_{D,i}/C_L^2}=\frac{33\left(\frac{h}{b}\right)^{3/2}}{33\left(\frac{h}{b}\right)^{3/2}+1}$，假设诱导阻力与诱导入射角呈线性关系。

对速度的影响为

$$r=\frac{\left(\frac{c}{4h}\right)\sin\alpha}{1+\left(\frac{c}{4h}\right)\sin\alpha} \tag{4-26}$$

根据不可压势流理论，理想升力线斜率为

$$\frac{\partial C_L}{\partial\alpha}=2\pi \tag{4-27}$$

上述表达式中考虑了离地高度与弦长之比 h/c。很明显，机身产生升力时才会加强地面效应，因此，地面效应影响的主要是升力线斜率。在升力线的线性区域①（假设线性区包含点 $\alpha=0$）

$$C_L=C_{L0}+\frac{\partial C_L}{\partial\alpha}\alpha \tag{4-28}$$

地面效应下升力线斜率为

$$\frac{\partial C_L'}{\partial\alpha}=2\pi\left[1+\left(\frac{c}{4h}\right)^2\right] \tag{4-29}$$

Katz 和 Plotkin[11] 采用与 Pistolesi 相同的兰姆涡方法分析了 2 维平板升力的变化，考虑地面效应时环量表达式为

$$\Gamma'=\pi U_\infty c\sin\alpha\,\frac{1-2\left(\frac{c}{4h}\right)\sin\alpha+\left(\frac{c}{4h}\right)}{1-\left(\frac{c}{4h}\right)\sin\alpha} \tag{4-30}$$

环量对速度也有影响，因此升力与环量的关系为

$$L'=\rho U_\infty\Gamma'\left(1-\frac{\Gamma'}{4\pi U_\infty h}\right) \tag{4-31}$$

利用式（4-30）可得截面的升力系数为

$$C_L'=2\pi\sin\alpha\left[1-\frac{2c}{4h}\sin\alpha+(c/4h)^2(1+\sin^2\alpha)+O(c/h)^3\right] \tag{4-32}$$

考虑到诱导攻角及镜像涡会降低气流速度，Gross 和 Traub[12] 提出了一个简化分析方法，与 Pistolesi[10]、Katz 和 Plotkin[11] 不同的是，他们通过考虑其对升力线斜率的影响以改进预测结果

$$\frac{C_L'}{C_L}=\left[1+\frac{1}{2\pi}\left(\frac{c}{4h}\right)\frac{\partial C_L}{\partial\alpha}\cos\left[\arctan\left(\frac{c}{4h}\right)\right]\sin\left(\arctan\left(\frac{c}{4h}\right)\right)\right]\cdot\left[1-\frac{1}{2\pi}\left(\frac{c}{4h}\right)\frac{\partial C_L}{\partial\alpha}\alpha^2\right] \tag{4-33}$$

与诱导阻力影响类似，Phillips 和 Hunsaker[8] 基于展弦比以及高度与翼展比给出了近似表达式

① 正如 Katz 和 Plotkin[11] p. 131 所指出的，升力系数的精确势流解为 $C_L=2\pi\sin\alpha$，关系式（4-27）和式（4-28）假设攻角较小，$\alpha=\sin\alpha$，通常表示为线性区。

$$\frac{C'_L}{C_L}=1+\frac{288\left(\frac{h}{b}\right)^{0.787}\mathrm{e}^{-9.14\left(\frac{h}{b}\right)^{0.327}}}{\Lambda^{0.882}} \tag{4-34}$$

考虑梢根比及高升力系数时关系如下

$$\frac{C'_L}{C_L}=\frac{\left(1+\delta_L\frac{288\left(\frac{h}{b}\right)^{0.787}\mathrm{e}^{-9.14\left(\frac{h}{b}\right)^{0.327}}}{\Lambda^{0.882}}\right)}{\beta_L}$$

$$\delta_L=1-2.25(\lambda^{0.00273}-0.997)(\Lambda^{0.717}+13.6) \tag{4-35}$$

$$\beta_L=1+\frac{0.269C_L^{1.45}}{\Lambda^{3.18}\left(\frac{h}{b}\right)^{1.12}}$$

不过在这种近似假设下，地面效应会在展弦比无限时消失。

虽然上述公式表明升力系数的增加主要是由于升力线斜率的增加，“配备了强大的高升力系统的飞机布局的风洞试验表明，地面效应可能是不利的”（Foster 和 East[14] p. 3)。Recant[13] 基于 NACA23012 翼型的机翼测量了两种不同类型的襟翼对最大升力系数的影响，图 4－7 显示了离地面不同高度时基本机翼、配备分裂襟翼和开缝襟翼最大升力系数的测量结果，普通机翼的最大升力系数与地面距离无关，而包含襟翼时最大升力系数会下降，而梯形机翼对地面效应的敏感性降低。

Foster 和 East[14] 分析了高升力系数有限翼展机翼受地面效应的影响，归结为受约束升力涡和尾涡的影响。假设升力线斜率与展弦比的关系为

$$\frac{\partial C_L}{\partial\alpha}=\frac{2\pi\Lambda}{\Lambda+2} \tag{4-36}$$

分析得到如下关系

$$C'_L=C_L\left[1-\underbrace{\frac{\Lambda^2}{(\Lambda+2)\left(\Lambda^2+\left(\frac{4h}{c}\right)^2\right)}}_{\text{尾涡}}+\underbrace{\frac{\Lambda C_L}{\pi\left(\frac{4h}{c}\right)\sqrt{\Lambda^2+\left(\frac{4h}{c}\right)^2}}}_{\text{边界涡}}\right] \tag{4-37}$$

其中正面影响（升力增加）来自尾涡，而负面影响（升力减小）则归因于受约束的对称涡。“地面效应对升力系数的有利影响来源于尾涡，其与升力系数 C_L 成正比，而不利影响来自受约束涡，与 C_L^2 成正比”（Foster 和 East[14] p. 7)。受约束涡的不利影响是流动速度的降低，这与式（4－31）结论类似。展弦比无限大时，$\Lambda\to\infty$，从式（4－37）得到二维或截面升力系数①

$$C'_L=C_L\left[1+\frac{C_L}{\pi\left(\frac{4h}{c}\right)}\right]^{-1} \tag{4-38}$$

① Foster 和 East[14] 指出，无限展长时单涡升力系数的精确解为 $C'_L=C_L\left[1+\frac{C_L}{2\pi\left(\frac{4h}{c}\right)}\right]^{-2}$，所用的公式为相关区域的近似值。

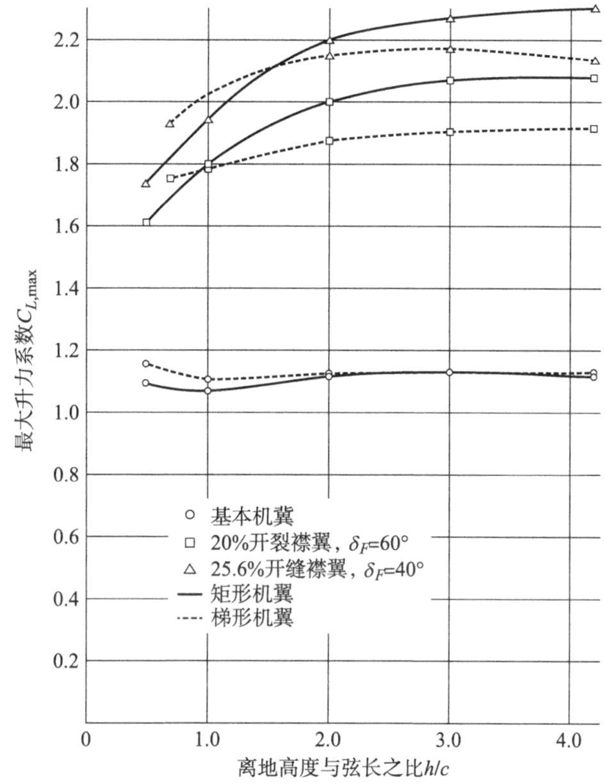

图 4－7　地面距离对 NACA23012 机翼最大升力系数的影响（Recant[13]，图 10）

图 4－8（a）给出了基于式（4－37）计算的地面效应下升力系数的变化，结果显示，Pistolesi 预测的对升力系数的有利影响主要存在于中低升力系数情况下。升力系数 $C_L \geqslant 2$ 时未发现任何积极影响。升力系数较高的情况下，当地面距离 $h/c \leqslant 1$ 时，升力系数的损失会非常明显。

Foster 和 East[14] 还预测，“地面效应会使得最大升力系数与来流速度平方成反比，但由于粘性效应的影响，升力会保持常值，对应升力系数减小”（Foster 和 East[14] p. 10）。由于此时忽略尾涡，因此关系为

$$C'_{L,\max}=C_{L,\max}\left[1+\frac{C_{L,\max}}{8\pi(h/c)}\right]^{-2} \tag{4-39}$$

图 4－8（b）中给出了式（4－39）的计算结果，运输机最大升力系数 $C_{L,\max}=2.5/3.5$ 时，地面距离 $h/c \leqslant 4$ 情况下，最大升力系数下降超过 5%。

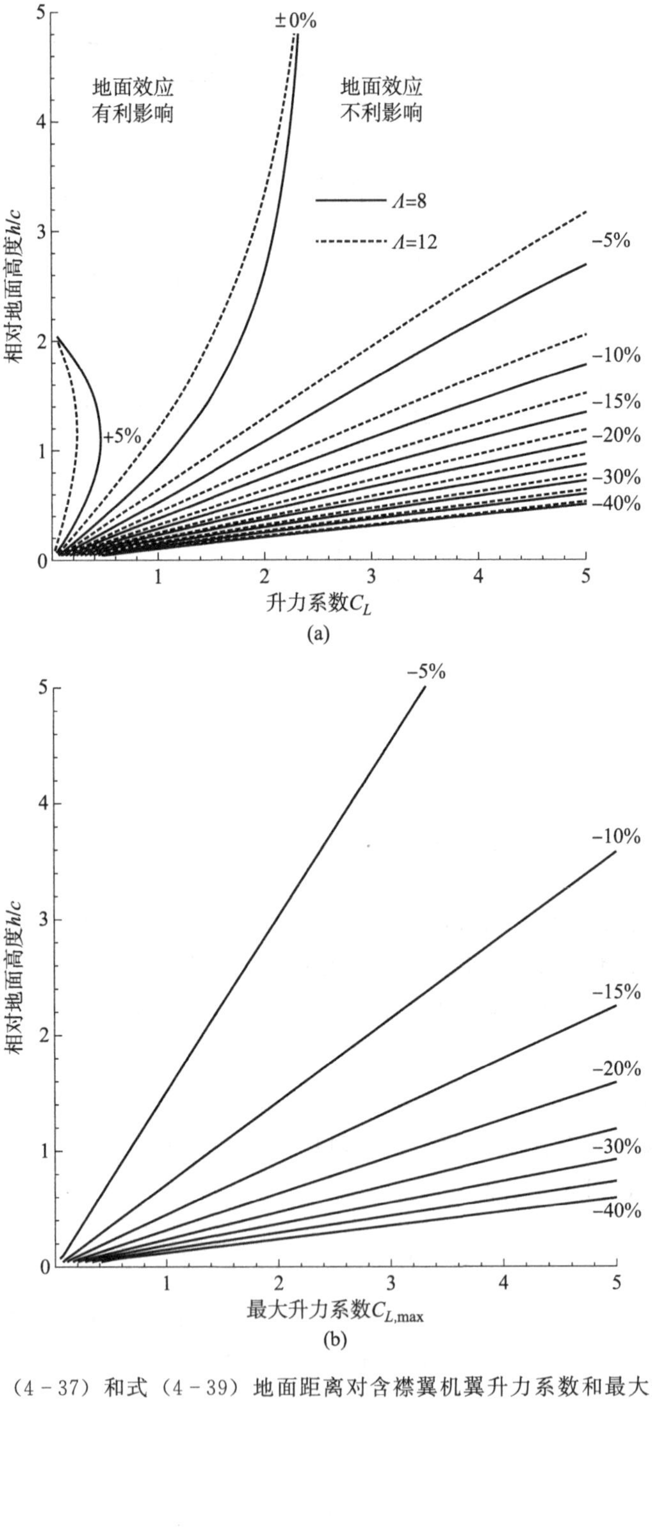

图 4－8　根据式（4－37）和式（4－39）地面距离对含襟翼机翼升力系数和最大升力系数的影响

4.2　气动性能指标

接下来的章节中将分析气动因素对 4.1.1 节中所描述的飞行阶段的影响，按地面加速、爬升、下降到着陆的顺序进行。

4.2.1　起飞

完整的起飞过程包含飞机在地面加速直到初始爬升状态，终止于离地面 35 ft 高度，这一阶段良好的高升力性能表现为起飞所需的跑道长度越短越好。如图 4 - 9 所示，起飞段本身也可分为几小段。

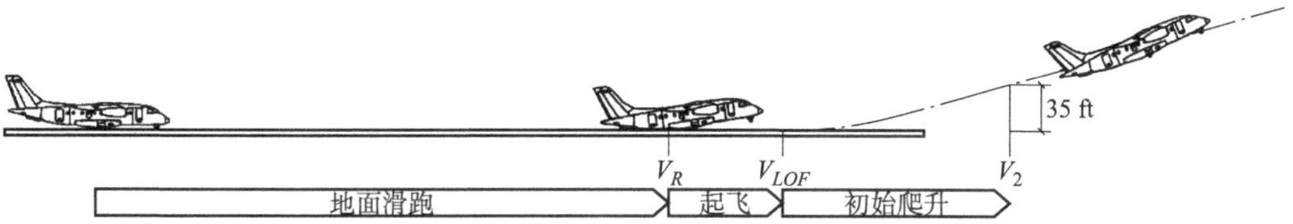

图 4 - 9　起飞段划分

第一段是零攻角地面滑跑阶段，此时飞机在全推力作用下加速，直到前轮能够抬起的速度 V_R。所需的跑道长度取决于加速度和终点速度。由于加速度可以表示为速度对距离的导数

$$a=\frac{\mathrm{d}V}{\mathrm{d}t}=V\frac{\mathrm{d}V}{\mathrm{d}s}=\frac{1}{2}\frac{\mathrm{d}(V^2)}{\mathrm{d}s} \tag{4-40}$$

于是飞机加速至某一速度所需的跑道长度可通过对加速度进行积分来计算

$$\mathrm{d}s=\frac{1}{2a}\mathrm{d}(V^2)\Rightarrow s=\frac{1}{2}\int_0^V\frac{1}{a}\mathrm{d}(V^2) \tag{4-41}$$

使得飞机在地面上加速的力是发动机推力、起落架轮子阻力和空气阻力的总和：

$$m\cdot a_{GR}=T-D-\mu_R(W-L) \tag{4-42}$$

对于混凝土跑道，摩擦阻力系数为 $\mu_R=0.02$，草地着陆时 $\mu_R=0.05\sim0.1$，对于松软土 $\mu_R=0.3$①。需要注意的是，随着升力的增加，起落架轮子所受的压力降低，摩擦阻力也随之减小②。考虑到质量、重力之间的耦合，气动力与速度之间的关系以及零攻角气动力系数等条件③，地面加速度为

---

① 数值来自 Jenkinson 等[2] (p. 230)。Phillips[15] 指出路面的 $\mu_R=0.04$，草地 $\mu_R=0.3$ (p. 302)。

② 理论上存在速度对加速度的影响消失的情形，也即 $C_L/C_D=1/\mu_R$。这意味着跑道的升阻比为 50，而草地仅为 10～20，由于在式 (4 - 44) 中形成奇点，因此需要考虑，此时积分也被简化。

③ 注意，虽然“零升力系数”C_{L0} 用于表示攻角为零时的升力系数，但符号“零阻力系数”C_{D0} 用于表示升力系数为零时的阻力系数。后者用于识别升力诱导阻力系数。

$$a_{GR}=\left(\frac{T}{W}-\mu_R\right)g+\frac{\rho}{2}\frac{A_{ref}}{W}g\left(\mu_R C'_{L0}-C'_D\mid_{\alpha=0}\right)V^2 \tag{4-43}$$

对于喷气式发动机，可假定推力为常数，利用式（4－41）可分析求解地面加速度①

$$s_{GR}=\frac{1}{\rho g\frac{A_{ref}}{W}\left(\mu_R C'_{L0}-C'_D\mid_{\alpha=0}\right)}\ln\left(1+\frac{\frac{\rho}{2}\frac{A_{ref}}{W}\left(\mu_R C'_{L0}-C'_D\mid_{\alpha=0}\right)}{\frac{T}{W}-\mu_R}V_R^2\right) \tag{4-44}$$

如果像螺旋桨飞机一样推力还与飞机速度有关，则不存在解析解。

飞机抬头之后的状态与飞机构型有关。由于机身尾部不能接触跑道，因此机身较长的飞机还受到旋转角度的限制，此时，抬头之后的旋转角由飞机几何形状定义。另一种情况是飞机抬头后的姿态与飞机升力系数有关，这需要此时速度不得低于失速速度的110%。

$$V_{LOF}\geqslant 1.1V_{SR} \tag{4-45}$$

$$C'_L(\alpha_{LOF})=\frac{\mathrm{TOW}}{\frac{\rho}{2}A_{ref}V_{LOF}^2}<\min\left(C'_{L,\max}/1.1^2,C'_L(\alpha_{\max})\right) \tag{4-46}$$

因此，抬头速度与起飞速度之间的加速度由实际攻角及对应的气动力确定

$$a_{LOF}=\left(\frac{T}{W}-\mu_R\right)g+\frac{\rho}{2}g\frac{A_{ref}}{W}\left(\mu_R C'_L(\alpha_{LOF})-C'_D(\alpha_{LOF})\right)V^2 \tag{4-47}$$

推力恒定时解析解为

$$s_{LOF}=\frac{1}{\rho g\frac{A_{ref}}{W}\left(\mu_R C'_L(\alpha_{LOF})-C'_D(\alpha_{LOF})\right)}\times \ln\frac{\left(\frac{T}{W}-\mu_R\right)+\frac{\rho}{2}\frac{A_{ref}}{W}\left(\mu_R C'_L(\alpha_{LOF})-C'_D(\alpha_{LOF})\right)V_{LOR}^2}{\left(\frac{T}{W}-\mu_R\right)+\frac{\rho}{2}\frac{SA_{ref}}{W}\left(\mu_R C'_L(\alpha_{LOF})-C'_D(\alpha_{LOF})\right)V_R^2} \tag{4-48}$$

最后，飞机必须爬升至起飞航迹上任何障碍物上方至少35 ft的高度。这一阶段，飞机进一步摆脱地面效应影响，达到比失速速度高13%的最小爬升速度

$$V_2\geqslant 1.13V_S \tag{4-49}$$

由于起飞速度和爬升速度之间的差值影响可以忽略不计，因此计算长度时可以只考虑地面效应影响。根据式（4－5），此时航迹角为

$$\sin\gamma=\frac{T}{W}\cos\alpha-\frac{C_{D0}+\frac{C_L^2}{e\pi\Lambda'(h)}}{C'_L(h)} \tag{4-50}$$

航迹角较小时，地面距离与高度之间的变化关系为

$$\frac{\mathrm{d}s}{\mathrm{d}h}=\frac{1}{\tan\gamma}\approx\frac{1}{\sin\gamma} \tag{4-51}$$

---

① 根据 Jenkinson 等[2]的公式（eq.（10－5），p. 230），但少了方程（10－4）中气动系数的除号。

初始爬升段地面距离可近似积分获得

$$s_{IC}=\int_{0}^{h_{obstacle}+35\ \mathrm{ft}}\frac{W}{T-\frac{\rho}{2}A_{ref}V_{2}^{2}\left(C_{D0}+\frac{(C_{L}'(h))^{2}}{e\pi\Lambda'(h)}\right)}\mathrm{d}h \tag{4-52}$$

整个起飞段长度（TOFL）是三个子段的总和

$$\mathrm{TOFL}=s_{GR}+s_{LOF}+s_{IC} \tag{4-53}$$

由于起飞段路径计算相当复杂，在飞行器的初步设计阶段通常使用近似方法，该方法基于起飞速度 70%①时的气动特性

$$\mathrm{TOFL}=\frac{WV_{LOF}^{2}}{2gF_{eff}},F_{eff}=[T-D-\mu_{R}(W-L)]\mid_{V=0.7V_{LOF}} \tag{4-54}$$

4.2.2　爬升

飞机的爬升性能具有两个不同的目标，一个目标是实现最陡峭的爬升角度，即爬升梯度最大，另一个是尽可能快地达到巡航高度，从而最小化爬升时间，此时爬升速率最大。4.1 节中的式（4－2）和式（4－6）介绍了爬升梯度和爬升率之间的关系，在爬升性能方面，小航迹角的简化不再有效，升力、阻力和推力之间的平衡关系还涉及推力在升力方向的分量。

此外，可用推力及可用功率取决于飞机的飞行速度和发动机类型，因此需要将可用推力/功率与飞机爬升所需的能量/功率进行比较。

根据式（4－3），速度给定情况下，飞机重量与升力系数之间的关系为

$$W=\frac{1}{\cos\gamma}\left[C_{L}(\alpha)\cdot\frac{1}{2}\rho\cdot V^{2}\cdot A_{ref}+T(V)\cdot\sin(\alpha+\varepsilon_{E})\right] \tag{4-55}$$

这一平衡确定了飞机飞行时的攻角。与此同时，飞行方向上，推力与阻力平衡

$$T(V)\cdot\cos(\alpha+\varepsilon_{E})=C_{D}(\alpha)\cdot\frac{1}{2}\rho\cdot V^{2}\cdot A_{ref}+W\cdot\sin\gamma \tag{4-56}$$

因此爬升梯度为

$$\gamma=\arcsin\left[\frac{T(V)\cdot\cos(\alpha+\varepsilon_{E})-C_{D}(\alpha)\cdot\frac{1}{2}\rho\cdot V^{2}\cdot A_{ref}}{W}\right] \tag{4-57}$$

上述方程必须对攻角进行迭代求解，并考虑飞机的实际气动数据。不过，爬升梯度对于剩余推力的依赖关系是显而易见的。因此，最大爬升梯度在剩余推力最大时实现。

根据式（4－6），爬升速率与飞行速度和爬升梯度直接相关

$$w=V\cdot\sin\gamma \tag{4-58}$$

利用式（4－57），可得到

$$w=\frac{T(V)\cdot V\cdot\cos(\alpha+\varepsilon_{E})-C_{D}(\alpha)\cdot\frac{1}{2}\rho\cdot V^{3}\cdot A_{ref}}{W} \tag{4-59}$$

---

① 数值来自 Phillips[15] p. 307，McCormick[5] 取值为 $1/\sqrt{2}$（p. 364），而 Jenkinson 等[2] 取值为 0.707（p. 229）。

发动机的功率定义为

$$P = T \cdot V \tag{4-60}$$

因此，最大爬升率与最大剩余功率有关。

为理解最陡峭爬升、最快爬升的飞行条件，需要了解阻力与飞行速度之间的关系。首先需要记住，飞行速度较低时需要高升力系数。阻力主要由诱导阻力和寄生阻力组成，不受升力影响的阻力部分称为寄生阻力，可表示为

$$D_{\text{parasitic}} = C_{D0} \cdot \frac{\rho}{2} A_{ref} \cdot V^2 \tag{4-61}$$

诱导阻力主要取决于升力，通常假设诱导阻力系数与升力系数之间的关系为

$$C_{Di} = \frac{C_L^2}{e\pi\Lambda} \tag{4-62}$$

升力系数（如果不由式（4-55）确定）与速度间的关系可表示为

$$C_L = \frac{2W}{\rho A_{ref}} \frac{1}{V^2} \tag{4-63}$$

因此诱导阻力与速度间的关系为

$$D_{\text{induced}} = \frac{1}{e\pi\Lambda} \frac{2W^2}{\rho A_{ref}} \frac{1}{V^2} \tag{4-64}$$

图 4-10 显示了这两部分对总阻力的贡献。如上述方程所示，升力相同时，随着速度的增加，升力产生的环量降低，因此诱导阻力随着飞行速度的增加而降低，寄生阻力则随着速度平方的增加而增大。总阻力图显示了最小阻力，其对应于平飞段所需的最小推力（非加速）。

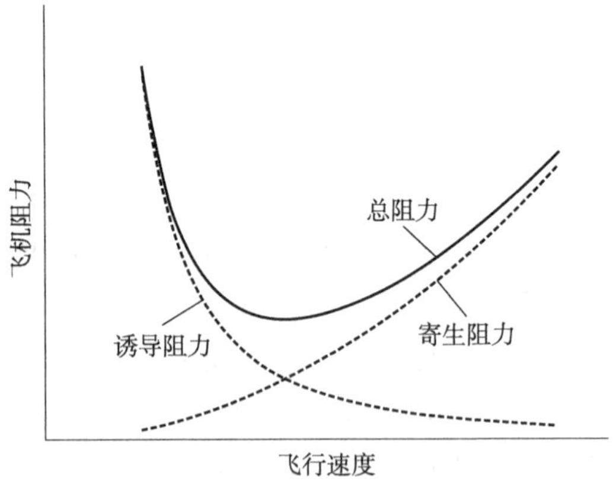

图 4-10　阻力组成及其与速度间关系

对于以涡轮喷气发动机为动力的飞机，其可用推力“与来流速度无关，而与来流密度成正比”（Phillips[15] p. 244），因此可用功率与飞行速度呈线性关系，图 4-11 显示了如何确定此类飞机的陡峭爬升和最快爬升的最优速度，最大剩余功率时获得最佳爬升率，最大剩余推力时获得最佳爬升梯度。这两个速度都高于飞机所需最小功率。对于涡轮喷气飞机，最陡峭爬升速度还与最小推力要求有关。

对于螺旋桨驱动的飞机，情况有所不同。“对于可变螺距螺旋桨及发动机组合而言，可通过螺距的调整从而使得在正常空速范围内其可用功率不受空速影响。这种动力装置可近似看做其可用功率不随空速变化的定功率动力装置”（Phillips[15] p. 235）。图 4-12 显示了对应的爬升速度。最陡峭爬升的飞行速度小于最小需用推力对应速度，最快爬升速度与最小需用功率的速度相对应。发动机的实际性能并不满足恒定功率假设，但最佳爬升速度还是要与上述条件接近。

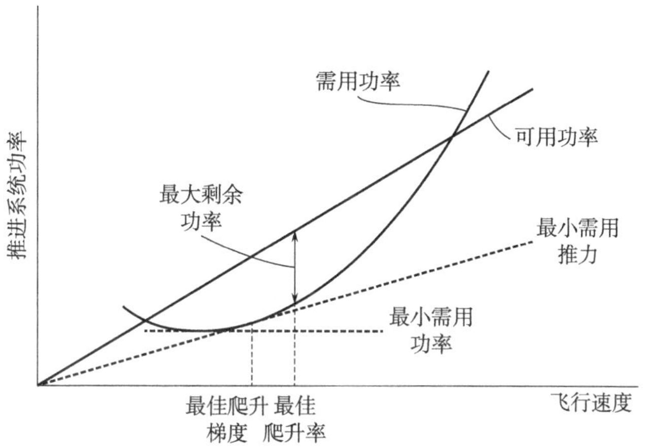

图 4-11 涡喷发动机飞机最佳爬升梯度和最佳爬升率对应速度

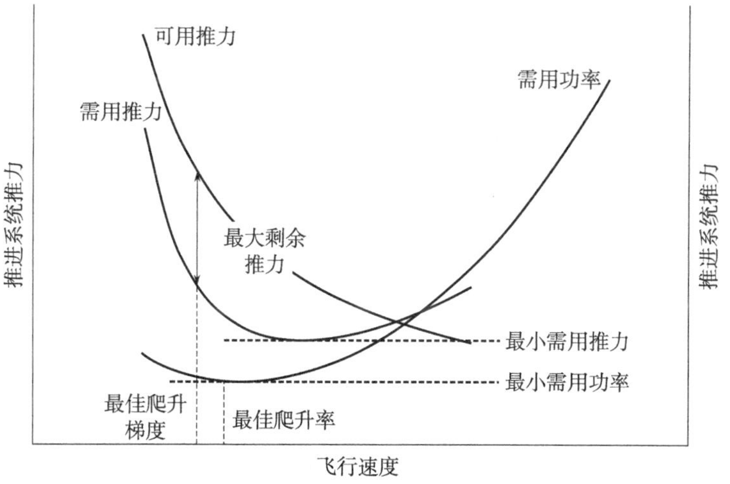

图 4-12 螺旋桨驱动飞机最佳爬升梯度和最佳爬升率对应速度

图 4-13 描述了以最大功率爬升时爬升率与飞行速度之间的关系，最大爬升率对应实线的顶点。根据式（4-58），任何速度对应的爬升梯度对应于原点与曲线上对应点连线的夹角，因此，最大爬升梯度对应于过原点的该曲线的切线，同样可以清楚地看到，最陡峭爬升速度总是低于最快爬升的速度。

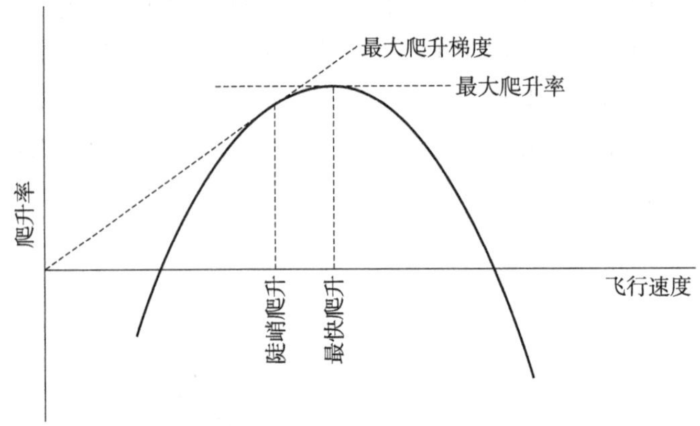

图 4－13　以最大功率爬升时的速度极曲线

高升力系统的另一个影响是爬升时襟翼的设置，通常，襟翼偏转角度较高时对应的起飞速度较低，但此时的阻力系数也较高，因此需要更高的推力，一般而言，此时的爬升梯度/爬升率要低于偏转角度较小的设置。相反，襟翼偏转角度较小时，对应较高的起飞速度，爬升性能更好。图 4－14 显示了襟翼设置对整个起飞航迹的影响。通常，襟翼设置较低时，其地面加速更长，爬升更陡峭，两条航迹会在空中相交。襟翼的最佳设置取决于飞机的实际布局、跑道以及海拔、温度等环境条件。跑道较短时可能需要设置襟翼偏转较大角度。当飞行航迹交叉点在较高高度时，类似的选择还可能由于噪声认证。

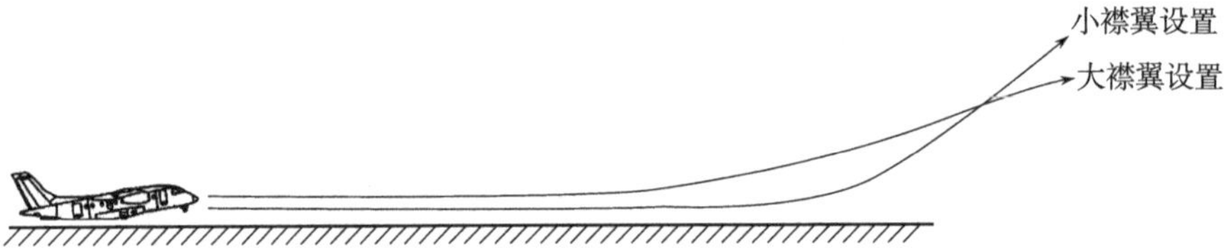

图 4－14　襟翼设置对爬升性能影响

4.2.3　进场

飞机进场受当地空中交通管理部门的严格管理，飞机必须按要求操作，以适应多架不同类型飞机的降落安排。因此，根据最小进场速度可将其分为不同的进场类别

$$V_{REF} = 1.23 V_{SR} \tag{4-65}$$

如表 4－2 所示，国际民航组织（ICAO）定义了五个类别，基于这一分类，空管部门可以分配空域并调度飞行器着陆。

表 4－2　ICAO 定义的航空器进场等级（PANS－OPS）[16]

飞机分类	V_{REF}	初次进场速度范围	最终进场速度范围	最大盘旋速度	复飞最大速度	最后复飞最大速度	典型飞机
A	<91	90～150	70～110	100	100	110	小型单发

续表

飞机分类	V_{REF}	初次进场速度范围	最终进场速度范围	最大盘旋速度	复飞最大速度	最后复飞最大速度	典型飞机
B	91～120	120～180	85～130	135	130	150	小型多发
C	121～140	160～240	115～160	180	160	240	喷气式客机
D	141～165	185～250	130～185	205	185	265	大型/军用喷气式飞机
E	166～210	185～250	155～230	240	230	275	特种军用

图 4-15 给出了民用运输机进场的标准程序。发动机推力降低点是着落过程的特征点，在减速点处飞行速度降低，然后在减速过程中利用高升力装置进一步降低飞行速度。在 3 000 ft 高度，飞机进入由仪表着陆系统（ILS）给出的最终进场路径。标准 ILS 滑翔航迹角为 $g=3°$。为降低机场周围的噪声，一些机场（如法兰克福 Main 机场）采用了较高的航迹角，如 $g=3.2°$。伦敦机场 EGLC 则要求最陡峭下滑航迹角 $g=5.5°$[17]。

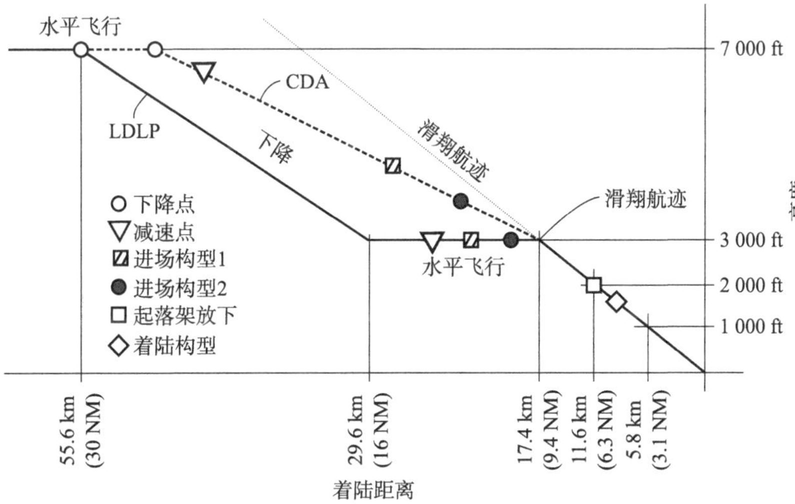

图 4-15　标准进场程序（根据 König[18]）

最常用的设定是所谓的低阻力/低功耗进场（LDLP），其高升力系统很晚才起作用，减速也很晚，这对于节约旅行时间很有效。另一种常用的方法是连续下降进场（CDA），高升力系统较早开始起作用，减速过程更分散，和 LDLP 相比，该进场耗时更长，但由于避免了中间状态飞行，燃料消耗更少。此外，由于飞行高度较高，推力需求较小，该方法可降低距离机场 10～30 n mile 处的噪声水平。

4.2.4　着陆

与着陆相关的设计标准是所需跑道长度，如图 4-16 所示，离地高度 50 ft 之后的着陆航迹可分为四段，第一段是稳定滑翔段，直至飞机必须拉平，之后的过渡段通常用恒定飞行速度的圆弧来近似，随后是展开段，飞机速度从进场速度降至着陆速度，触地之后，飞机通过刹车、扰流板及反推力装置等减速至完全停止。这些距离可使用与起飞阶段相似的公式来计算。

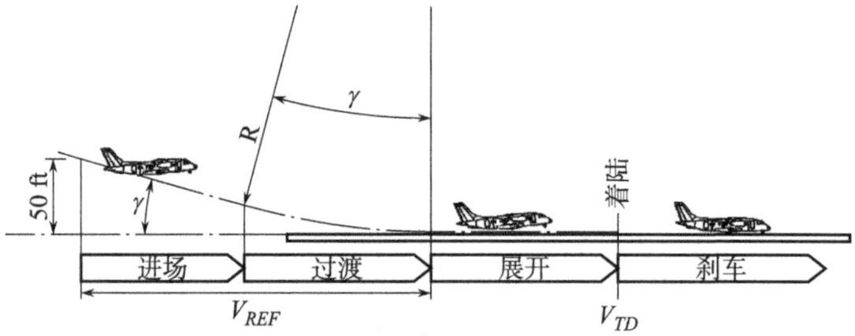

图 4-16　着陆期间航迹的分段

对于触地之前的距离，一个重要的参数是拉平时的高度，该高度由载荷系数和航迹的曲率半径决定

$$R=\frac{V_{REF}^2}{g(n_z-1)} \tag{4-66}$$

通常假定从过渡段到拉平段的载荷系数为 $n_z=1.2$①，从几何角度分析，拉平时离地面高度取决于航迹角，其值为

$$h_f=R(1-\cos\gamma) \tag{4-67}$$

因此，从 50 ft 高度到开始拉平之间距离为

$$s_A=\frac{50-h_f}{\tan\gamma} \tag{4-68}$$

拉平段距离为

$$s_R=R\tan\gamma \tag{4-69}$$

这些距离与飞行速度无关。

拉平后，飞机靠空气阻力从进场速度减速至着陆速度，对应的加速度为

$$a_{FL}=\left(\frac{T}{W}\right)g+\left[\frac{\rho}{2}\frac{A_{ref}}{W}gC'_D\right]V^2 \tag{4-70}$$

着陆速度不能太低，对于运输机，建议安全阈值比失速速度高 15%（见 Jenkinson 等[2] p. 242，Phillips[15] p. 313）。不过，和起飞阶段类似，攻角范围应避免机身与地面接触，因此对应的升力系数为

$$C'_{L,TD}=\min(C'_{L,\max}/1.15^2, C'_L(\alpha_{\max})) \tag{4-71}$$

假设气动力变化不大，加速度恒定，从而可得到近似计算公式

$$s_{FL}=\frac{1}{2g}\frac{W}{T-D}(V_{REF}^2-V_{TD}^2) \tag{4-72}$$

着陆后，飞机开始减速，根据规定，飞行员要在 2 s 内通过刹车、扰流板和反推等一系列操作进一步减速。假设此时飞机还未开始减速，对应的距离为

① 数值来自 Jenkinson 等[2]。

$$s_{FR}=t\cdot V_{TD}=t\sqrt{\frac{2}{\rho}\frac{W}{S}\frac{1}{C'_{L,TD}}} \tag{4-73}$$

然后在减速装置作用下飞机开始减速，加速度为

$$a_b=\left(\frac{T}{W}-\mu_{R,b}\right)g+\frac{\rho}{2}\frac{A_{ref}}{W}g\left(\mu_{R,b}C'_{L0,SP}-C'_{D,SP}\mid_{\alpha=0}\right)V^2 \tag{4-74}$$

地面摩擦系数取决于跑道的状态①。干燥跑道的摩擦系数可达 $\mu_{R,b}=0.5$，潮湿跑道摩擦系数较低（$\mu_{R,b}=0.3$），结冰时更低（$\mu_{R,b}=0.1$）。气动系数还必须考虑扰流板带来的额外阻力及其对升力的影响，推力则是发动机的怠速推力或（负的）反向推力②。反向推力取决于发动机的类型，表 4-3 列出了典型的取值。

表 4-3　不同类型发动机的反向推力③

发动机类型	反向推力(最大推力的百分比,%)
螺旋桨	40
涡喷	40～50
涡扇	60

4.2.5　短距起降

美国联邦航空管理局（FAA）的 John H. Shaffer 给出的短距起降（STOL）的定义为[20]：“飞机能在 2 500 ft 的跑道上进行安全高效的起降”（Shaffer[20] p. 55）。后来，John Kern 在美国国会众议院科技委员会举行的听证会上重新阐述了 FAA 的这一立场[21]：“STOL 飞机需要经过认证，其能够沿着 6°甚至更陡峭的角度进场，并能够以足够的爬升梯度复飞，如在海平面上以 15∶1 的爬升梯度复飞（Kern[21] p. 182）。”总之，FAA 于 1984 年的定义与如今的陡峭进场着陆（SAL）能力关系更大。

国际民航组织（ICAO）关于机场选址的定义更能说明问题：“短距起降机场飞机是参考跑道长度不超过 800 m 的飞机”（ICAO STOLport Manual[22] p. 1）。此处的参考长度是实际需求跑道长度除以 0.6，因此实际安全起飞/着陆所需跑道长度必须小于 480 m。800 m 的距离来源于机场要求，即至少有一条长度超过 800 m 的跑道配备用于着陆进场的设备仪表。短距起降机场允许在较小的机场上使用短距起降飞机进行商业航空运输。

美国国防部词典则给出了 STOL 操作的其他定义[23]。其中 STOL 的定义为“飞机开始起飞后前进 1 500 ft（450 m）内能够越过 50 ft（15 m）高的障碍物，或者着陆过程中在越过 50 ft（15 m）高的障碍物后能够在 1 500 ft（450 m）内停止”（US DoD Dictionary[23] p. 217）。这一定义与 ICAO 定义很接近，但不完全相同。

在欧洲，认证规范 CS-25 和飞机运行要求 OPS 部分中都没有 STOL 的定义。但与

① 数值来自 Jenkinson 等[2] p. 243，Phillips[15] 取值为 $\mu_{R,b}=0.4$。

② FAR 规定，估算所需跑道长度时，不得考虑反推力装置，因为发动机故障可能导致无法使用反推力装置。

③ 数据来自 Anderson[19] p. 370。

FAA 类似，CS－25 的附录 Q 中定义了所谓的陡峭进场着陆（SAL）能力[24]："飞机使用大于或等于 4.5°航迹角（梯度为 7.9%）进场能力的认证"（EASA CS－25 Appendix Q[24] p.1）。因而，欧洲的定义不如 FAA 严格。

无论是欧洲还是北美，在认证规范或适航指令中均没有针对 STOL 的通用/唯一的定义。但大量技术发明均打上了 STOL 的标签，总之，在大多数情况下，该标签强调的是"在有效载荷、航程、速度等要求相同的情况下，对跑道长度的要求大大低于常规起降的飞机"（Sincoff 和 Dajani[25] p.17）。

参考文献

[1] Meredith PT (1993) Viscous Phenomena Affecting High - Lift Systems and Suggestions for Future CFD Development, no. 19 in High - Lift System Aerodynamics, AGARD CP 515.

[2] Jenkinson L, Simpkin P, Rhodes D (1999) Civil Jet Aircraft Design, Butterworth Heinemann, London, ISBN 0 - 340374152 - X.

[3] Wieselsberger C (1922) Wing Resistance Near the Ground, NACA - TM - 77, translation from Zeitschrift für Flugtechnik und Motorluftschiffahrt 10 (1921), pp. 145 - 147.

[4] Prandtl L (1924) Induced Drag of Multiplanes, NACA TN 182, translation from Technische Berichte herausgegeben von der Flugzeugmeisterei der Inspektion der Fliegertruppen, Charlottenburg. Bd. III (1918) pp. 309 - 315.

[5] McCormick BW (1995) Aerodynamics, Aeronautics, and Flight Mechanics, 2nd ed. , John Wiley & Sons, New York.

[6] Suh YB, Ostowari C (1988) Drag Reduction Factor due to Ground Effect, Journal of Aircraft 25 (11), pp. 1071 - 1072.

[7] Torenbeek E (1982) "Ground Effects," Synthesis of Subsonic Airplane Design, Delft Univ. Press, Delft, The Netherlands, pp. 551 - 554.

[8] Phillips WF, Hunsaker DF (2013) Lifting - Line Predictions for Induced Drag and Lift in Ground Effect, Journal of Aircraft 50 (4), pp. 1226 - 1233.

[9] Hoerner SF, Borst HV (1985) Fluid Dynamic Lift, 2nd ed. , Hoerner Fluid Dynamics, Bakersfield, CA.

[10] Pistolesi E (1937) Ground Effect - Theory and Practice, NACA - TM - 828, translation from Pubblicazioni della R. Scuola d' Ingegneria di Pisa series VI (261), pp. 1 - 25.

[11] Katz J, Plotkin A (2001) Low Speed Aerodynamics, 2nd ed. , Cambridge University Press, Cambridge, UK.

[12] Gross J, Traub LW (2012) Experimental and Theoretical Investigation of Ground Effect at Low Reynolds Numbers, Journal of Aircraft 49 (2), pp. 576 - 586.

[13] Recant IG (1939) Wind - Tunnel Investigation of Ground Effect in Wings with Flaps, NACA TN 705.

[14] Foster DN, East LF (1976) The Theoretical Effect of Ground Proximity on a High - Lift Wing, RAE TR 76139.

[15] Phillips WF (2004) Mechanics of Flight, John Wiley & Sons, Hoboken, NJ, ISBN 0 - 471 - 33458 - 8.

[16] ICAO (2006) Aircraft operations, PANS - OPS, ICAO Doc 8168.

[17] Civil Aviation Authorities (2016) EGLC AD 2. 20 Local Traffic Regulations, United Kingdom AIP - EGLC - London City, p. 8.

[18] König R (2007) Umsetzung von Flugverfahren/Flight Management Systeme (Teil 1), Abschlussveranstaltung "Leiser Flugverkehr II," Göttingen.

[19] Anderson JD (1999) Aircraft Performance and Design, McGraw - Hill, Boston, MA, ISBN 0 - 07116010 - 8.

[20] Shaffer JH (1969) Role of General Aviation in the National Transportation System, In: The Role of General Aviation, Hearing before the Subcommittee on Aviation of the Committee on Commerce, US House of Representatives, Ninety - first Congress, second session, pp. 53 - 65.

[21] Kern J (1984) Aircraft Navigation and Landing Technology: Status of Implementation Hearing before the Subcommittee on Transportation, Aviation, and Materials of the Committee on Science and Technology, US House of Representatives, Ninety - eighth Congress, second session, July 24, 1984, pp. 181 - 191.

[22] ICAO (1991) STOLport Manual, 2nd edition, ICAO Doc. 9150 - AN/899.

[23] Department of Defense (2010) Dictionary of Military and Associated Terms, Joint Publication 1 - 02.

[24] European Aviation Safety Agency (2015) Certification Specifications and Acceptable Means of Compliance for Large Aeroplanes, CS - 25 Amendment 17, Appendix Q.

[25] Sincoff MZ, Dajani JS (1975) General Aviation and Community Development, NASA contract report NGT 47 - 003 - 028.

第 5 章 被动高升力系统

符号表

c	m	机翼弦长	$\boldsymbol{u}$	m/s	当地速度
c_F	—	襟翼弦长	x, y, z	m	坐标
C_L	—	升力系数	α	(°)	攻角
$C_{L,\max}$	—	最大升力系数	β	(°)	倾斜角
c_N	—	法向力系数	Γ	m^2/s	环量
c_p	—	压力系数	δ	(°)	偏转角度
$\bar{c}_p$	—	典型压力系数	δ	m	边界层厚度
c_p^*	—	临界压力系数	μ	kg/(m·s)	粘度
d	m	距离	ρ	kg/m^3	密度
D	m	分离距离	τ_w	N/m^2	壁面剪切力
g	m	间隙大小	ω	1/s	旋转角速度
h	m	高度	∇	—	梯度算子
l	m	长度	Δ	—	差分算子
M	—	马赫数	δ	—	边界算子
$\boldsymbol{n}$	m^2	表面法向量	$\times$	—	向量叉积
p	—	静压	DN	—	下垂鼻
r	N/m^2	半径	F	—	襟翼
R	m	涡核半径	min	—	最小值
Re	—	雷诺数	max	—	最大值
$\boldsymbol{s}$	m	曲面弧向量	S	—	缝翼
S	m^2	表面面积	W	—	机翼
U	m/s	外流速度	∞	—	自由流
u	m/s	当地速度	—		

本章介绍了提高升力系数的被动方法，这里“被动”意味着升力系数的改变完全通过改变气动外形产生①。与第 6 章讨论的主动高升力系统不同，被动高升力系统并不改变流体的能量。下面，将讨论三种不同的被动式高升力系统。首先区分有间隙与无间隙的被动高升力系统，在此背景下，我们讨论流经开缝翼型的影响。第三类结合了产生旋涡的几何特征，这些旋涡使流动稳定以达到更高的升力系数。

① Weyl[9] 则采用了“无人辅助”这一说法。

在研究不同的高升力设计之前，需要了解高升力系统在不同应用场合下的原理差异。

图 5－1 显示了机翼前后缘未安装、单独安装和均安装高升力装置的机翼升力系数随攻角的变化。

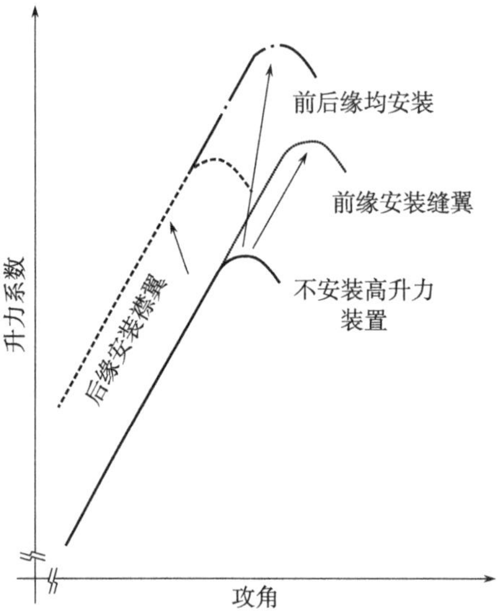

图 5－1　高升力装置对升力系数的影响

可以看出，前缘缝翼延长了升力线的线性区，失速攻角增大，最大升力系数增加；而对于前缘未安装缝翼的“干净”机翼而言，在升力随攻角线性变化的区间内，缝翼偏转几乎不影响升力系数。

在整个攻角范围内，单独使用后缘襟翼增加的升力系数几乎为常值。与“干净”机翼相比，失速攻角略有降低。相同攻角下，其影响升力系数的原因是襟翼的偏转改变了库塔条件：由于攻角参考坐标轴与“干净”机翼一致，襟翼的偏转增加了弯度和有效攻角，因此升力系数发生变化。

在线性范围内，带有襟翼的机翼的升力系数可以通过攻角和襟翼偏转的影响来近似估算

$$C_L = \frac{\partial C_L}{\partial \alpha}\alpha + \frac{\partial C_L}{\partial \delta_F}\delta_F \tag{5-1}$$

通过引入襟翼舵效，可以获得襟翼效率的近似表达式

$$C_L = \frac{\partial C_L}{\partial \alpha}\alpha + \frac{\partial C_L}{\partial \alpha}\frac{\partial \alpha}{\partial \delta_F}\delta_F = \frac{\partial C_L}{\partial \alpha}\left(\alpha + \frac{\partial \alpha}{\partial \delta_F}\delta_F\right) \tag{5-2}$$

Glauert[1] 根据襟翼尺寸给出了其舵效的近似表达式

$$\frac{\partial \alpha}{\partial \delta_F} = \frac{2}{\pi}\left[\sqrt{\frac{c_F}{c}\cdot\left(1-\frac{c_F}{c}\right)} + \arcsin\left(\sqrt{\frac{c_F}{c}}\right)\right] \tag{5-3}$$

图 5－2 给出了近似计算值与一部分早期测量值的比较，可以看出趋势基本一致，但正如基于线性势流理论所预测的那样，计算值明显大于测量值。

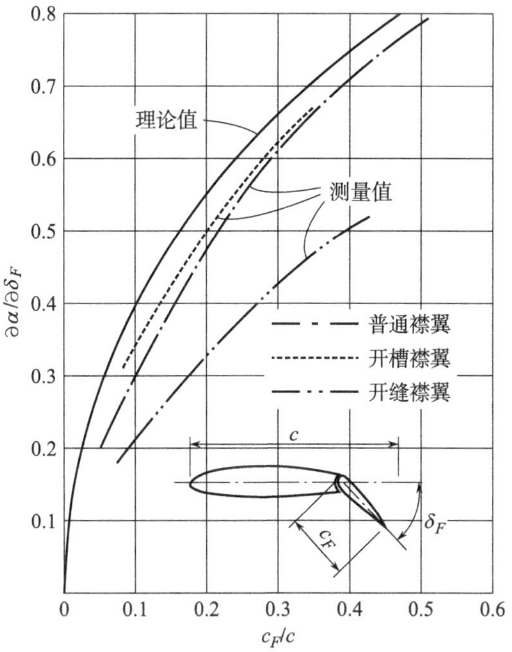

图 5-2　襟翼效率预测值（Glauert[1]）与测量值比较（Schlichting 和 Truckenbrodt[2]，图 12-8（a））

同时偏转前缘缝翼和后缘襟翼，原则上它们的效果可以叠加，但这并不意味着两种装置的偏转效果是完全独立的；如果布置不当，前缘缝翼的偏转可能会减弱后缘襟翼的效果，反之亦然；但如果放置得当，可以避免不利影响。

5.1　无槽装置

第一种被动高升力装置改变翼型形状，而不在机翼和装置之间形成槽或间隙。

5.1.1　简单襟翼

普通简单襟翼（或弯度襟翼，见图 5-3）位于机翼后部，通过铰链与机翼相连，并且可以向下（正偏转）或向上（负偏转）偏转一定的角度 δ_F，其主要气动原理是通过改变翼型的弯度从而改变机翼的气动性能。实际上它是最古老的高升力装置。1914 年，Nayler，Stedman 和 Stern 对其进行了首次系统的研究[3]。另外，Weyl[4] 报道说，“1910 年伦敦奥林匹亚展览会上展出了由亨伯公司（Humber Ltd.）制造的布朗单翼飞机（Le Blon monoplane），可通过调节机翼后缘部分从而改变机翼弯度”（Weyl[4] p. 294）。

通过机翼后缘向下偏转增加机翼弯度的影响显示了后缘装置发展的趋势。

图 5-4 显示了 Spearman[5] 基于设计有普通襟翼的 NACA0009 翼型（襟翼布置在 $c_F/c=25\%$）测量的升力系数与攻角之间的关系。襟翼偏转角度小于 $\delta_F=20°$时，在升力线特征呈线性变化范围内，升力系数与襟翼偏转角也呈线性关系，且达到最大升力系数

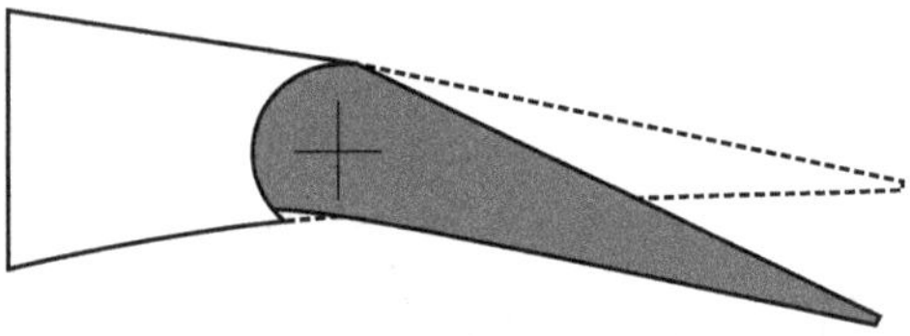

图 5-3　普通襟翼示意图

时的攻角略有减小。

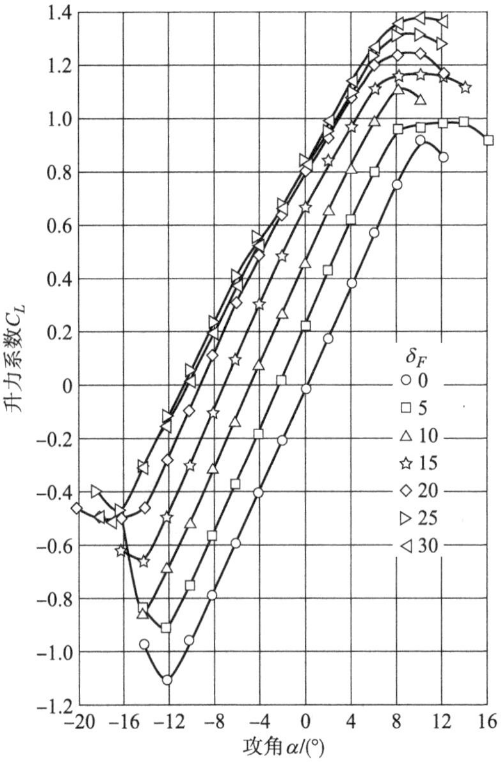

图 5-4　襟翼位于 25%的 NACA0009 翼型气动特性（Spearman[5]，图 3）

攻角相同时升力系数的增加可归结为满足库塔条件导致的环量增加，流向不变的情况下，气流必须偏转更多以保持后部驻点位于向下移动的后缘上。

偏转角继续增大时，可以观测到升力系数停滞且不会进一步增加，这主要是由于襟翼上表面出现流动分离，流动分离起始于襟翼与机翼铰链部位，沿流向覆盖整个襟翼上表面。与光滑表面产生的流动分离不同，这种分离是由于几何条件产生的，范围有限，攻角变化时也能保持稳定。机翼的其他部分流动不发生分离，加上由于压差产生的升力，因而升力系数保持稳定。当然，襟翼流动分离会导致阻力系数和俯仰力矩系数增加。

Wenzinger 和 Rogallo[6] 基于 NACA23012 翼型，襟翼占比在 $c_F/c = 20\%$，测量了相同升力系数下不同襟翼偏转角时的压力分布，如图 5-5 所示，在襟翼铰链处会产生一个局部吸力峰值，主要取决于铰链处的曲率半径，但在弦向影响范围有限。该吸力峰带来两个额外效应。在铰链下游，压力梯度比未偏转时陡峭得多，由于较强的压力梯度，在铰链之后立即发生流动分离。因此，区别于通常在后缘逐渐分离，襟翼处分离往往是从铰链处开始突然发生分离，类似于前缘分离。在铰链上游，流动加速，因此，通常从机翼后缘开始的流动分离被抑制了，机翼上的分离开始于再加速点的下游。

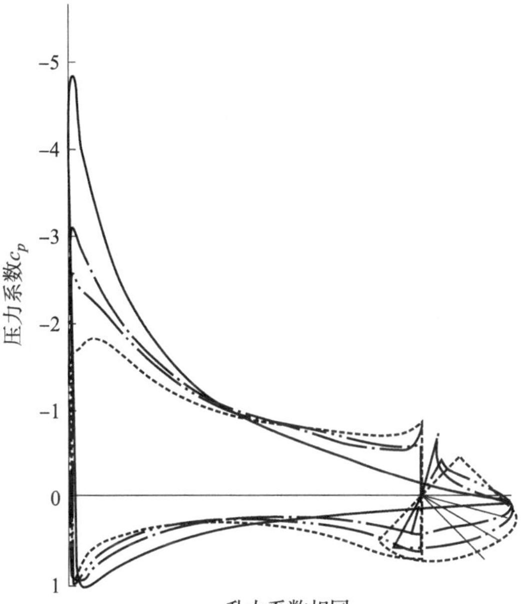

图 5－5　翼型 NACA23012，襟翼占比 20%，升力系数相同时表面压力系数分布比较（Wenzinger 和 Rogallo[6]，图 10（a））

Fiecke[7] 研究了不同尺寸和不同偏转角下普通襟翼对最大升力系数提升的潜力，如图 5－6 所示。偏转角小于 $\delta_F = 30°$时，最大升力系数与偏转角呈线性增加的关系，当襟翼所占弦长大于 $c_F/c = 25\%$时，提升的升力区域平稳，增加襟翼尺寸也无法产生更大的最大升力系数。如前所述，较大的偏转角下，舵偏角继续增加时 $\partial C_{L,\max}/\partial \delta_F$ 下降，即继续增加偏转角对于升力的提升效果有限。在襟翼弦长占比较大的情况下，由于襟翼上表面的流动分离现象，甚至会出现最大升力系数效益下降的情况。

5.1.2　分裂式襟翼

如图 5－7 所示，分裂式襟翼是一种从弯度片发展而来的航空器件，它通过仅偏转机翼下表面来改变翼型。这种装置的设计初衷不仅是用作产生升力，同时也用作减速板，因为它会产生大量的附加阻力。

根据 Weyl[4] 的说法，分裂式襟翼的发展是为了防止飞机过早失速，这一发现基于一个不对称的边界层加厚——尤其是下表面的边界层更厚——能够产生升力的原理。根据 Irving[8] 的描述，分裂式襟翼最初是作为简单的障碍物使用在机翼下表面，用以加厚边界层。关于分裂式襟翼的第一项专利是由 Royer[9] 提出的，而 Wright 和 Jacobs 则在 1921 年

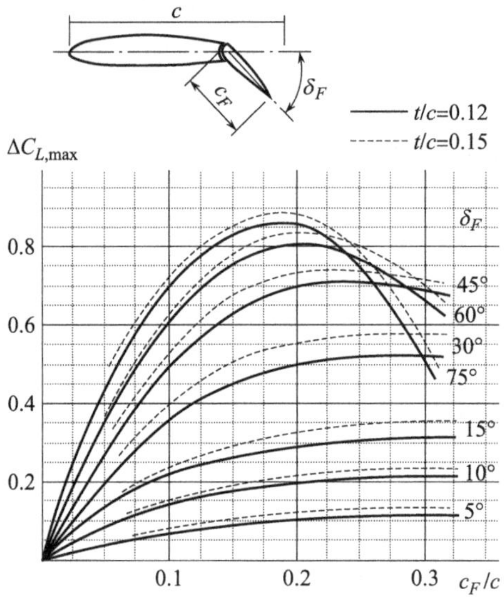

图 5-6　相对厚度不同的两个翼型，襟翼占比不同情况下最大升力系数增量与襟翼偏转角度之间的关系（Fiecke[7]，图 118）

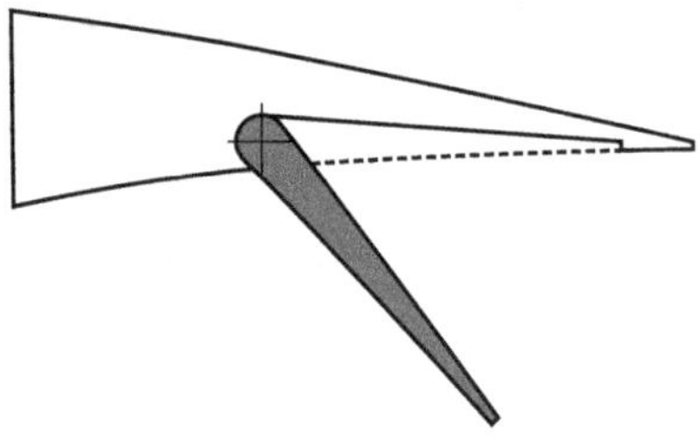

图 5-7　分裂式襟翼

申请了与分裂式襟翼相关的设备的首个专利[10]。他们的专利图纸（图 5-8）展示了普适的气动力学原理。他们已经发现，在分裂式襟翼后方会形成一个回流区，因此上表面的低压区域会延伸超过机翼后缘。

1932 年，Schrenk 和 Gruschwitz[11] 首次发布了对装有 $c_F/c = 20\%$ 弦长的分裂式襟翼的翼型的测量结果。图 5-9 显示了典型的分裂式襟翼的性能，即随着攻角变化升力特性的表现。与普通襟翼相比较，当分裂式襟翼偏转时，失速时的升力系数会突然地降低。分裂式襟翼偏转 $\delta_F = 90°$时升力系数增幅最大①，当偏转到 $\delta_F = 60°$时，升力增长已经接近饱和。

图 5-10 显示了分裂襟翼对压力分布的影响，具体体现在后缘压力的扩散上，这是由于存在两个后缘和无需满足库塔条件所致。由于分裂式襟翼的作用，翼型后部产生较大的流动分离，导致较大的流动位移，使得通常位于后缘的流动连接点向下游移动。因此，分

① 分裂襟翼偏转角达到 $\delta_F = 90°$时也被称为 Schrenk 襟翼，见参考文献［8］p. 190。

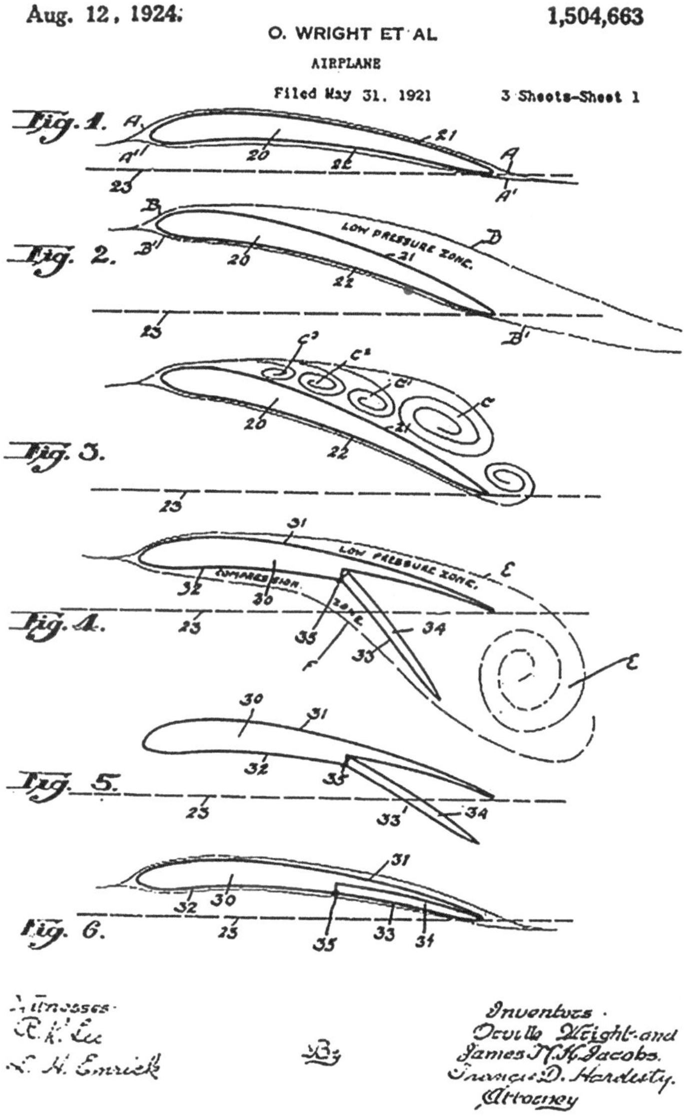

图 5-8　Wright 和 Jacobs 专利中绘制的分裂式襟翼气动特性

（Wright 和 Jacobs[10]，图 1-6）

裂襟翼可以看作是延长了翼面长度——或者说是产生了一种在弦长更长的机翼上才会出现的流动，下侧后缘压力的降低直接减少了流动恢复到静压的需求（译者注：该观点值得商榷，实际上，马赫数和雷诺数不同时流动差异很大）。因此，相应的压力梯度减小，边界层流动能够在更高的攻角下保持附着。

5.1.3　格尼襟翼

格尼襟翼（Gurney flap），以著名赛车手丹·格尼（Dan Gurney）的名字命名，类似于一个缩小版的分裂襟翼（split flap）或施伦克襟翼（Schrenk flap），它与机翼表面呈正

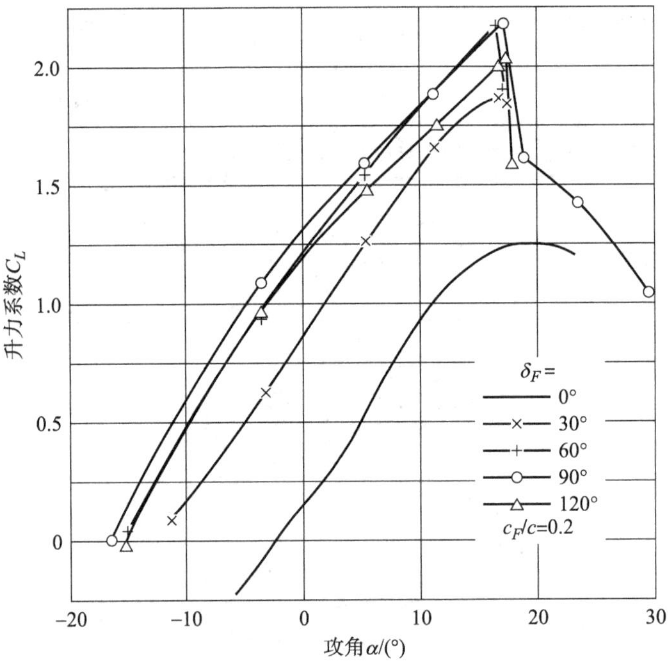

图 5-9　襟翼弦长占总弦长 20%时升力系数与攻角的关系（Schrenk 和 Gruschwitz[11]，图 4（c））

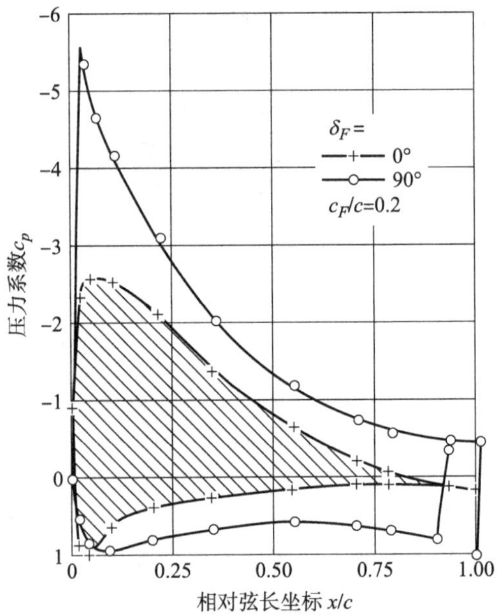

图 5-10　有无襟翼时翼面压力分布（Schrenk 和 Gruschwitz[11]，图 5）

交偏转。图 5-11 显示了流场的主要特征，正如 Liebeck[12] 绘制的那样。格尼襟翼的典型长度仅占机翼弦长的很小一部分，通常只有几个百分点。格尼襟翼通常被视为一种永久性装置，主要用于汽车运动领域，但在飞机上也有一些应用。

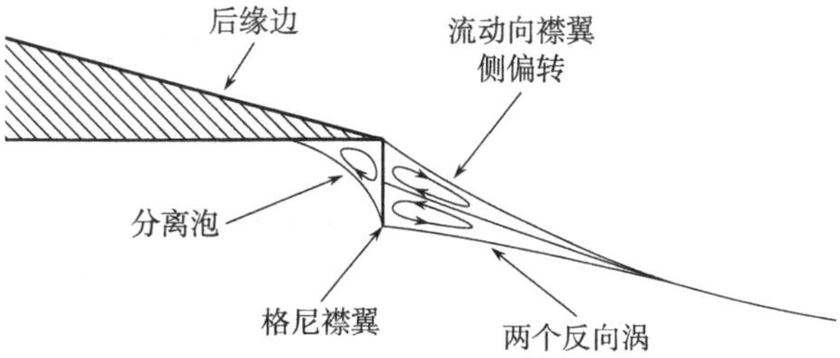

图 5-11　带格尼襟翼的机翼后缘流动（Liebeck[12]，图 31）

可伸缩的格尼襟翼可以追溯到 Zaparka 的一项专利[13]，他发现位于机翼后缘的一个比分裂襟翼小得多的装置就能够显著增加最大升力系数。假设其气动机理与分裂式襟翼基本相同，即人为增加下表面压力并使上下表面的后缘压力解耦。尽管这项专利年代久远，但即便在今天，这种可移动装置更多地与丹·格尼的名字联系在一起，尽管他只使用了固定版本的格尼襟翼。

纯粹意义上的格尼襟翼在飞机上并不常见，尤其是在增加升力方面。巡航时额外的阻力限制了其应用。然而，麦道公司在 DC-10 向 MD-11 飞机[14]过渡期间采用了这一设计，形成了所谓的发散后缘[15]，它与纯粹的格尼襟翼的区别在于填补了上游的分离泡。可移动格尼襟翼也被称为 Mini-TEDs，在欧洲 AWIATOR 项目[16]中，利用 A340 飞机进行了研究和飞行试验。

丹·格尼（*1931）是美国最著名的赛车手之一。他是在首次赢得四个不同的系列赛（1958 年的跑车，1962 年的一级方程式，1963 年的纳斯卡和 1967 年的印地赛车）的三位车手中的第一位①。

作为他自己的赛车公司 All American Racers 的老板，他第一个在尾翼后缘安装简单直角延伸装置，这种被称为格尼襟翼的装置可以增加下压力，如果设计得当只会增加相对较小的气动阻力②。

照片：Joost Evers，国家档案馆

① https：//commons. wikimedia. org/wiki/File：Dan _ Gurney _ （1970）. jpg.

② https：//en. wikipedia. org/wiki/Dan _ Gurney.

保时捷 962 尾翼上的格尼襟翼①

5.1.4 下垂襟翼

将翼型的弯度设计从后缘转移到前缘，即使在大攻角下也可将前缘定向到迎着气流方向（见图 5－12）。最初，这种装置简单地被称为“下垂襟翼”，但今天更常用的术语是“前缘襟翼”，因为前缘下垂到气流中（这里将“nose”翻译成“前缘”，而非直译成“鼻”，另一常用的说法是 leading edge flap，也即前缘襟翼）。

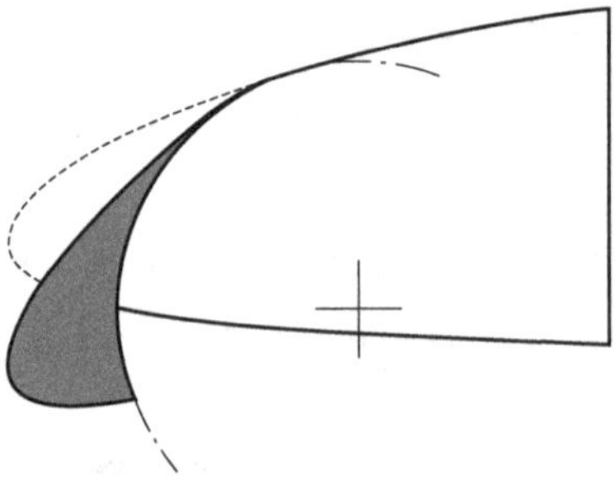

图 5－12 前缘襟翼原理

最初的概念设计可追溯到路德维希·博尔科（Ludwig Bölkow），一开始他提出下垂部分前缘，在机翼前缘上开一个槽，不过他也提出了完全移动的装置[17]。前缘襟翼通常出现在军用飞机上，因为薄机翼不允许在前缘安装复杂的高升力系统。最近在民用运输机上又重新开始得到应用，如空客 A380[18] 和 A350[19] 机翼内侧均采用了该设计。

① https：//commons. wikimedia. org/wiki/File：Andretti _ 962 _ HR7 _ gurney. jpg.

照片：VDI 档案[1]

Ludwig Bölkow（＊1912—†2003）毕业于柏林工业大学机械工程专业。他在第二次世界大战期间加入了梅塞施密特公司，从事 Me 109 和 Me 263（第一架喷气式战斗机）的空气动力学研究。

战后，Bölkow 成立了飞机公司 Bölkow - Entwicklungen，即后来的 Bölkow GmbH，随着时间的推移，该公司发展成为最大的航空航天公司 MBB（Messerschmitt - Bölkow - Blohm）[2]。如今，该公司已部分并入空中客车直升机公司和空中客车防务与航天公司。

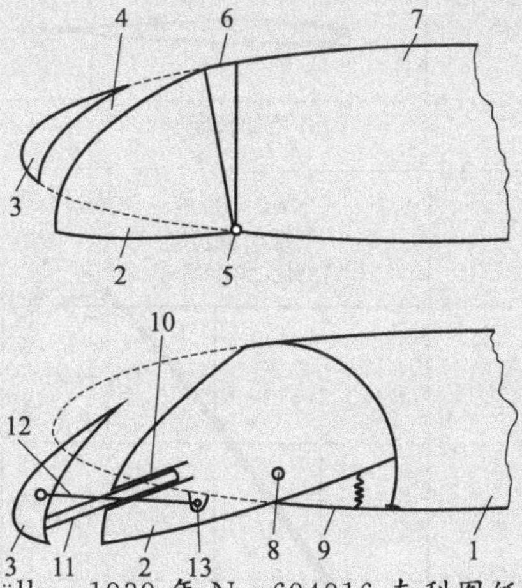

Bölkow1939 年 No. 694916 专利图纸[3]

尽管都是通过铰链来改变机翼弯度，方法类似，但其气动效果完全不同。攻角相同时，引入襟翼可增加升力系数（见 5.1.1 节），而前缘襟翼的引入则使升力系数略微降低。随着失速起始点移至更高的攻角，最大升力系数随之增加。图 5 - 13 显示了 NACA0009 翼型前缘襟翼尺寸和偏转角度的变化，在线性区可看到升力系数明显小幅下降，最大升力系数的增量主要取决于前缘襟翼的偏转角度，下垂襟翼的长度则主要影响起始失速的突发性。

对应的压力分布（图 5 - 14）则表明，机翼前部的下垂降低了前缘吸力峰和对应的压力梯度。吸力峰值的降低进一步降低了飞机在高马赫数下遇到的可压缩性极限的风险，正

---

① https：//www. vdi. de/mitgliedschaft/ehrungen/hall - of - engineers/.

② https：//en. wikipedia. org/wiki/Ludwig _ B%C3%B6lkow.

③ Bölkow L（1939）专利名称：带有改变翼型特性装置的机翼，专利号：694916，德国专利局。

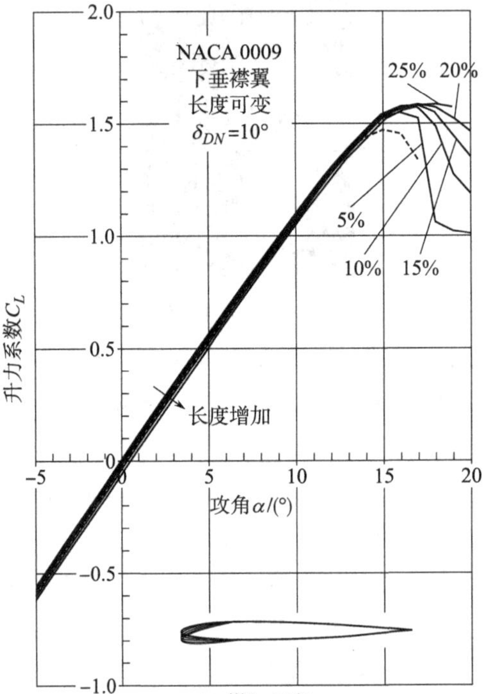

(a) 增加长度

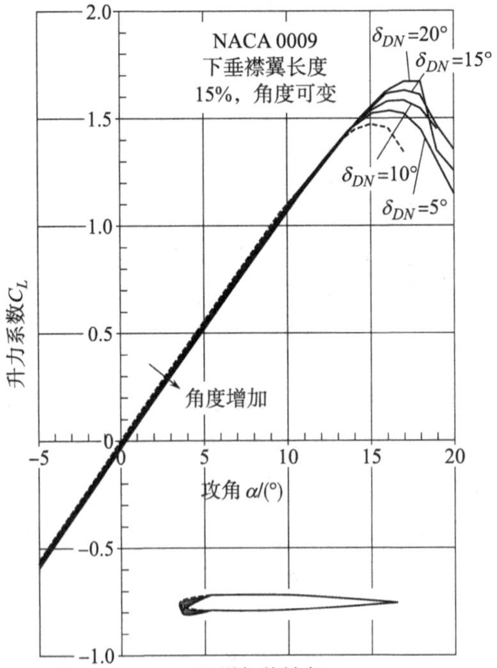

(b) 增加偏转角

图 5－13　下垂襟翼尺寸和偏转角对 NACA0009 翼型升力系数的影响

如运输机即使在低速飞行阶段也会遇到的那样。

在下垂襟翼的铰链部位，由于局部曲率的增加形成第二个吸力峰，从而补偿了前缘吸

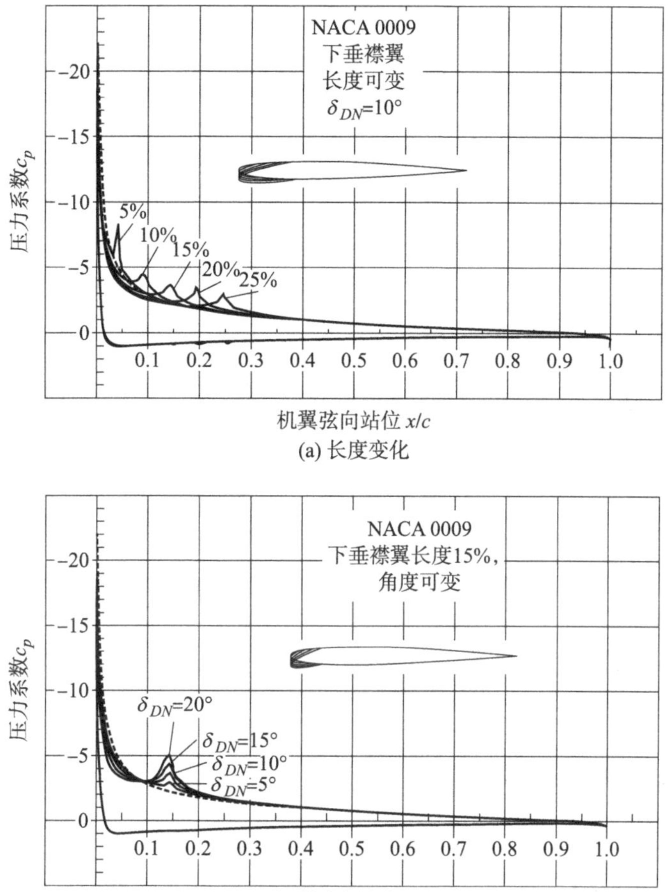

(a) 长度变化

(b) 偏转角变化

图 5-14　下垂襟翼尺寸和偏转角对 NACA0009 翼型压力分布的影响

力峰的变化对升力的影响。逻辑上讲，吸力的偏移随着偏转角的增加而增大。下垂襟翼的尺寸对前缘压力的影响很小，仅影响铰链处补偿吸力的位置。当然，铰链越靠近下游，局部稳定压力降低越多，失速起始得越平稳。

关于前缘襟翼的替代研究集中于避免上表面曲率不连续以及形成第二个吸力峰。引入下垂襟翼目的是试图在前缘区域实现翼型的连续变化，上侧曲率的连续变化对边界层的发展会产生有利的影响。图 5-15 显示了前缘有/无下垂襟翼两种翼型在不同攻角下的压力分布，前缘光滑会减小吸力峰后的压力梯度，和之前描述的有铰链版本相比更加均匀。经过气动优化后的下垂襟翼形状可使最大升力系数提升约 25%[20]。

设计智能下垂襟翼面临两方面的挑战。首先需要确定蒙皮结构，使得表面既能弯曲，同时又不至于在飞行时由于气动载荷而产生较大的变形。英国研究者在 RAEVAM（皇家航空机构—面积可变机理）研究期间进行了首次尝试，保形机构的第一项专利被授予 Pierce[21]，目前的研究主要使用刚度和厚度可变的定制复合材料机构，如 Kintscher[20] 等人的研究。其次，需要找到一种机构来引导变形运动，使得其承载气动载荷的同时重量最

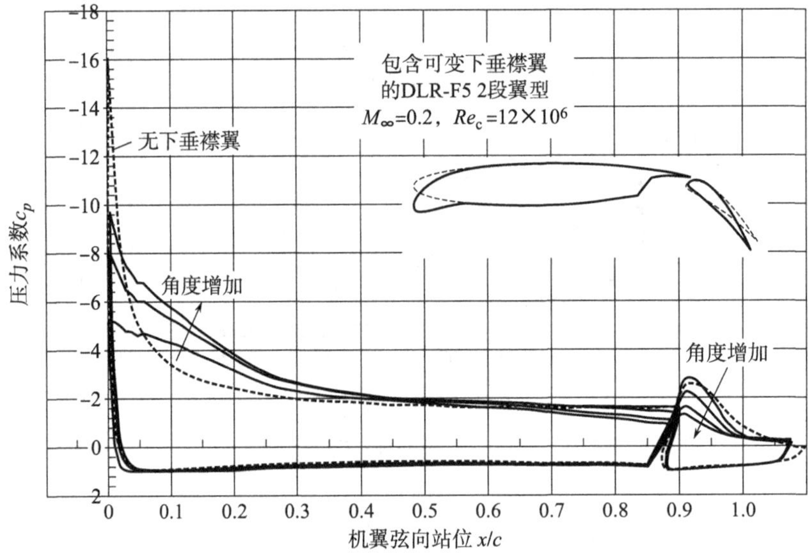

图 5-15 带/不带智能下垂襟翼的 2 段高升力翼型压力分布比较

小。虽然这类机构有许多活动部件，目前趋势是减少活动部件的数量[22]或使用塑料材质的挠性铰链[23,24]，这将显著减少维护工作量。

5.1.5 前缘分裂襟翼（克鲁格襟翼）

前缘分裂襟翼（如今被称为克鲁格襟翼）位于前缘，它自机翼下侧向上逆流向偏转，图 5-16 重新绘制了沃纳·克鲁格（Werner Krueger）的原始草图[25]。

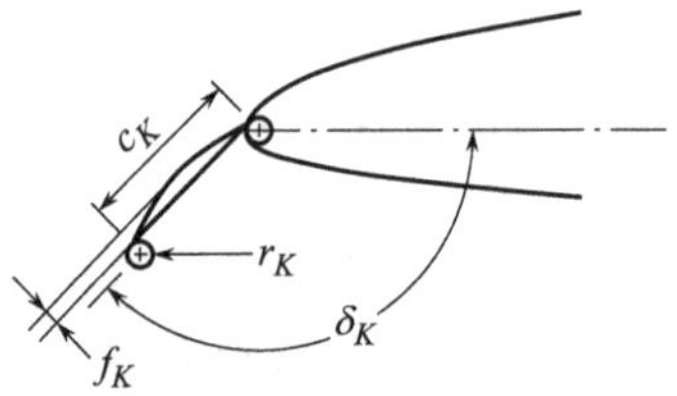

图 5-16 Krueger 绘制的前缘分裂襟翼示意图（Krueger[25]中图 1 放大）

克鲁格襟翼铰链设计成与机翼吸力侧近乎相切，等效于延长了机翼的弦长，并且与原有机翼相比，前缘曲率也较小。克鲁格襟翼处于收起位置时，其形成的前缘是隐藏的，因此可对其进行设计优化。克鲁格报告称，这一设计带来的升力系数增量为 $\Delta C_L \approx 0.5$[25]。

沃纳·克鲁格（Werner Krüger）（＊1910—†2003）① 从未申请过“前缘分裂襟翼”的专利。相反，1943 年他在哥廷根的 Aerodynamische Versuchsanstalt（AVA）以 43/W/64 号报告的形式公开发表了他的研究成果。

波音公司在其第一架喷气式飞机 707（1958 年投入使用）、B727 和 B737 上部分使用了

① https://en.wikipedia.org/wiki/Werner_Kr%C3%BCger.

克鲁格襟翼，并在 B747 巨型飞机的全翼展上使用了克鲁格襟翼①。

1968 年，Frederick Thomas Watts 就克鲁格襟翼申请了 3363859A 号美国专利，并向波音公司索赔专利费用，波音公司聘任了沃纳·克鲁格，平息了专利纠纷，因为克鲁格证明了其设计的襟翼是常识②。

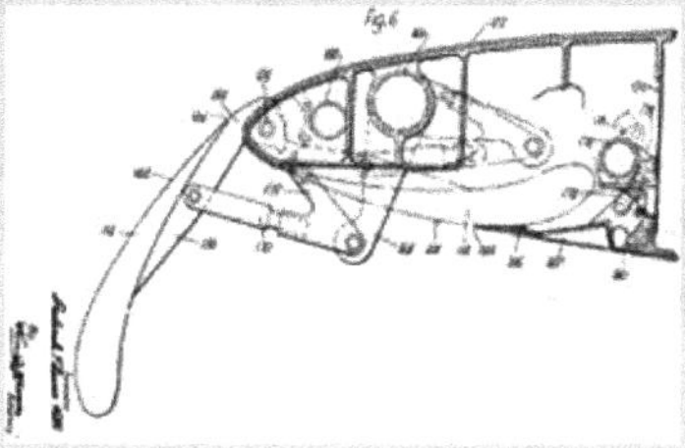

基于 1968 年 3363859A 专利中图片重绘③

随着喷气式运输机时代的到来，波音公司选择克鲁格襟翼作为其主要的高升力装置，B707，B727 和 B737 飞机在内侧机翼上配备了该装置，而 B747 飞机则在整个机翼上配备了该装置（Rudolph[26] p. 45）。图 5 - 17 再现了波音专利的草图[27]，该专利很可能与 B737 内侧的克鲁格襟翼有关。为了改善气动性能，波音公司还引入了折叠式前缘襟翼。这里的克鲁格襟翼前缘在收回时会折叠起来，从而为设计襟翼收回装置下侧提供了更多的自由度。沃纳·克鲁格基于层流翼型测试了前缘分裂襟翼与后缘分裂襟翼的性能[25]。图 5 - 18 显示了相关数据。空心符号为无分裂襟翼翼型数据，可以看出，当克鲁格襟翼偏转时，升力线斜率更大。在线性区，升力系数明显小于简单翼型。实心和半实心符号为包含后缘分裂襟翼的翼型数据，可以看出，一个额外效应是后缘分裂襟翼的曲线向小攻角拓展。在该区域，和不带克鲁格襟翼的翼型（实心和半实心圆）相比，出现了较强的非线性关系。这种非线性关系主要是由于此时克鲁格襟翼下侧的流动完全分离，由于前缘半径较小且克鲁格襟翼倾斜度较大，流动无法再附，导致升力降低。另一个克鲁格没有研究的方面是形成的腔中的流动，波音飞机的成功可以证明，这个空腔对于设计并不是那么重要。

5.2　前缘缝翼

在讨论不同类型的前缘缝翼高升力装置之前，需要详细地研究缝翼在增升方面的气动原理。在缝翼应用之初，升力的提高完全归功于其使得边界层更稳定，有两种解释，一是其将边界层分割成几段，每段边界层都能够更好地应对逆压梯度；二是缝翼将高能量气流引入已减弱的边界层中从而重新激活了边界层。前一种解释原则上是正确的，但不能解释其增升方面的巨大潜力。第二种效应广泛存在，但正如下文所述，其并非合理的解释。

---

① Rudolph PKC (1993) High - Lift Systems on Commercial Subsonic Airliners, NASA CR 4746.

② Meier HU (2011) Die Pfeilflügel Entwicklung in Deutschland bis 1945, Hamburg Aerospace Lecture Series, March 3, 2011.

③ Watts FT (1968) Aircraft, US patent No. 3363859A, European Patent Office.

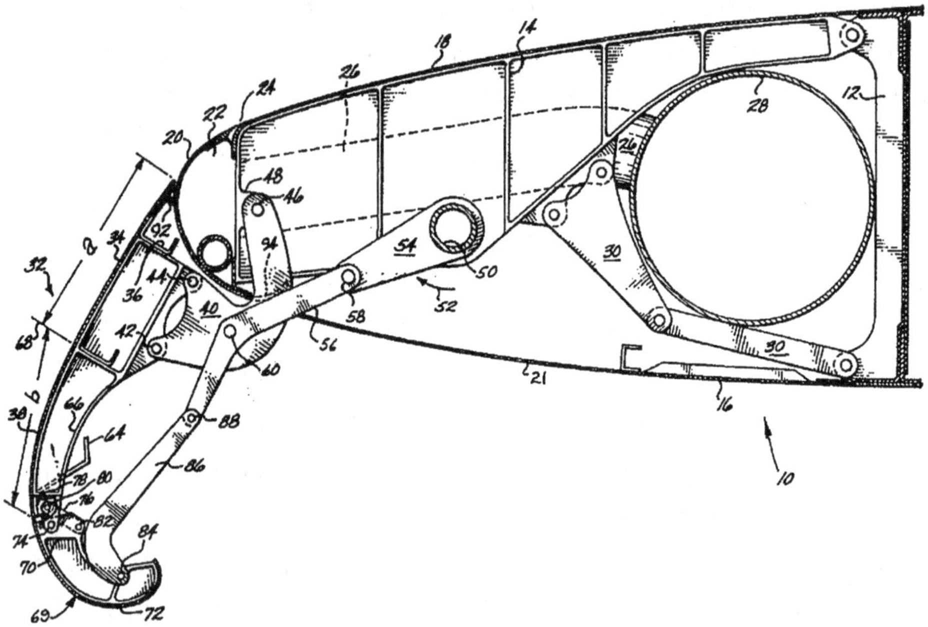

图 5-17　和波音 B737 设计类似的克鲁格折叠襟翼（James 和 Hill[27]，图 1）

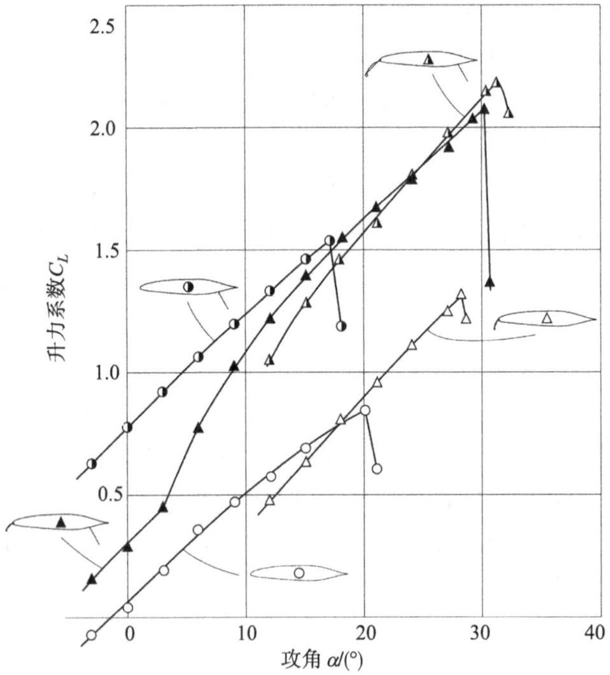

图 5-18　克鲁格测试的带/不带后缘分裂襟翼的前缘分裂襟翼的翼型升力系数（Krüger[25]，图 3 左图）

A. M. O. Smith 首次详细记录了缝翼成为被动升力生成的最有力手段的气动效应[28]，其描述了高升力系统的五大主要效应。1993 年，Woodward 和 Lean 指出："在过去的 54

年中，航空界对其原理的认识完全错误。在 A. M. O. Smith 于 1972 年发表经典论文①之前，人们广泛接受的看法是，缝翼作为一种边界层控制装置来发挥作用——而这是不正确的。”（Woodward 和 Lean[33]，第 1 - 2 页）。

5.2.1　多段机翼气动理论

A. M. O. Smith 的一项主要成就是阐述了开缝翼型成为主要高升力装置概念的原理。他利用势流理论描述了压力分布变化的三个影响，强调附加升力的产生并非主要归功于使边界层稳定，而是多段不同升力体对彼此的压力分布产生的积极影响。

效应＃1：翼缝效应（图 5 - 19）

在机翼前缘的下游附近，由前一部件（例如缝翼）上的环流引起的速度与下游部件上速度相反，从而降低了下游部件上的压力峰值。

(Smith[28] p. 518)

这种效应是导致攻角增大从而引起翼型失速的主要原因。由于吸力压强的降低，后续压强上升、压力梯度大大减小，与孤立的翼型相比，相同的压力梯度下，可以适应更大的攻角。

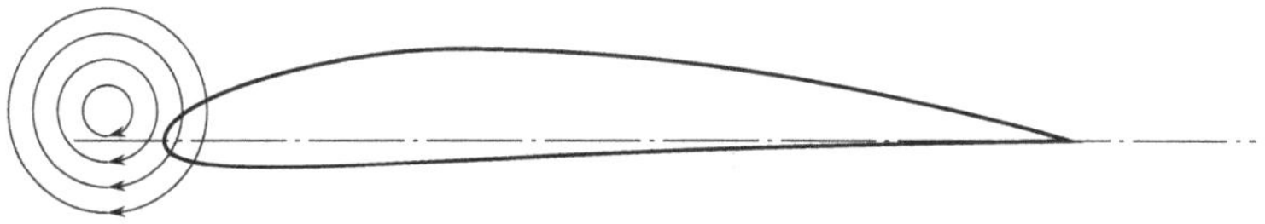

图 5 - 19　翼缝效应：位于机翼前缘产生升力的涡

由于吸力峰和机翼上表面压力的降低，相同攻角下，主机翼产生的升力较小。Liebeck[29] 通过简化的势流计算表明：主机翼上的升力损失与上游涡流环量产生的升力几乎相等。为满足机翼后缘的库塔条件，气流总的环量需保持不变。机翼上表面的吸力用于平衡气流沿翼型曲面流动所需离心力，有助于理解这一现象。将上游部件视作导流片，上游环量导致气流转向，使得气流沿翼面流动所需的吸力减小。

另一种解释是上游部件的下洗导致攻角减小所致，该解释不太准确。攻角的变化会影响整个机翼，而翼缝效应随着与上游部件距离的增加而减小，并且翼缝效应与两个部件的环量之比相关。例如，对于缝翼装置而言，其影响局限于机翼前缘局部，而机翼对襟翼的影响是全局的。

效应＃2：环量效应（图 5 - 20）

下游部件使得与其相邻的上游部件的后缘处于高速流动区域，该流动倾向于流向上游部件后缘中线，这一流动趋势大大增加了上游部件的环量。

(Smith[28] p. 518)

---

① Woodward 和 Lean 在 AGARD CP 102 会议上提及 Smith 的贡献，但是，Smith 于 1975 年在 Journal of Aircraft 上发表的论文[26] 更被认可。

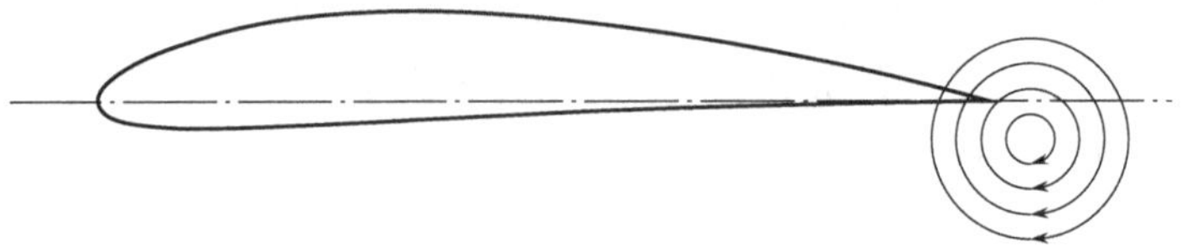

图 5-20　环量效应：位于机翼下游产生升力的涡

正如第 2 章所示，改变后缘的条件会直接影响机翼的环量。额外增加的环量用于补偿机翼后缘垂直方向上的诱导速度分量。因此，升力的增加一方面是由于升力涡环量的增加，同时整个机翼的环量增加也有贡献。因此，开缝起到了类似于襟翼那样增加升力的作用。这也是在相同的攻角和襟翼偏转角的情况下，开缝襟翼较普通襟翼产生的升力明显更大的主要原因，即使在普通襟翼的流动未发生分离时也是如此。

需要强调的是，这一效应的影响不会增加最大升力，而仅仅增加了相同攻角下的升力。由于最大升力与极限压力分布（受粘性/可压缩效应影响）相耦合，而环量影响导致在较低攻角的情况下出现极限压力分布，因此，只受环量影响时，机翼会在较低的攻角下失速，但升力系数会与没有下游部件时相近。

重要的是，对于多段翼型而言，每两段之间都受翼缝和环量的影响，这就是一个上游和下游的问题。如主机翼和襟翼之间会有翼缝效应，同时与缝翼之间也存在环量效应。这两种效应并不是孤立的，而是耦合在一起的。因此下游部件的环量降低也减少了上游部件的环量，从而翼缝效应的减小导致下游部件的环量增加，因而多段翼型的真实情况是两种效应之间的平衡。

效应#3：卸载效应（图 5-21）

由于前缘部件的后缘附近区域速度明显高于自由流，边界层需要以较高的速度“卸载”，由于排出速度较高，缓解了边界层内的压力上升，从而减轻了分离问题，或允许升力升高。

（Smith[28] p. 518）

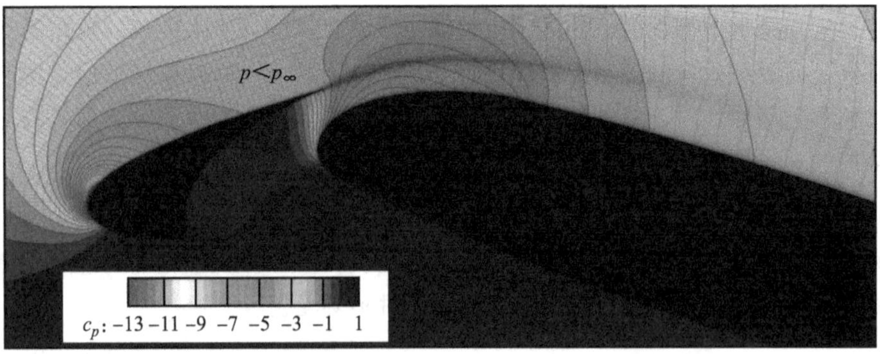

图 5-21　缝翼流场卸载效应的可视化—— 缝翼后缘处于主翼型的加速流动区域

虽然效应直接影响压力分布，但通过稳定边界层可延缓上游部件的失速。回顾 2.3

节，在研究无量纲典型压力分布时提高了后缘压力的重要性。很明显，通过降低后缘压力可进一步降低最小压力，从而大大提高压力梯度。

当然，环量效应和卸载效应总是同时出现，只有在二者共同作用时，才能观察到在机翼上增加开缝襟翼使得最大升力增加且失速攻角仅略微降低这一现象。

值得注意的是，基本研究结论应该出现得更早。在拉赫曼（Lachmann）工作基础上，阿尔弗雷德·贝茨（Alfred Betz）[30] 利用图表（见图 5－22）展示了两片机翼上压力分布变化的情况，分别展示了三个效应。实线 1 显示了没有干扰情况下机翼的压力分布，下游机翼处的虚线 2 显示了随着吸力峰的减小而产生的翼缝效应，上游机翼处的虚线 2 则显示了由于倾斜效应导致的后缘压力下降。贝茨错过的效应是环量效应，他绘制的压力分布（实线 3）是攻角较大时的压力分布，压力梯度与初始机翼相同，上游机翼的压力（实线 3）和襟翼压力分布（虚线 2）显示了由于环量效应导致的环量增加。贝茨唯一没有包括的特性是由于环量的变化导致滞止点的移动。

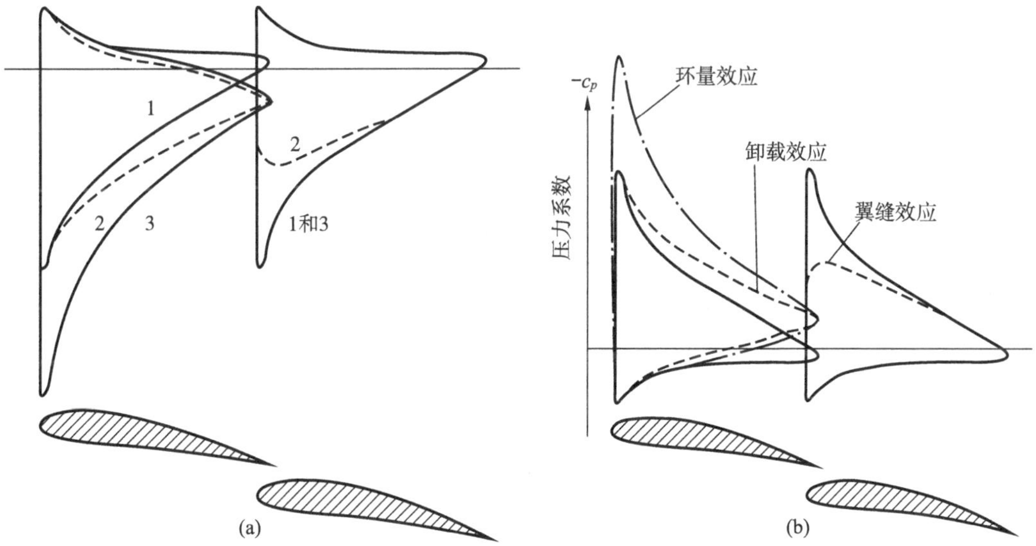

图 5－22　机翼相互影响导致压力分布变化：1. 未受干扰压力分布（细线）2. 攻角不变时扰动压力分布（虚线）[（a）来源于贝茨[30] 图 5，（b）y 轴反向]

尽管如此，普朗特的同事贝茨还是得出了结论：“由于升力与速度的平方成正比，且前缘处于速度增加区域，因此能够产生更大的升力”（贝茨[30] p. 9）。“缝隙将新的能量传递给机翼上表面因摩擦而减速的边界层内，气流速度增加，防止死区气体的积累，从缝隙流出的气流就像射流一样，加强了机翼上表面的气流，带走了死区气流”（贝茨[30] p. 11）。除了之前提到的将狭缝误解为边界层控制装置之外，其还引入了一个长期存在的误解，即将通过高升力系统狭缝的气流类比成喷流或射流。还是在 1985 年，Hoerner 和 Borst[31] 在《流体动力升力》中指出：“通过缝隙（如在有缝隙的后缘襟翼）进行边界层控制的基本原理是将动量注入到‘疲惫’的边界层中”（Hoerner 和 Borst[31] p. 6）。实际上流动特性与此完全相反，在设计带缝隙机翼时将其解释为喷管会导致错误的结论。

首先，从缝隙中流出的气体并非高能射流，在等熵流动假设下，边界层和剪切层之外的流体具有相同的滞止压力。由于没有能量来源，其总能量不会高于迎面而来的气流。实际上，由于缝隙内部的壁面边界层，其能量要略低于来流。

其次，这不是喷管流动。为了满足连续性方程，喷管流动的一个主要流动特性是流速随着横截面的减小而增加。对于带缝隙的高升力系统，这意味着通过缝隙的流速随着缝隙尺寸的减小而增加。图 5－23 显示了不同缝隙尺寸下，缝翼与机翼之间缝隙内的压力系数变化情况。可以清楚地看到，随着缝隙的减小，机翼上的吸入压力下降，这表明通过缝隙的气流速度降低。主要原因在于缝翼效应本身，随着上游环流距离的减小，缝翼效应增强，导致机翼前缘吸力下降。将缝隙看成喷管的主要问题是没有考虑通过缝隙的质量流量的限制，通过减小缝隙尺寸，流过缝隙的质量流量减少了两倍：一方面是由于横截面的减小；另一方面是由于缝隙末端最小横截面积处速度的降低。

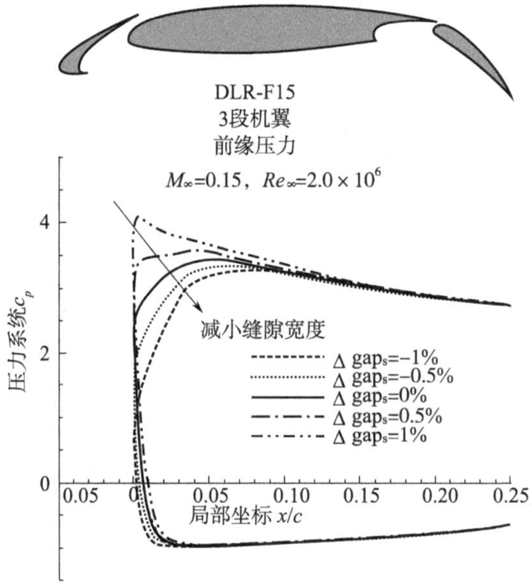

图 5－23 减小间隙对 DLR－F15－VLCS 机翼主翼吸力峰的影响

效应＃4：移除表面压力恢复

前缘部件的边界层以明显高于自由流的速度“卸载”，最终以一种高效的方式减速到自由流速度。尾流的减速是在与壁面无接触的情况下发生的，这种方法比与壁面接触时可能实现的最佳减速效果更有效。

（Smith[28] p. 518）

为解释这一现象，需要研究自由尾流的减速问题。绝热流动中，沿流线的压力和速度关系满足伯努利方程

$$p+\frac{1}{2}\rho U^2=\text{常数} \tag{5-4}$$

图 5－24 显示了逆压梯度下自由尾流的速度分布，在尾流之外的速度用“U”表示，

尾流内核中的速度用“u”表示。

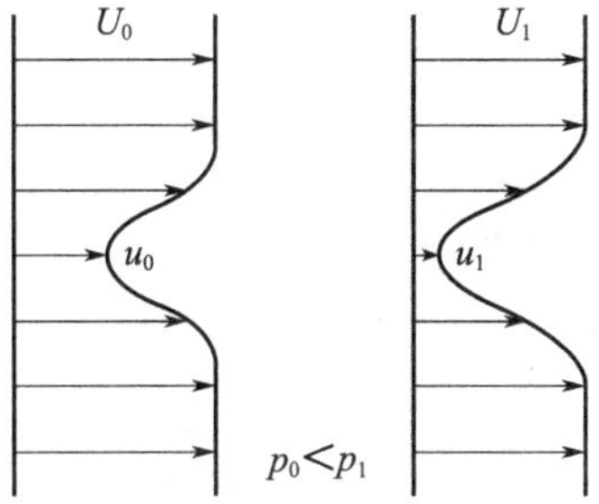

图 5-24　逆压梯度下尾流速度分布

在任意两个位置，如果没有外部能量流入，则应该满足伯努利方程

$$p_0 + \frac{1}{2}\rho_0 U_0^2 = p_1 + \frac{1}{2}\rho_1 U_1^2$$

$$p_0 + \frac{1}{2}\rho_0 u_0^2 = p_1 + \frac{1}{2}\rho_1 u_1^2 \tag{5-5}$$

假设流体不可压

$$\rho_0 = \rho_1 = \rho_\infty \tag{5-6}$$

选取参考速度为 U_0，使用方程（2-72）中标准压力系数的定义，尾流核心处速度与外流速度之比为

$$\frac{u_1^2}{U_1^2} = \frac{(u_0^2/U_0^2) - \bar{c}_p}{1 - \bar{c}_p} \tag{5-7}$$

注意，$\bar{c}_p = 1$ 对应于外流滞止状态（$U=0$），从式（5-7）可以看出，在外流达到滞止状态之前，尾流的内核速度已变为零，尾流核心区的气流甚至可先于外流达到滞止状态。如果尾流中的速度亏损很大，且压力上升发生在短距离内，则这种情况更为明显，因为粘性夹带效应无法加速核心区的流动。

这种情况可能发生在高升力系统上，当一个部件的尾流通过下一部件的吸力侧时，特别是在高度展开的开缝襟翼上，如图 5-25 所示。主翼翼型的显著的尾流是由于加速区域中减速的边界层倾向于襟翼上方，受到越过襟翼的上升压力的支配。可以看到，在第三个位置处尾流区域变宽，核心区流动停滞。该位置之后，压力进一步上升，由于流体本身没有更多的动能，流动只能通过压力扩散来实现。总之，襟翼上方存在一个死区，可视为一个位移体。

总之，多段机翼的升力由机翼和襟翼四周的环量决定，对于这两者，流动仍然未发生分离。确定环量的条件——库塔条件——不受影响。二者产生升力的机理与襟翼上方没有滞止区或回流区时相同。因此，在产生升力方面，释放的流动区域（经历粘性损失的自由剪切流经历逆压梯度）更有效。

不过，必须指出的是，滞止区的存在必然会对机翼阻力产生影响。图 5-25 所示的流场阻力系数较高，压力扩散到滞止气流中会增加压差阻力，因此这种设计对于阻力不重要

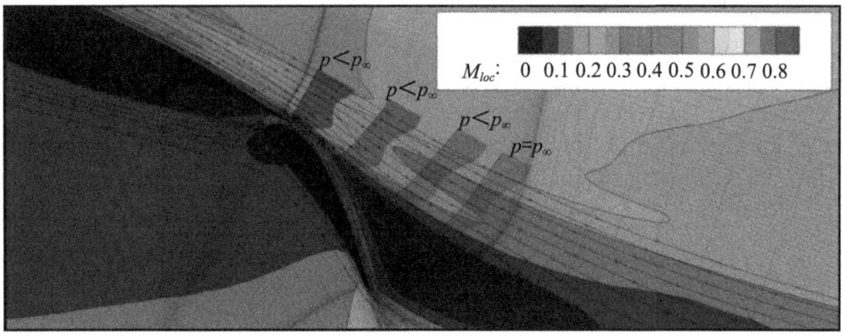

图 5-25 大攻角下襟翼偏转角度较大时的流动

的着陆构型而言是可以接受的，对于起飞构型则应避免这类情况。

效应＃5：新的边界层

每个新部件都从前缘开始一个新的边界层，薄边界层可以承受比厚边界层更强的逆压梯度。

(Smith[28] p. 518)

根据 Stratford 分离准则（方程（2-78）），保持其他参数（如雷诺数）不变的情况下，对于一个恒定的分离准则值，参数之间的关系为

$$x\frac{\partial \bar{c}_p}{\partial x}=\text{常数} \tag{5-8}$$

这意味着对于绕翼型部件流动，如果该部件是弦长的一半，它能够承受两倍的压力梯度，这也是为什么短小的缝翼四周流动能保持相对稳定直到分离，但是，很明显新的边界层并不是主翼流动分离并产生高升力的主要因素，因为与干净机翼相比，其弦长仅减少了约 15%，其只能够使升力系数增加不超过 13%。另一方面，多段机翼能够达到的升力系数大约是干净翼型的 2 倍。因此，新边界层效应是附加因素，并非开缝机翼具有高升力潜力的原因。

史密斯提到的第六个效应并不是由于开缝增加了升力，而是与过早失速的风险有关。该效应可能与剪切层的混合有关。史密斯指出："根据观察，翼型部件的间隙应该足够大，以至于尾流和边界层不会融合，如果它们融合了就会发生早期分离。"(Smith[28] p. 516)

5.2.2 缝翼

缝翼是位于机翼前缘或从机翼前缘伸展的装置（图 5-26）。汉德利·佩奇公司设计的第一片缝翼是一个固定的装置，其在机翼前端形成了一个缝隙。如前所述，它主要利用缝翼效应，通过防止主翼处的流动分离来增加失速角。典型的缝翼装置的弦长约占当地机翼弦长的 12%～20%。由于其长度较短，同时由于主翼前缘流动加速度较高引起强烈的倾泄效应，缝翼自身湍流边界层的分离风险较低。缝翼分离的主要风险是低雷诺数（雷诺数低于 $Re\approx 10^6$）下的层流分离气泡和可压缩效应，缝翼前缘周围的强加速流动甚至可实现超

声速，随后声波与边界层之间的相互作用会导致局部流动分离。极端情况下，2.2 节中讨论的 Mayer 极限构成了吸力峰的上限。为了强调这一点，我们来研究缝翼前缘最小压力系数的发展。

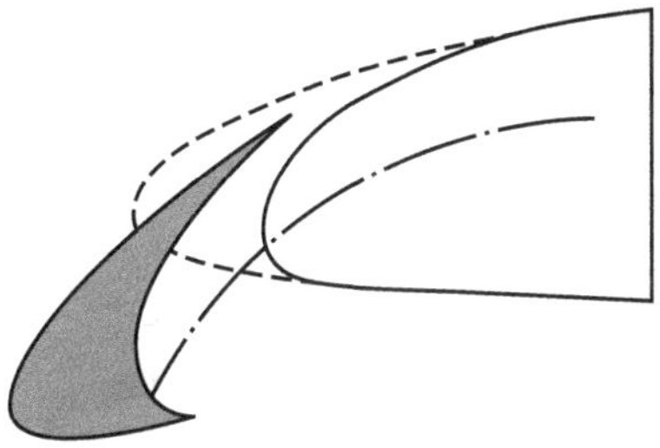

图 5-26　缝翼的原理

图 5-27 重新绘制了 2.2 节中图 2-11 中外流马赫数更高时缝翼最小压力系数随攻角的变化关系，缝翼周围进入跨声速流动，可以看到通过声速线时曲线出现了凹陷，此时激波尚未引起失速，但激波引起的损耗减少了缝翼周围的环量。接下来，随着攻角的增加，压力接近 Mayer 极限，需要注意的是，自由流马赫数较高时，即使达到该极限，也不一定限制整个翼型系统的升力产生，只有缝翼时吸力极限是有限的，而机翼的其余部分会继续产生升力直到达到它自己的失速起始。

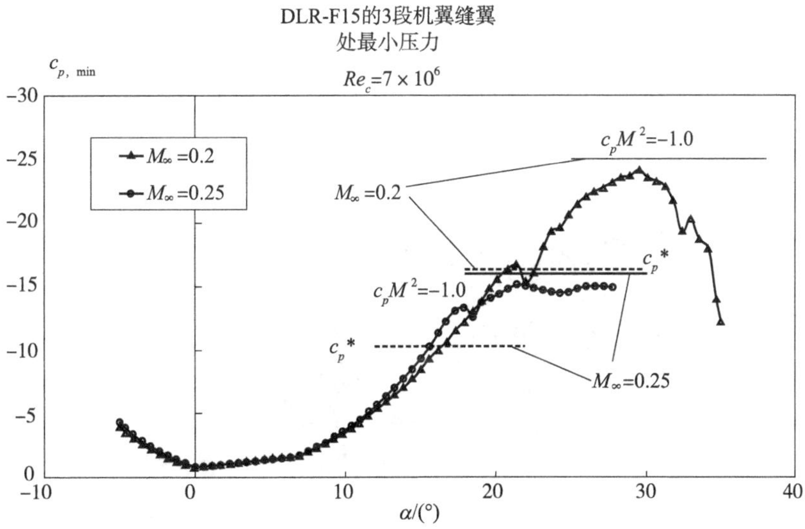

图 5-27　2 组马赫数下，DLR-15 的 3 段机翼缝翼处最小压力系数随攻角变化情况

（来源于图 2-11，来源于 Wild[32] 中图 13）

图 5-28 显示了现代运输飞机在接近失速攻角情况下缝翼周围典型流动的流线，整个多段翼型周围的高环量将主翼和缝翼的驻点推向下游远处。对于缝翼而言，滞止点可以向下游移动至后缘。流线高度弯曲以至于局部流动方向可以垂直于自由来流方向，同样，对于主翼来说，局部流动方向与来流方向相比也有较大的偏离。在缝翼的后部，也即被称为

缝翼腔室，会形成一个回流区域，该区域随着攻角的增加而变小，该图还显示了包含粘性损失的流动区域，即缝翼的尾流和机翼边界层，缝翼边界层非常薄，几乎不可见。缝翼尾迹尺寸大约是机翼边界层的两倍，沿着机翼仍有一小部分区域流动不受粘性效应的影响。Smith[28]指出，“机翼元件的间隙应该足够大，使得尾迹和边界层不会合并”，至少在主翼部分不会，“如果它们合并了，就会出现早期分离”（Smith[28] p. 516）（译者注：在高升力翼型设计中这一点非常重要）。

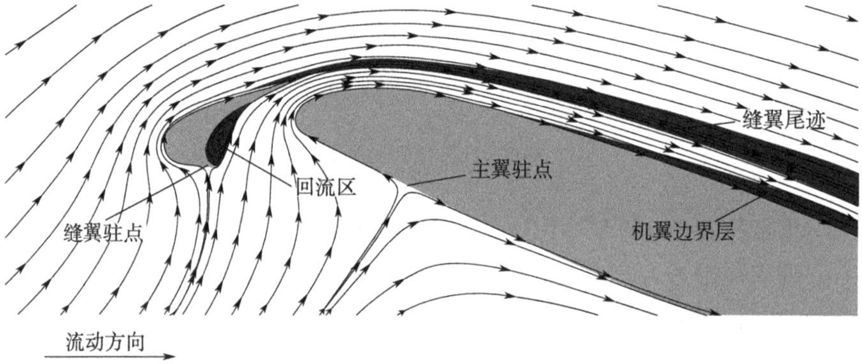

图 5-28　大攻角下缝翼周围流场

最著名的配备固定缝翼的飞机是 Fiesler Fi 156“Storck”，它以极端的高升力和低速性能而闻名，其最大升力系数高达 $C_{L,\max}=3.9$，对应的失速速度低至 45 km/s (23.15 节)，该飞机配备单台 240 马力活塞发动机，起飞长度低至 155 m，最佳爬升率约 5 m/s。

Fi 156“Storck”机翼的前缘安装的固定缝翼

参考：Hoerner S (1938) Erfahrungen und Messungen am Langsamflugzeug Fi 156 “Storch,” In: Bericht über die Tagung Auftriebs - und Lesitungssteigerung in Göttingen am 14. Juni 1938, Bericht 099/006.

Woodward 和 Lean 报告了英国国家高升力计划[33] 中开展缝翼装置最佳位置的研究，通过对不同位置和不同偏转角度的缝翼进行大量测量，详细研究了缝翼设置对最大升力系数的影响。以缝翼后缘相对于机翼前缘的位置为变量，图 5-29 显示了基于该变量的最大升力系数的等值线分布，相对坐标原点选取在主机翼前缘翼弦上，空白区域为主翼轮廓，缝翼不可能位于该区域，图中的网格线代表干净机翼弦长的不同百分数。

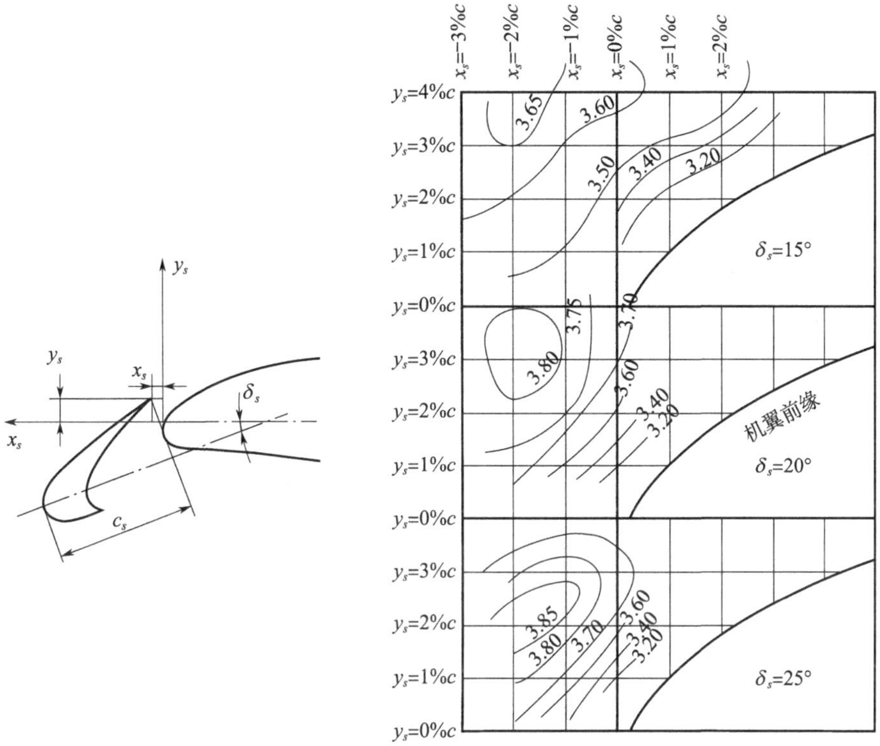

图 5 - 29　缝翼位置对最大升力系数的影响取决于缝翼偏转角

（根据 Woodward 和 Lean[33]，图 20）

更全面的趋势是，随着缝翼位置变化，最大升力系数存在一个最大值。缝翼偏转角度越大，该位置越靠近主翼。此外，最佳位置具有负重叠区域，这意味着此时缝翼后缘位于主翼前缘的上游。

其次，最大升力系数随缝翼偏转角度的增加而增加。第三，在最佳位置和机翼轮廓线之间的区域，等值线几乎与机翼轮廓线平行。机翼部件组合间距离在干净翼型弦长 2%范围内变化时，损失的升力可达最大升力的 10%～20%，这表明间隙宽度是决定缝翼位置的主要因素，沿轮廓线的位置是次要因素。

这种强灵敏度的原因完全可用 5.2.1 节中的效应来解释。必须记住，缝翼装置可在更高的攻角下实现更高的最大升力系数。前方来流通过缝翼可防止失速，将缝翼靠近机翼可增加最大升力系数，直到缝翼位于最佳位置；（缝翼到主翼的）距离越近，机翼边界层与缝翼尾迹混合的风险增加，尤其是到机翼后缘距离较长的时候。最大升力系数在小于最佳位置的缝隙处显著降低，这一现象可以归因于此。尽管在重叠方向上的灵敏度不太明显，但它也显然与缝翼效应有关。当缝翼远离上游时，缝翼效应作用不大。而当缝翼离下游太远时，后缘不再处于能够利用减速效应的最佳位置，即处于气流已经流过主翼吸力峰值区域并且已经减速区域。

还需要考虑将缝翼放置得过于下游的另一个方面。根据偏转角度，在正重叠区域，缝翼下侧和机翼上侧之间的缝隙可能先收敛后扩散，即间隙最小值不再位于缝翼后缘。在这种情况下，最小截面后的缝隙类似于扩散器，如果该扩散器过于陡峭，则流动的减速以及与之相关的主机翼边界层的削弱也可能导致主机翼上早期发生分离。

5.2.3 槽式克鲁格襟翼

槽式克鲁格襟翼是之前讨论过的装置的变种。波音公司在波音 B747 的外侧机翼引入了带有可变弯度（VC）的槽式克鲁格装置。图 5－30 很可能与波音专利[34] 相关，鲁道夫（Rudolph）表示，“与三位置缝翼相比，747 的可变弯度克鲁格襟翼在最大升力上只有很小的性能优势，而且由于众多沉重的支撑结构，其复杂性是不合理的”（Rudolph[26] p. 84）。

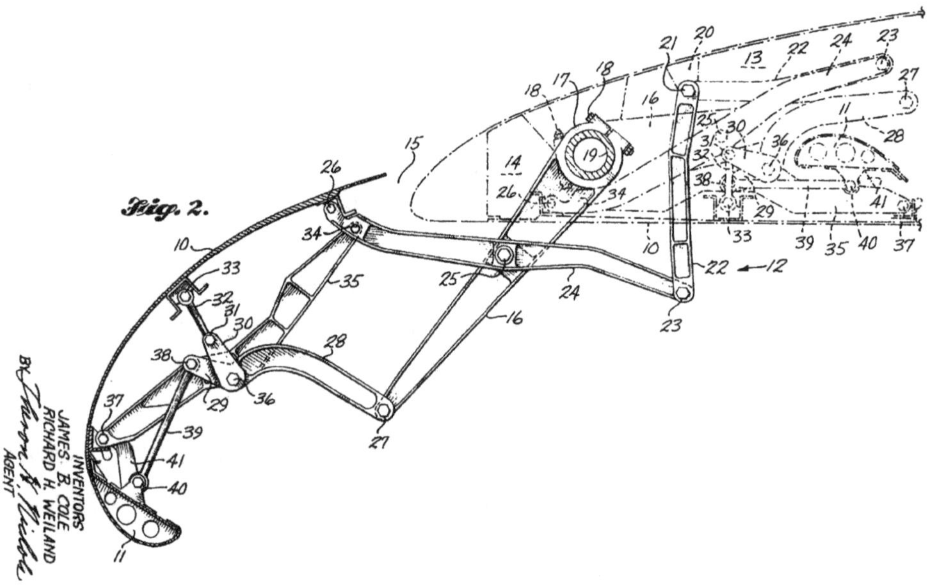

图 5－30　波音 B747 外翼带槽可折叠牛鼻形克鲁格襟翼（Cole 和 Weiland[34]，图 2）

这一概念在层流翼型技术研究中得到复兴[35]。鲁道夫报告了在波音 B757 上进行混合层流控制（HLFC）飞行试验时选择这种设备的原因，如图 5－31 所示：“由于缝翼后缘的台阶会导致边界层转捩，并且使得前翼梁下游流动无法保持层流状态，因此排除缝翼。昆虫防护要求克鲁格襟翼向固定前缘的上方和下方延伸，或处于类似已展开的缝翼的位置。因此，克鲁格襟翼必须有一个槽口和一个非常大的牛鼻形设计”（Rudolph[26] p. 90）。但同时也提到“除了在 B757 混合层流试验中所做的工作外，没有努力将固定弯度克鲁格襟翼发展成具有类似缝翼特性的设备”（Rudolph[26] p. 152）。鲁道夫关于进一步发展前缘高升力装置的结论之一是：“探索并确定固定弯度克鲁格襟翼的潜力——它们能否达到最佳缝翼或可变弯度克鲁格襟翼的性能”（Rudolph[26] p. 152）。特别是在层流机翼技术的背景下，槽式克鲁格襟翼是最有前景的概念，它能够实现带槽前缘装置的高最大升力潜力，并具备

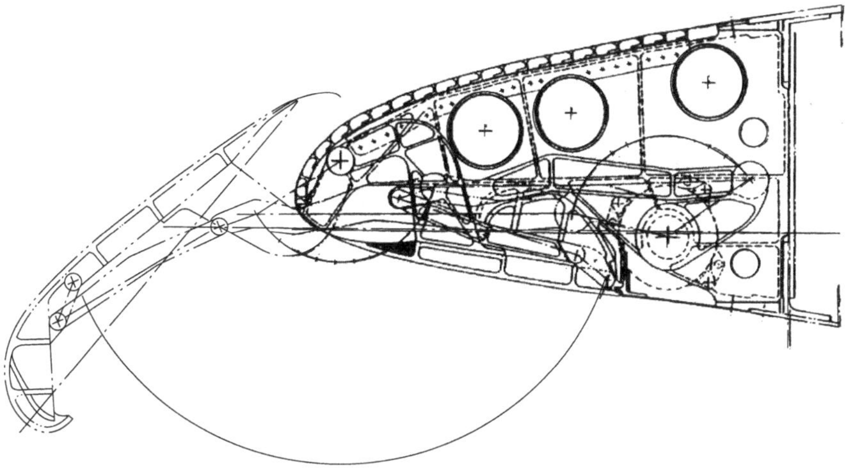

图 5－31　波音 B757 混合层流控制（HLFC）飞行测试中使用的带槽可折叠牛鼻形克鲁格襟翼（Rudolph[26]，图 3－3）

污染屏蔽的特性。

在欧洲关于层流机翼高升力装置方面的最近研究进一步完善了相关的概念[36-38]。与带有缝翼的湍流机翼相比，带有克鲁格装置的层流机翼所获得的高升力性能相差不会太多。基于 DLR－F11 半模型，图 5－32 比较了带有槽式克鲁格装置的自然层流机翼与带有缝翼的湍流参考机翼的升力特性，尽管两个机翼后掠角不同，但其尺寸与飞机要求相当，这一点至关重要。因为高升力性能决定了所需的机翼面积，机翼面积的增加会破坏层流机翼技术在减阻方面的优势。

5.2.4　槽式襟翼

汉德利·佩奇首先在机翼上开缝以增加升力。至于缝翼装置，也是他在襟翼处增加缝隙，以防止在高偏转角度时上表面气流分离[40]。基于襟翼铰链点略微下降的简单槽式襟翼，其历史可以追溯到早期的缝翼专利，图 5－33 展示了其基本原理以及 Handley Page 的第一项专利草图[40]。

由于其机械结构简单和产生升力方面的显著优势，此类装置变得非常流行。即使是如今，它也经常出现在轻型通航飞机上。与无缝隙的普通襟翼相比，缝隙能够将襟翼上表面的失速偏转角延迟到 45°，而普通襟翼在 30°时就会失速（见 5.1.1 节）。

基于 NACA 23012 翼型，文献［41，42］详细研究了这类襟翼。图 5－34 为试验的一种槽式襟翼布局，铰链点位于翼型下方、襟翼前缘的后方，然而，襟翼前缘的理想路径并非圆弧。偏转襟翼最前缘的点为鼻点，其位置会沿着前缘半径的圆周变化。

图 5－35 为不同机翼下缘半径下，最大升力系数随襟翼偏转角变化的示意图。襟翼升力系数随着偏转角的增加而增加，偏转角 δ_F = 60°时达到最大升力系数；对应的压力数据表明，在偏转角 δ_F = 40°之前，流动是附体的，偏转角继续增大时，襟翼上表面发生流动

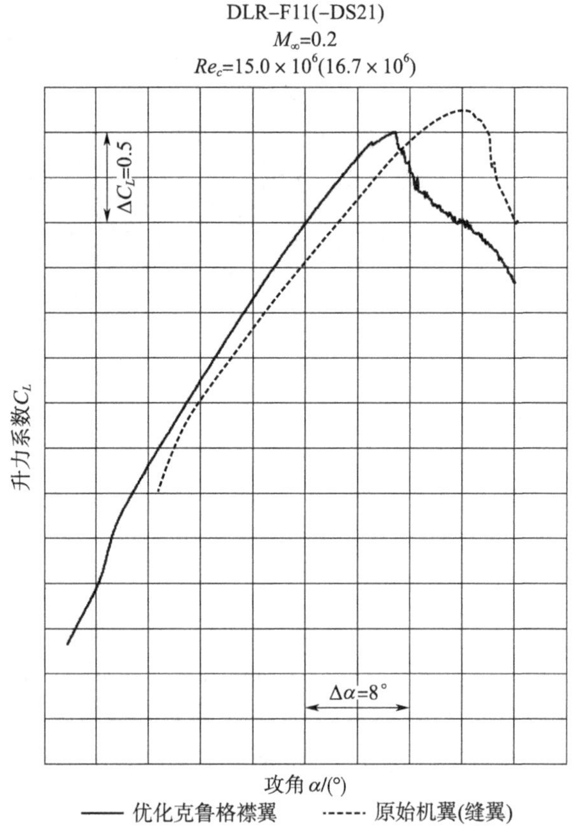

图 5-32 基于 DLR-F11（-DS21）测量的克鲁格襟翼和缝翼的升力系数与攻角关系

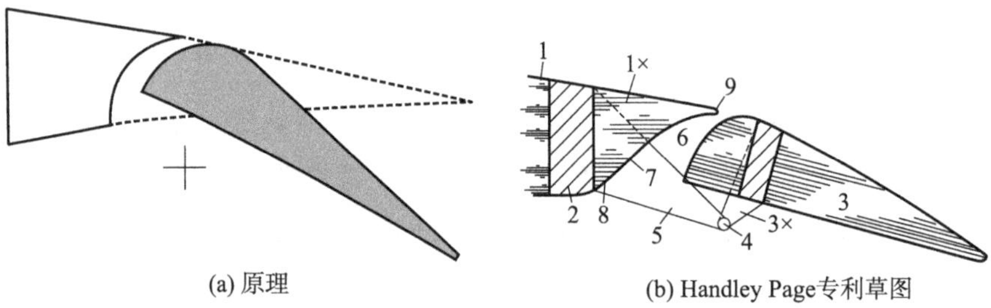

图 5-33 简单槽式襟翼在正向偏转时形成间隙（Handley Page[40]，图 3）

分离。对于槽式襟翼而言，一个有趣且典型的现象出现在襟翼偏转角 $\delta_F=50°$时。

图 5-36 为高偏转角下带有槽式襟翼（$c_F/c=25.66\%$）的 NACA 23012 翼型机翼和襟翼表面的压力分布情况。攻角较低时，偏转角 50°情况下襟翼上的流动发生大分离，而攻角达到 12°时，襟翼上的流动并未发生分离。这种现象与机翼对襟翼的缝翼效应直接相关。随着机翼产生更多的升力，由于吸力水平降低，襟翼卸载，即随着攻角的增加，槽式襟翼产生的升力减少。由于前方机翼下洗气流的影响，在整体机翼攻角增加的情况下，襟翼“感受”的来流角度降低。因此，襟翼气流在低攻角下发生流动分离，在高攻角下可能重

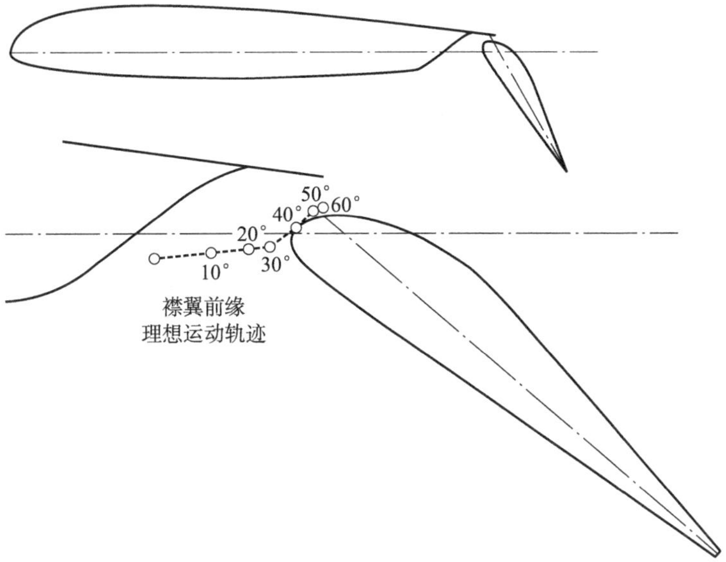

图 5－34　具有 25.66％槽式襟翼的 NACA 23012 翼型最佳襟翼位置（Wenzinger 和 Delano[41]，图 1（a））

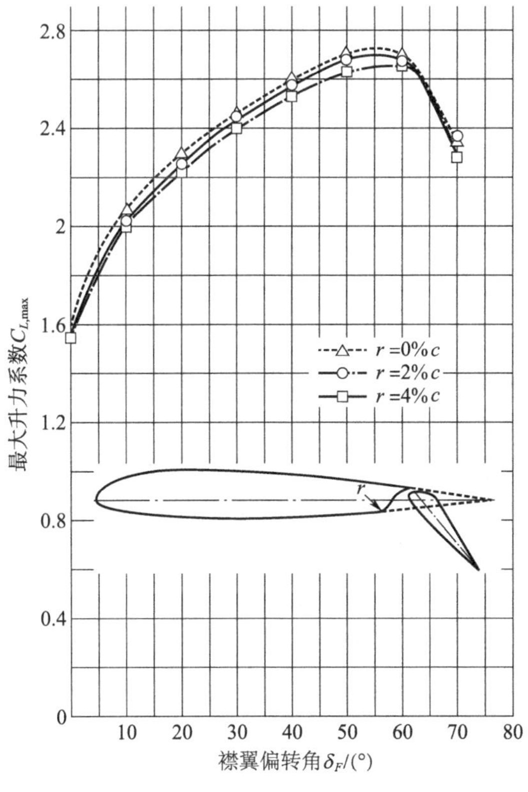

图 5－35　缝隙半径对 $C_{L,\max}$ 的影响（Wenzinger 和 Harris[42]，图 17）

新附着。实践甚至表明，最大升力系数可能在襟翼刚好重新附着时达到最高，这种情况下，它们对翼型的升力系数贡献最大。

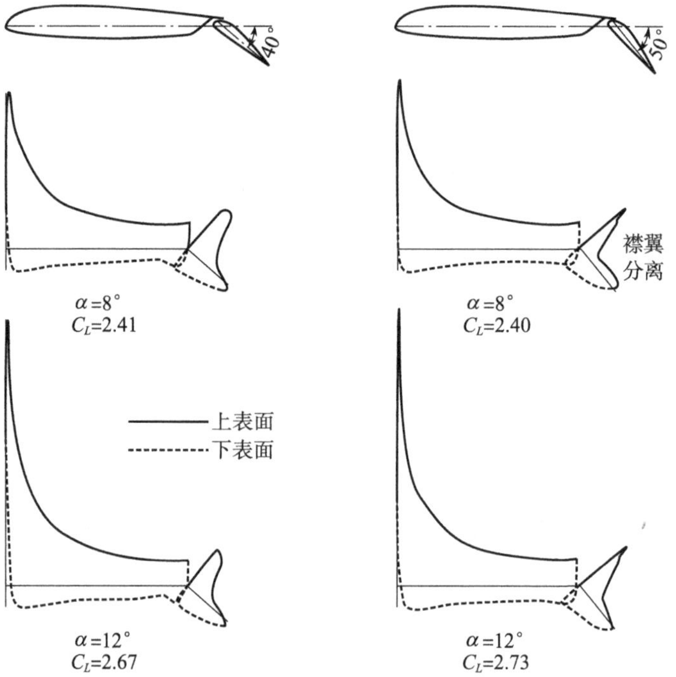

图 5-36　大攻角下具有 25.66%槽式襟翼的 NACA 23012 翼型压力分布（Wenzinger 和 Delano[41]，图 7，图 8）

5.2.5　富勒襟翼

除了缝翼之外，以发明者哈兰 · D. 富勒（Harlan D. Fowler）命名的富勒襟翼是一项重要发明，使今天的飞行成为可能。它显著提升了升力，达到了低速区升力系数所需增益，使得高效的跨声速机翼设计成为现代航空运输的基础。

通常被忽视的是富勒襟翼有两种类型，第一种类型，也就是富勒的首个发明，仅仅是增加了机翼面积[43]，今天众所周知的富勒襟翼是第二种类型，其不仅增加了机翼面积和机翼的弯度，还打开了一个缝隙[44]。图 5-37 显示了富勒襟翼的主要设计。与之前的槽式襟翼相比，富勒襟翼在下游方向的位移要大得多，占用面积也更大。如果以简单旋转来应用（富勒襟翼），旋转中心则需远离机翼下表面。

公开该装置后，许多关于升力系数大幅增加的解释出现了。专利公开八年后，富勒感到有必要解释他的装置[45]："组合使用可变面积、弯度、攻角以及边界层时，只需要根据使用场合延伸或缩回辅助翼面。最大升力的增加主要来源于间隙，这与富勒襟翼的弦长直接相关。面积可变是第二个有效因素，第三个是弯度。基于所涉及的机理，面积与弯度的组合比间隙的贡献更大，当然，这三个因素对升力的影响都非常大，并且随着襟翼弦长的增大而增强"（Fowler[45] p. 247）。

在同一篇文献中，富勒还引入了一个在高升力空气动力学中一直沿用的标准："由于

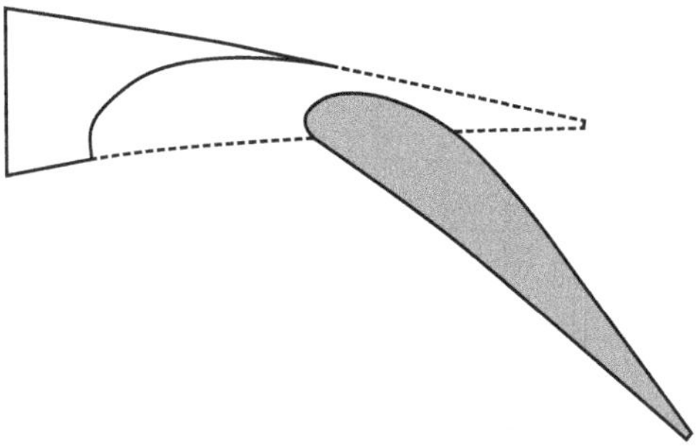

图 5 - 37　富勒襟翼原理图

高升力装置通常用于在保持给定失速速度的情况下增加升力，因此衡量升力时，应以正常机翼面积（富勒襟翼收回时）为参考”(Fowler[45] p. 248)。这意味着机翼面积增加的影响体现在升力系数中。基于这一准则，Platt[46] 给出了三种不同尺寸的 Clark Y 翼型上的测量数据，如图 5 - 38 所示。测量的最大升力要么以襟翼收回状态的机翼面积为参考，要么以机翼和襟翼面积之和为参考。尽管如此，仅由缝隙引起的升力增加仍然是非常显著的（$\Delta C_{L,\max} \approx 0.9$），这是将机翼面积调整到偏转情况时的效果。但这种关系也表明，随着襟翼尺寸的增加，间隙效应会减少，充分利用间隙效应的襟翼的理想尺寸应该为 $c_F/c=$ 25%～30%。

机翼弦向较大位移意味着需要更复杂的机构将襟翼放至期望的位置。难点在于找到合适的运动轨迹，使得襟翼在最大偏转位置和中间位置均能保持良好的气动性能。正如第 4 章所述，起飞和降落时对高升力系统的要求大不相同，这是通过将襟翼放置在不同的位置来实现的。

由于特定襟翼设置所允许的运动学布局的自由度不同，有必要评估流动对襟翼位置的灵敏度影响。Woodward 和 Lean[33] 报告了最大升力系数依赖性的详细研究。与对缝翼进行的研究类似，图 5 - 39 显示了 L1T2 三段翼型在不同的襟翼偏转（角度）下，最大升力系数随襟翼位置变化的等值线。

坐标系原点位于主翼的后缘，即可能是实际机翼的扰流板后缘，通过襟翼轮廓的前缘垂直方向切线和上侧水平方向切线定义襟翼位置，他们报告了两个不同襟翼偏转角度下，最大升力系数的等值线分布。

对于偏转角较小 $\delta_F=20°$（图 5 - 39 右上）的起飞布局而言，灵敏度最强方向在指向机翼后缘对角线，这等于机翼和襟翼表面之间缝隙的大小。襟翼靠近机翼后缘时会增加机翼对襟翼的缝翼效应，从而减小襟翼翼载荷。对应的，这又降低了从襟翼到机翼上游的环量。襟翼沿下游远离机翼也会降低环量效应，从而降低升力潜力。由于襟翼仅中等程度地偏转，襟翼本身流动不容易自行分离，且缝翼效应仍足以防止襟翼流动分离。

上述行为在高偏转角 $\delta_F=40°$（图 5 - 39 右下）时会发生变化，此时是着陆布局，最佳襟翼间隙值明显低于起飞布局。图中用粗虚线表示流动附体襟翼的边界。(A) 区域表示襟翼上的流动完全附体，(C) 区襟翼上的流动完全分离，(B) 区流动在相当大的迎角范围

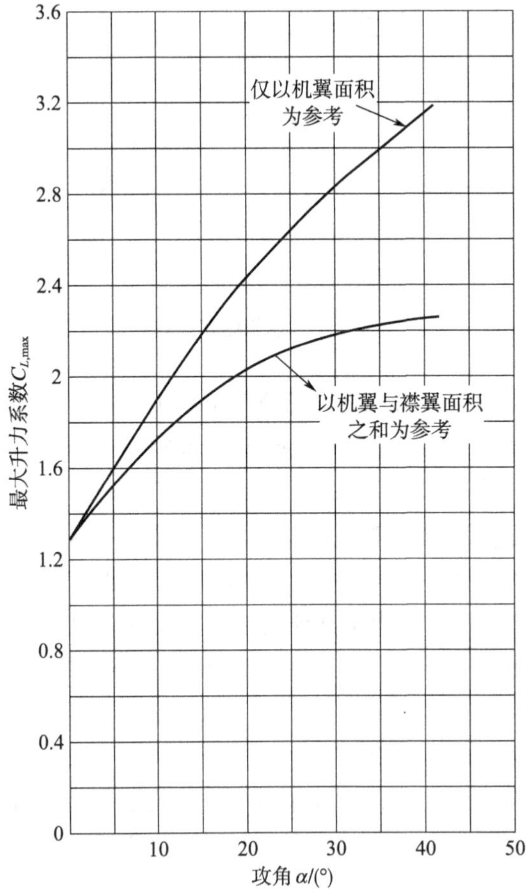

图 5-38 参考面积定义对富勒襟翼最大升力系数的影响

内是分离的。Woodward 和 Lean 认为，“对于某些襟翼位置，当机翼尾迹较薄时，低迎角下襟翼上的流动就会分离，但随着迎角增大，机翼尾迹变厚，襟翼上流动会突然重新附体，导致升力和负俯仰力矩非线性增加，阻力减小。当襟翼远离机翼时，迎角更高，流动从重新附着直到最终完全无法重新附体，导致最大升力大幅下降。”（Woodward 和 Lean[33] p. 1-10）。这反映了偏转角度较大时，为防止襟翼上流动分离，机翼对襟翼的缝翼效应有更高的要求。襟翼向远离机翼方向移动时，缝翼效应减弱，襟翼流动突然出现分离。而最佳位置与分离边界非常接近，这表明在襟翼流动接近分离时，升力系数达到最大值。正如对简单开缝襟翼所讨论的，这意味着在达到最大升力系数所需攻角之前，襟翼就会表现出流动分离。间隙较小时，流动分离可能与机翼尾流和襟翼边界层的混合有关，类似于前面讨论过的缝翼。

含 25%襟翼的 NACA 65-210 翼型（Cahill[47]）和 L1T2 三段机翼翼型测量数据[33]表明，当襟翼间隙小于 $g_F/c = 0.5\% \sim 1.0\%$时，由于机翼尾流的增长以及与襟翼边界层的过早混合，增加了因过早的流动分离而导致的襟翼提前分离的风险。当襟翼在机翼后缘

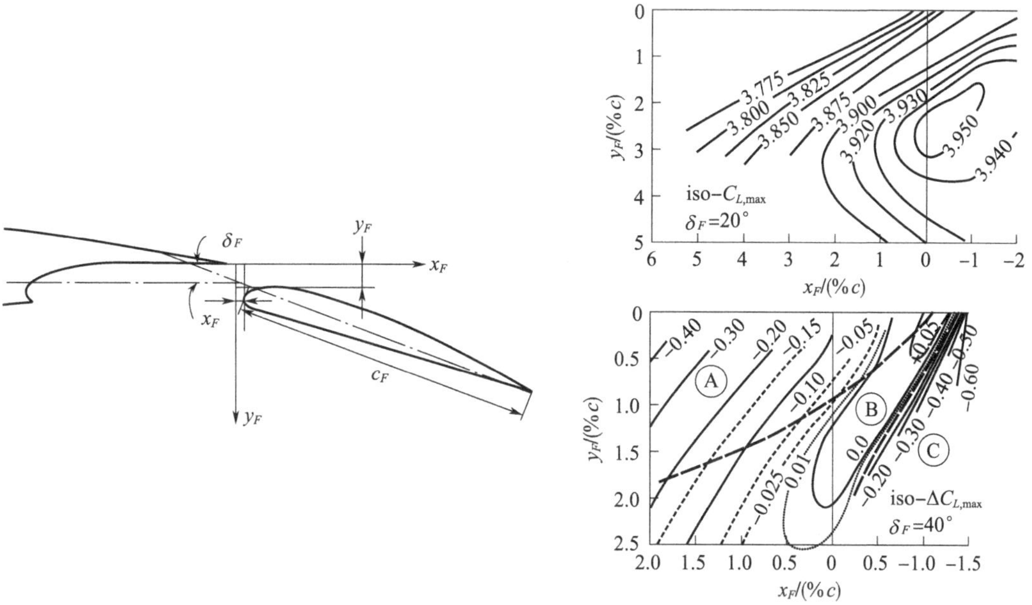

图 5－39　襟翼位置对最大升力系数和襟翼流动的敏感性分析：（左图）坐标系统；（右上图）襟翼偏转角较小 $\delta_F = 20°$；（右下图）襟翼偏转角较大 $\delta_F = 40°$（Woodward 和 Lean[33]，图 7，图 24，图 25（a））

施加的压力较低时，离面压力恢复更为显著。襟翼靠近机翼可减少卸载效应，更多地实现机翼边界层而非机翼尾流的压力恢复。

5.2.6　双缝襟翼和三缝襟翼

将后缘装置设计成几个襟翼元件，能增加开缝襟翼（或简单的富勒襟翼）的效果，如图 5－40 所示。当第二或第三襟翼作用在前一襟翼上时，就像襟翼作用在机翼上一样，每个缝隙充当升力放大器。“长期以来，人们一直认为单缝襟翼不足以提供可接受的着陆姿态，然而空客 A320、A330 和 A340 证明并非如此”（Rudolph[26] p. 137）。因此，大多数大型运输机至少使用双缝襟翼也就不足为奇。另一方面，每个可变缝隙都需要额外的机械系统来同时确保正确的偏转路径。图 5－41 中波音 737 的三缝襟翼支撑机构表明了这些机械结构会变得多么复杂。

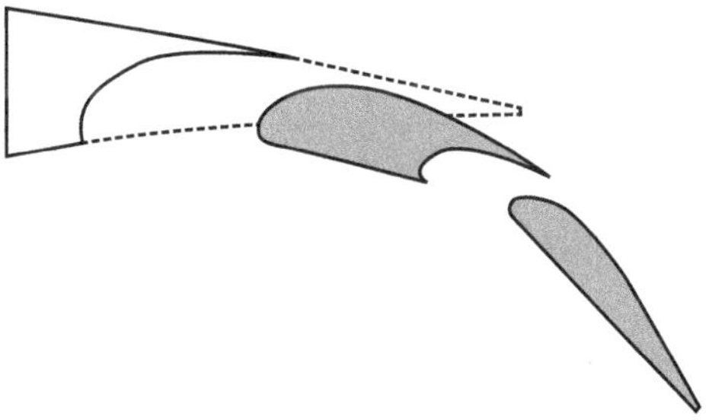

图 5－40　双缝襟翼原理

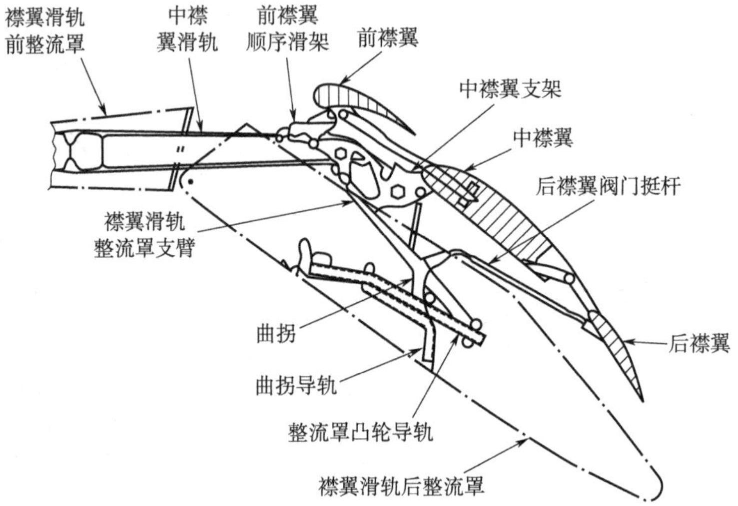

图 5-41　波音 737 襟翼滑轨支撑系统（Rudolph[26]，图 1-15）

图 5-42 概述了开缝数量对升力系数、升阻比等气动性能参数的影响。每个缝隙均会增大升力系数，无论是线性变化区还是最大升力系数。并且在进场时较低攻角区域，升力系数变化显著。根据 $C_{L,\,\mathrm{appr}}=C_{L,\,\mathrm{max}}/1.23^2$，进场速度平方与失速速度平方成比例，进场速度变化也非常严重。这也是人们认为单缝襟翼会失效的主要原因，因为进场和着陆期间能否实现大攻角飞行是存疑的。起飞期间，新增加的缝隙都会增加阻力系数，降低升阻比。通常情况下，当较少开缝的襟翼系统接近失速状态时，多缝隙仅有利于爬升性能的提升。对于多缝襟翼系统，更有效的方式是采用机械机构来减少起飞过程部分回收的开缝数量。

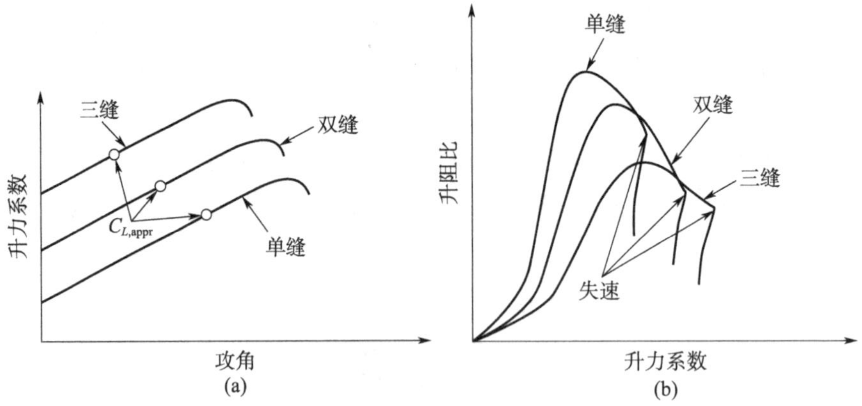

图 5-42　多缝襟翼对气动性能的影响

相对于不同机翼部件同时移动，一个可替代的方案是将开缝襟翼作为刚性部件。图 5-43 中所示的固定襟翼由一片大的主襟翼及安装在上游并刚性连接的小片机翼组成，这种襟翼系统的气动性能接近双缝襟翼，但支撑结构的复杂性与单缝襟翼相当。这种固定叶片系统已经在 Douglas DC-9（后来的 MD-80/B717）和空客 A400M 上得到应用。“起飞阶段通常希望叶片与上翼面或扰流板密封，而在这种装置中只有第二个缝隙是打开的，此时升阻比也得到了改善”（Rudolph[26] p. 15）。如果设计得当，起飞时叶片会完全缩回机翼外壳中，只有叶片与襟翼之间的缝隙是打开的并起作用，在着陆时叶片才完全暴露在气流中。

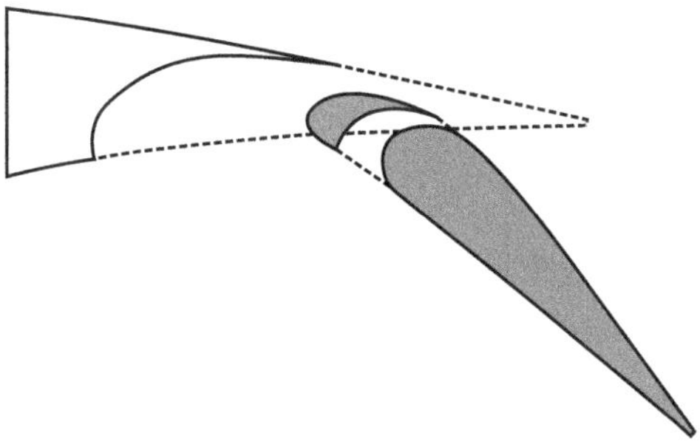

图 5-43　固定叶片式襟翼原理

5.3　涡流发生装置

在纵向涡中，流体以一定速率围绕涡核旋转。涡度定义为流体局部速度的旋度

$$\omega = \nabla \times \boldsymbol{u} \tag{5-9}$$

环量定义为速度沿封闭曲面 S 边界的积分

$$\Gamma = \oint_{\partial S} \boldsymbol{u} \cdot \mathrm{d}S \tag{5-10}$$

根据斯托克斯定理，涡量积分正交于曲面，揭示了环量与涡通量之间的关系

$$\Gamma = \int_S (\nabla \times \boldsymbol{u}) \cdot \boldsymbol{n} \mathrm{d}S = \int_S \omega \cdot \boldsymbol{n} \mathrm{d}S \tag{5-11}$$

乍一看，存在环量与势流理论中无旋矢量场的假设相矛盾。势流理论中，涡度集中在涡核的奇点处。在实际的粘性流体中，涡核中心的剪切力会导致与势涡存在偏离，这里的流动行为视为刚体旋转。粘性涡核可用 Rankine（兰京）涡模型给出

$$\boldsymbol{u}(r) = \begin{cases} \Gamma r/(2\pi R^2) & \forall r \leqslant R \\ \Gamma/(2\pi r) & \forall r > R \end{cases} \tag{5-12}$$

图 5-44 描绘了靠近壁面边界层的涡旋流动效应。涡旋将动量从外部流动传递到近壁区域，并将能量已耗散的近壁流体置换到外流中，在那里流体再次被剪切力加速。因而，边界层被动能更高的流动所加速，总体而言，这稳定了边界层并阻碍流动分离。

在涡旋的范围内，涡旋方向的下洗侧（高动量流被推向壁面）的流动速度要比上洗侧（低动量流被从壁面带走）高；因此，涡旋的上洗侧区域对于分离是不稳定的。

一些方法可以量化涡旋对防止流动分离的影响。Godard 和 Stanislav[48] 提出使用壁面剪切应力的相对增加量 $\Delta\tau_w/\tau_{w,0}$ 来量化边界层流动的加速度，其中壁面剪切应力为

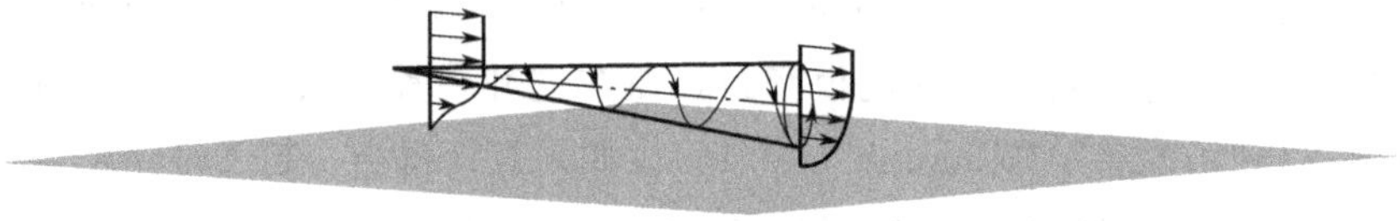

图 5-44　旋涡对边界层演化的影响

$$\tau_w = \mu \frac{\partial u}{\partial y} \tag{5-13}$$

5.3.1　涡流发生器

涡流发生器（VG）是用于在机翼边界层附近产生纵向涡旋的装置，图 5-45 为常用的几种形式。纵向涡旋可以通过两种方式产生。第一种方式是机翼环量的局部突变，通过翼弦突变在机翼形状中断处形成一个尖状涡来高效实现。由于纵向涡旋的集中度与当地速度密切相关，因此可通过前缘的不连续性变化来实现（如前缘缺口、齿状前缘）。第二种方式是在流动中倾斜放置低展弦比的扰流器（如边界层栅栏、涡流发生器、旋流器等），在这些装置处，会形成一个强烈的旋涡，类似于低展弦比机翼的升力涡。

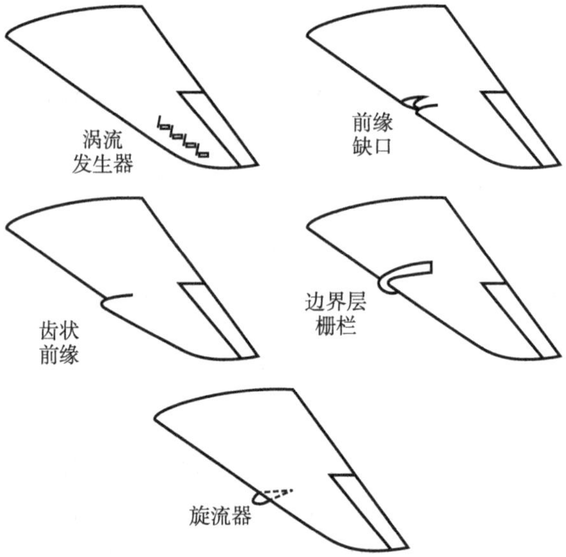

图 5-45　不同类型的涡流发生器（文献［49］）

图 5-46 展示了几种常用的涡流发生器形状。总的来说，与装置的形状相比，涡流发生器的有效性与装置的展弦比相关性更大。然而，Godard 和 Stanislav[48] 指出：“三角形激励器相比矩形激励器的改善明显（+20%）。此外，就阻力损失而言，三角形状更佳”（Godard 和 Stanislav[48] p. 190）。

特别是在后掠翼上，巡航状态和低速状态下的局部流动方向是不同的。在巡航状态下，驻点靠近前缘，局部流动几乎与飞行方向一致。而在低速飞行中，驻点向机翼下方移动，流体在前缘周围高度加速，局部速度方向因而垂直于前缘。因此，可以根据涡流发生

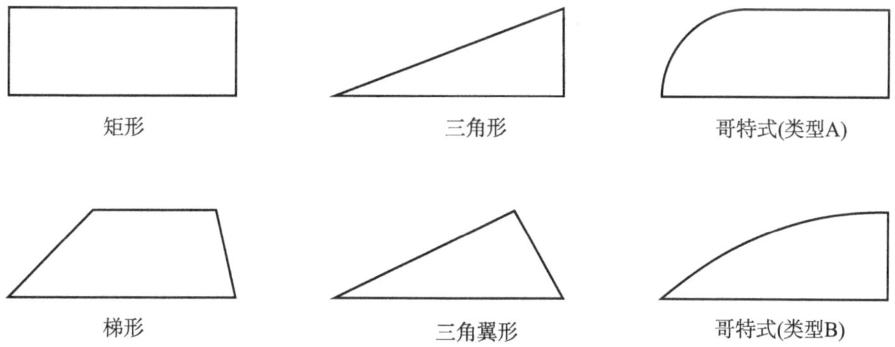

图 5－46　涡流发生器形状

器的性能参数确定飞行状态。为了产生涡旋以预防流动分离，值得根据巡航状态下的流动方向确定装置的方向。这样可最大限度地减小对巡航的负面影响，并降低阻力。在低速飞行中，由于流动方向改变，向迎面来流的倾斜产生涡流，这也符合预期。

5.3.2　涡流发生器阵列

由于每个纵向涡流仅作用于局部，因此如果想影响机翼较大区域，则需要布置涡流发生器阵列，如图 5－47 所示。在这样的阵列中，涡流发生器可定向产生同向或反向旋涡，分别如图 5－48 和图 5－49 所示。同向旋涡对流动的影响更平稳，可周期分布。反向旋涡的影响区称为“共同向下流动”区，其两个稳定的下洗起到稳定流动的作用。在“共同向上流动”区域，动量较低的流体被向远离壁面处输运。因此，反向涡流发生器阵列可按奇偶分布，下游流向相同的涡流发生器靠得更近。

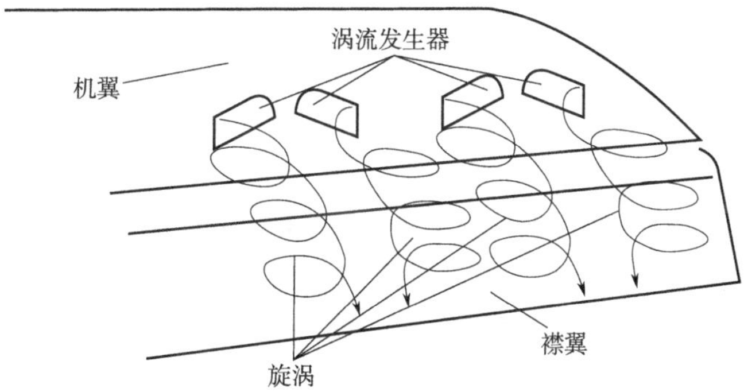

图 5－47　机翼上涡流发生器阵列草图（根据文献［49］）

涡流发生器的主要几何参数是其高度 h、长度 l 和相对流动方向的倾斜度 β。在同向旋转涡流发生器阵列中，涡流发生器的间隔距离 D 也描述了涡核之间的距离。在反向旋转布局中，分离距离 D 描述了涡旋对的间距，而距离 d 则描述了下游具有相同流向的一对涡流发生器的间距。由于涡流发生器的尺寸与边界层的厚度 δ 有关，因此它们通常用（与边界层厚度相比的）相对值来衡量，即相对高度 h/δ，纵横比 l/h，以及相对间距

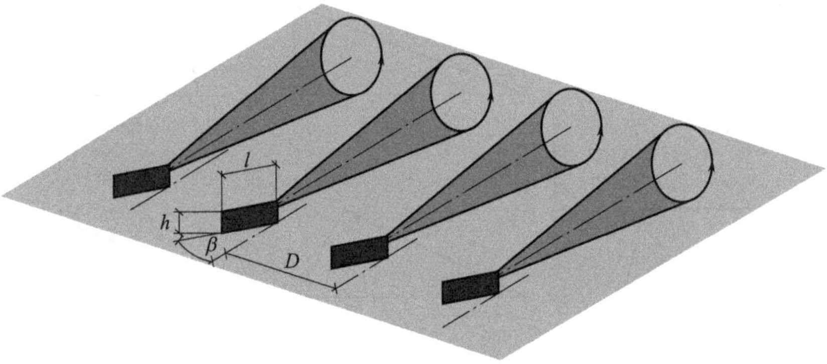

图 5-48　诱导同向旋转涡的涡流发生器分布

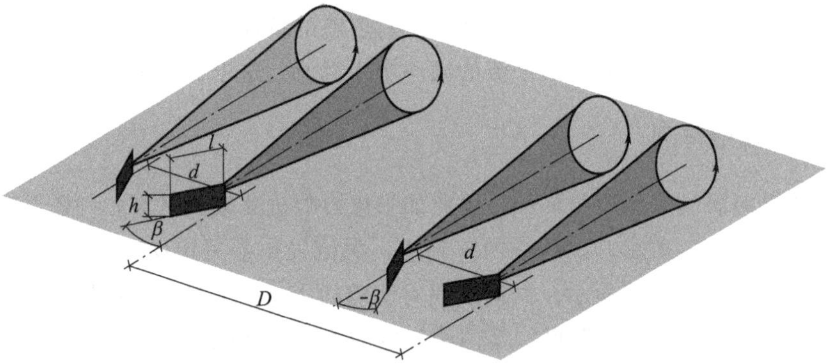

图 5-49　诱导反向旋转涡的涡流发生器分布

D/h 和 d/h。表 5-1 中列出了 Godard 和 Stanislav 研究的涡流发生器的最佳范围。“同向旋转配置比反向旋转配置效果差，平均差大约 100%”（Godard 和 Stanislav[48] p. 190）。然而，后掠翼最好采用同向装置，否则，在非设计飞行条件下，该对涡流发生器中的一个会产生不利影响。

由于其横截面尺寸小、相应的局部雷诺数较低，横截面形状较尺寸和展弦比影响相对较小。因此大多数涡流发生器都是简单的平板，相对边界层厚度而言高度较小。但是，Lin 指出，“优化配置的相对厚度 h/δ 约 0.2 的涡流发生器带来的阻力要小于相对厚度约 1 的涡流发生器一个数量级”（Lin[50] p. 4）。文献［51］总结了不同类型涡流发生器的实验数据。

表 5-1　涡流发生器阵列最佳几何参数

几何参数	h/δ	l/h	D/h	d/h	β	$\Delta\tau_w/\tau_{w,0}$
反向旋转	0.37	2	6	2.5	18°	110%～200%
同向旋转	0.37	2	6	—	18°	55%～105%

数据来源：Godard 和 Stanislav[48] p. 188.

5.3.3 板条翼

高升力机翼流动分离关键区域之一是机翼与机身连接处。对于普通机翼，角部流动被机身边界层进一步削弱，这通常通过翼根处的扭转角来调整。对于高升力系统，缝翼通常在翼根之前并垂直于机翼前缘偏转。由于局部环量的变化，两个旋涡会在翼根、缝翼翼尖分别形成，与翼根的马蹄涡一起，形成三个纵向涡系统。这些涡旋沿着机翼表面的路径很大程度上取决于涡的相对强度。

图 5－50（a）显示了简单缝翼侧边边缘的涡流系统。由于较弱的机身边界层指向机翼，机翼-机身连接处产生的旋涡向机翼传输。图 5－50（b）中通过所谓的“板条翼”增强缝翼侧边的旋涡强度，将源自机身和机翼交界处的旋涡推离机翼表面，从而阻止机身边界层对机翼边界层流动的削弱。Haines 和 Young[52] 展示了板条翼尺寸对两种不同尺寸发动机的最大升力的影响。图 5－51 为其提供的不同板条翼尺寸对升力系数的影响，可以看到其对最大升力系数和失速起始攻角均有影响。“增加尺寸可使最大升力系数在起飞布局情况下提高 0.32，进场布局时提高 0.1”（Haines 和 Young[52] p. 65）。着陆时，由于“机舱附近显示已失速”，板条翼尺寸影响不像机翼连接区域那么明显（Haines 和 Young[52] p. 65）。

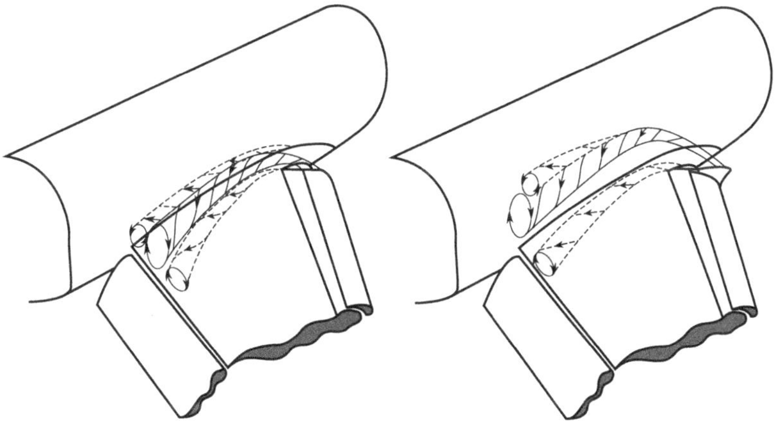

图 5－50 内侧板条边缘的涡流系统（Haines 和 Young[52]，图 3－90（b））

5.3.4 机舱扰流片

钱伯斯[53] 描述了翼下大型短舱对最大升力特性的影响：“大攻角下，涡流从风扇罩中脱落。发动机机舱位于机翼下方较远位置（如 747 上 JT9D）时，这些涡流从机翼下方通过。对于紧密耦合的机舱布局，涡流流经机翼上部并与机翼流场相互作用。只要涡流保持完整，其影响通常是有利的。不幸的是，大攻角下，这些涡流沿着机翼表面向后流动时，机翼会对涡流施加很大的逆压场。当遇到逆压时，涡流破裂，导致机翼上边界层分离，并造成最大升力损失”（Chambers[53] p. 5）。

Obert[54] 详细描述了在 Fokker F29 飞机项目中，为了安装发动机的挂架，中断机翼前缘，导致风洞测试结果进一步恶化的情形。通过分离线随对应攻角的变化，图 5－52 展示了有无前缘装置切口情况下机翼分离现象的发展。没有缺口的情况下，翼根处稳定在攻角为 $\alpha = 20.5°$时发生流动分离，而其余部分直到 $\alpha = 26°$才发生流动分离。当前缘装置导致切口时，机翼边界层的“保护”缺失，攻角增加至 $\alpha = 19°$时流动分离，机翼开始失速，升力特性表明由于早期分离导致最大升力降低大约 7.5%～10%。

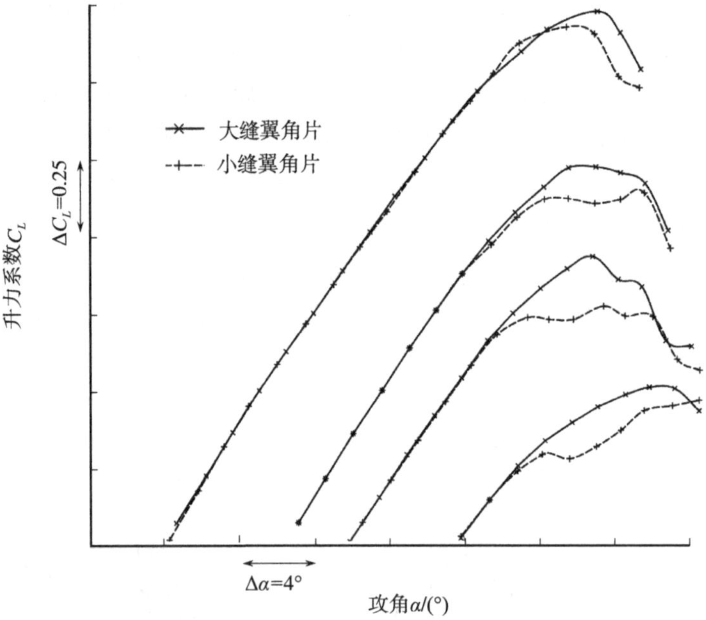

图 5－51　板条翼尺寸对最大升力系数的影响（Haines 和 Young[52]，图 3－90（c））

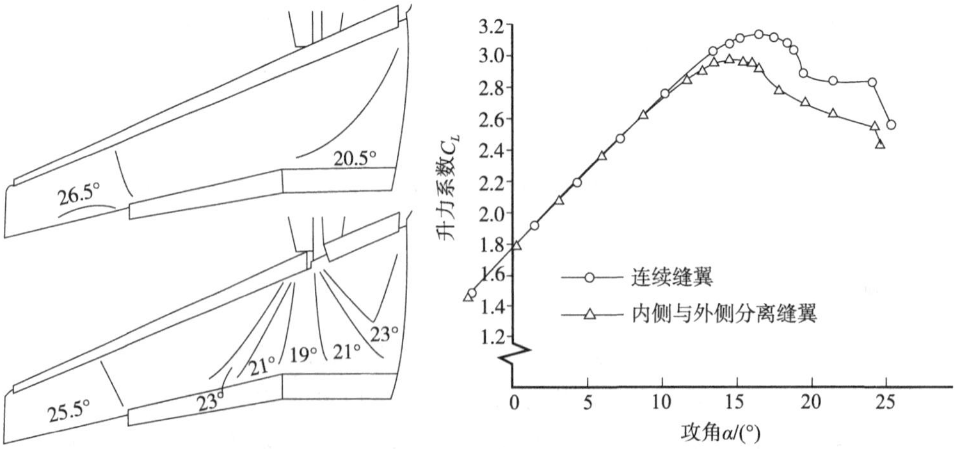

图 5－52　由于前缘装置的中断导致发动机下游过早出现失速（Obert[54]，图 51）

图5-53显示了该区域内发动机舱涡流的发展。在理想情况下，内侧涡流会流向易发生分离的机翼上方，并将高能气流带到机翼边界层。然而，发动机舱涡流是自由流动分离产生的，因此并不集中，而且很可能出现在不需要的位置。发动机舱涡流的轻微外侧移动会导致机翼上不稳定上洗区域不受前缘装置的保护，从而增加分离风险。

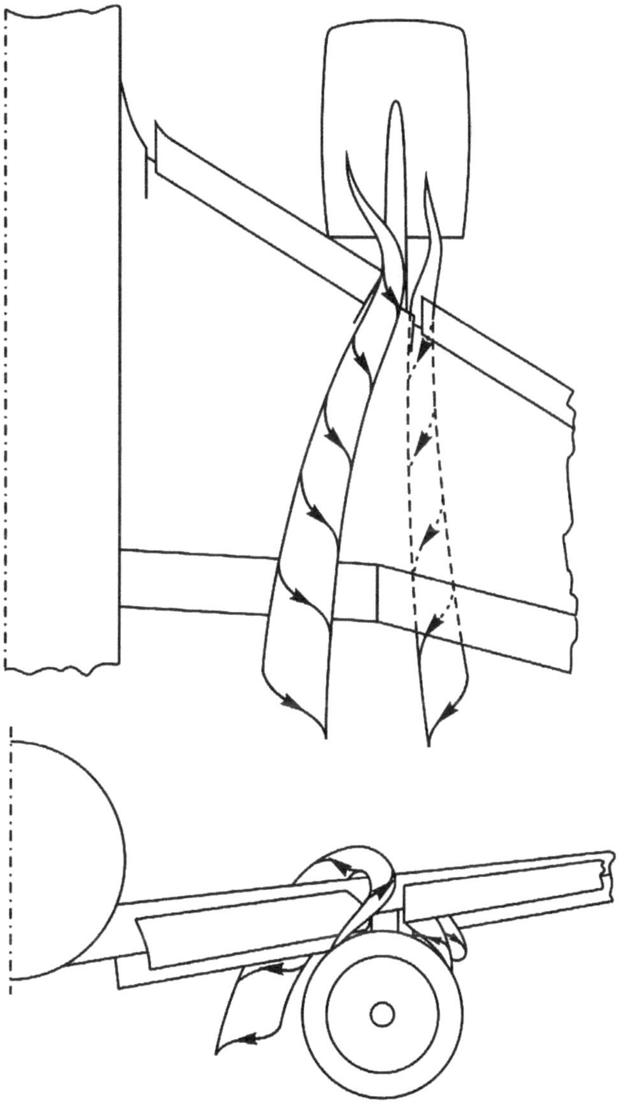

图5-53　大攻角下机翼与下方发动机部位涡流发展情况（Haines和Young[52]，图3-88（d））

为防止这种分离，道格拉斯飞机公司在DC-10飞机研发过程中开发了被称为“发动机扰流片”的设备[55]，如图5-54所示，该图来自其专利[55]，思路是在发动机舱上布置涡流发生器以产生能够稳定发动机下游边界层的涡流。“当攻角接近最大升力攻角时，发动机舱周围会产生极端的横向流动，扰流片会受到相当高的局部攻角影响。扰流片展弦比较低，使得每个扰流片均产生较强的前缘涡流，直接越过发动机舱后方的机翼。成对的涡流充分激发了机翼周围的气流，消除了过早失速，使得机翼高升力系统能够达到其最大升力性能。”（Schaufele[56] p. 17）。

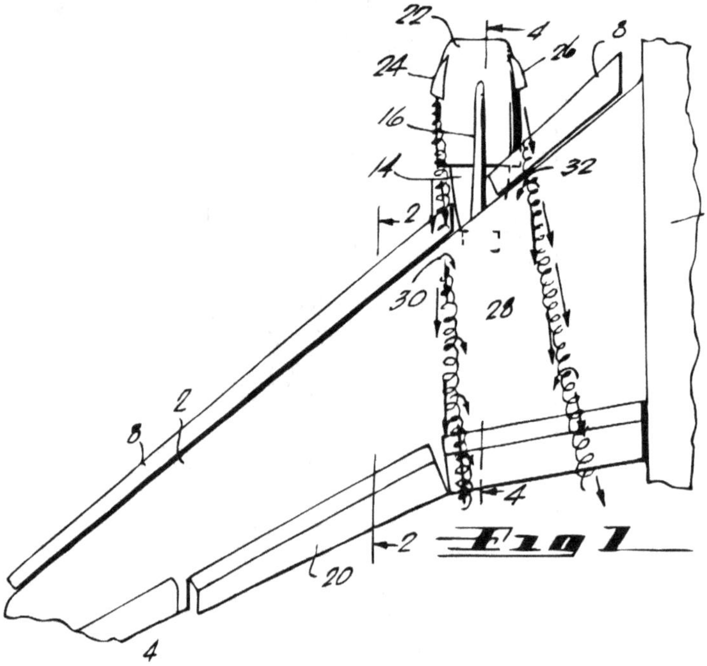

图 5-54 利用发动机扰流片产生纵向涡流防止其下游机翼过早失速（Kerker 和 Wells[55]，图 1）

如今，几乎每架大型运输机的翼下发动机都安装有扰流片。Schaufele[56] 愉快地写道：“在后来的岁月里，我们（道格拉斯公司）很高兴地注意到，发动机扰流片已成为波音和空客运输机的标准配置”（Schaufele[56] p17）。

与道格拉斯的发明相比，对于大多数飞机而言，单个内侧扰流片是充足的。按照现代的理解，发动机扰流片的作用与之前描述的略有不同。实际上，扰流片使得发动机分离涡能够处在一个更有利的位置。而且涡流发生器能够产生一个更集中有效的纵向涡流，以重新赋能机翼边界层。

参考文献

[1] Glauert H (1927) Theoretical Relationships for an Aerofoil with Hinged Flap, ARC R&M 1095.

[2] Schlichting H, Truckenbrodt EA (2001) Aerodynamik des Flugzeuges, vol. 2, 3rd edition, Springer, Berlin.

[3] Nayler, Stedman, Stern (1914) Experiments on an Aerofoil Having a Hinged Rear Portion, British R&M No. 110.

[4] Weyl AR (1945) High - Lift Devices and Tailless Airplanes, Aircraft Engineering, 17 (10), pp. 292 - 297.

[5] Spearman ML (1948) Wind - Tunnel Investigation of an NACA 0009 Airfoil with 0.25 - and 0.50 - Airfoil - Chord Plain Flaps Tested Independently and in Combination, NACA TN 1517.

[6] Wenzinger CJ, Rogallo FM (1939) Résumé of Air - Load Data on Slats and Flaps, NACA TN 690.

[7] Fiecke D (1956) Die Bestimmung der Flugzeugpolaren für Entwurfszwecke, DVL report no. 15, Westdeutscher Verlag/Köln.

[8] Irving HB (1935) Wing Brake Flaps, Aircraft Engineering, August 1935, pp. 189 - 197.

[9] Royer FE (1919) Perfectionnement aux Surfaces Portantes d'aéroplanes, Patent FR 495.551.

[10] Wright O, Jacobs JMH (1924) Airplane, patent US 1, 504, 663.

[11] Schrenk O, Gruschwitz E (1932) Über eine einfache Möglichkeit zur Auftriebserhöhung von Tragflügeln, Zeitschrift für Flugtechnik und Motorluftschiffahrt 23 (20), pp. 597 - 601. Translation to English: A Simple Method for Increasing the Lift of Airplane Wings by Means of Flaps, NACA TM 714 (1933).

[12] Liebeck RH (1978) Design of Subsonic Airfoils for High Lift, Journal of Aircraft 15 (9), pp. 547 - 561.

[13] Zaparka EF (1933) Aircraft and Control Thereof, Patent US 1, 893, 065, Reissued as Patent US Re 19, 412 (1935).

[14] Henne PA (1990) Innovation with Computational Aerodynamics: The Divergent Trailing Edge Airfoil. In: Applied Computational Aerodynamics (Ed. PA Henne), Progress in Astronautics and Aeronautics, Vol. 125, AIAA, Washington, DC.

[15] Henne PA, Gregg RD III. (1989) Divergent Trailing Edge Airfoil, Patent US 4, 858, 852.

[16] Richter K, Rosemann H (2006) Numerical Investigation on the Aerodynamic Effect of Mini - TEDs on the AWIATOR Aircraft at Cruise Conditions, 25th International Congress of the Aeronautical Sciences (ICAS), Paper ICAS 2006 - 3.9.3.

[17] Bölkow L (1940) Tragflügel mit Mitteln zur Veränderung der Profileigenschaften, German Patent DE 694, 916.

[18] Reckzeh D (2003) Aerodynamic Design of the High - Lift - Wing for a Megaliner Aircraft, Aerospace Science and Technology 7, pp. 107 - 119.

[19] Strüber H (2014) The Aerodynamic Design of the A350 XWB - 900 High Lift System, 29th Congress of the International Council of the Aeronautical Sciences (ICAS), Paper ICAS 2014 - 0298.

[20] Kintscher M, Wiedemann M, Monner HP, Heintze O, Kühn T (2011) Design of a Smart Leading Edge Device for Low Speed Wind Tunnel Tests in The European Project SADE, International Journal of Structural Integrity 2 (4) pp. 383 - 405.

[21] Pierce D (1973) Fluid Dynamic Lift Generating or Control Force Generating Structures, US Patent 3, 716, 209.

[22] Kintscher M, Geier S, Monner HP, Wiedemann M (2014) Investigation of Multi - Material Laminates for Smart Droop Nose Devices, 29th Congress of the International Council of the Aeronautical Sciences, ICAS 2014, Paper 489.

[23] Achleitner J, Rohde - Brandenburger K, Rogalla von Bieberstein P, Sturm F, Hornung M (2019) Aerodynamic Design of a Morphing Wing Sailplane, AIAA Aviation 2019 Forum, AIAA Paper 2019 - 2816.

[24] Vasista S, De Gaspari A, Ricci S, Riemenschneider J, Monner HP, Van de Kamp B (2016) Compliant Structures - Based Wing and Wingtip Morphing Devices, Aircraft Engineering and Aerospace Technology: An International Journal, 88 (2) pp. 311 - 330.

[25] Krüger W (1943) Über eine neue Möglichkeit der Steigerung des Höchstauftriebes von Hochgeschwindigkeitsprofilen, AVA - Bericht 43/W/64.

[26] Rudolph PKC (1993) High - Lift Systems on Commercial Subsonic Airliners, NASA CR 4746.

[27] James VL, Hill EG (1973) Leading Edge Flap, US Patent 3, 910, 530.

[28] Smith AMO (1975) High - Lift Aerodynamics, Journal of Aircraft 12 (6), pp. 501 - 530.

[29] Liebeck RH (1973) Study of Slat - Airfoil Combinations using Computer Graphics, Journal of Aircraft 10 (4), pp. 254 - 256.

[30] Betz A (1922) Die Wirkungsweise von unterteilten Flügelprofilen. Berichte und Abhandig. der Wissenschaftlichen Gesellschaft für Luftfahrt, Heft 6. Translation to English: Theory of the Slotted Wing, NACA TN 100 (1922).

[31] Hoerner FS, Borst HV (1985) Fluid Dynamic Lift, 2nd ed. , Hoerner Fluid Dynamics, Bakersfield, CA.

[32] Wild J (2013) Mach and Reynolds Number Dependencies of the Stall Behavior of High - Lift Wing - Sections, Journal of Aircraft 50 (4), pp. 1202 - 1216.

[33] Woodward DS, Lean DE (1993) Where is High - Lift Today? - A Review of Past UK Research Programs, AGARD CP 515, pp. 1 - 1 - 1 - 45.

[34] Cole JB, Weiland RH (1970) Aircraft Wing Variable Camber Leading Edge Flap, US Patent 3, 504, 870.

[35] Boeing Commercial Airplane Group (1999) High Reynolds Number Hybrid Laminar Flow Control (HLFC) Flight Experiment, Part II. Aerodynamic Design, NASA CR 1999 - 209324.

[36] Iannelli P, Wild J, Minervino M, Strüber H, Moens F, Vervliet A (2013) Design of a High - Lift System for a Laminar Wing, 5th European Conference for Aeronautics and Space Sciences (EUCASS), Munich, Germany.

[37] Franke DM, Wild J (2016), Notes in Numerical Fluid Mechanics and Multidisciplinary Design 132,

Springer Verlag, Cham, pp. 17 - 27.

[38] Strüber H, Wild J (2014) Aerodynamic Design of a High - Lift System Compatible with a Natural Laminar Flow Wing within the DeSiReH Project, 29th Congress of the Council of the Aeronautical Sciences ICAS 2014, St. Petersburg, Russia, Paper ICAS 2014 - 0300.

[39] Wild (2016) Recent Research Topics in High - Lift Aerodynamics, CEAS Aeronautical Journal 7 (3), pp. 345 - 355.

[40] Handley Page F (1922) Means for Balancing and Regulating the Lift of Aircraft, US Patent 1, 422, 614.

[41] Wenzinger CJ, Delano JB (1938) Pressure Distribution over an N. A. C. A. 23012 Airfoil with a Slotted and a Plain Flap, NACA TR 633.

[42] Wenzinger CJ, Harris TA (1939) Wind Tunnel Investigation of an N. A. C. A. 23012 Airfoil with Various Arrangements of Slotted Flaps, NACA TR 664.

[43] Fowler HD (1921) Variable Area Wing, US Patent 1, 392, 005.

[44] Fowler HD (1928) Aerofoil, US Patent 1, 670, 852.

[45] Fowler HD (1936) The Fowler Flap Wing - The Originator' s Own Description of the Theory and Uses of this Interesting Device, Aircraft Engineering 8 (9), pp. 247 - 249.

[46] Platt RC (1936) Aerodynamic Characteristics of a Wing with Fowler Flaps including Flap Loads, Downwash, and Calculated Effect on Take - off, NACA TR 534.

[47] Cahill JF (1947) Two - Dimensional Wind - Tunnel Investigation of Four Types of High - Lift Flap on an NACA 65 - 210 Airfoil Section, NACA TN - 1191.

[48] Godard G, Stanislav M (2006) Control of a Decelerating Boundary Layer. Part 1: Optimization of Passive Vortex Generators, Aerospace Science and Technology 10, pp. 181 - 191.

[49] www. aerospaceweb. org (access 2017) http: //www. aerospaceweb. org/question/ aerodynamics/ q0228. shtml.

[50] Lin JC (1999) Control of Turbulent Boundary - Layer Separation using Micro - Vortex Generators, 30th Fluid Dynamics Conference, AIAA Paper 1999 - 3404.

[51] Lin JC (2002) Review of Research on Low - Profile Vortex Generators to Control Boundary - Layer Separation, Progress on Aerospace Sciences 38, pp. 389 - 420.

[52] Haines AB, Young AD (1994) Scale Effects on Aircraft and Weapon Aerodynamics, AGARD AG 323.

[53] Chambers JR (1986) High - Angle - of - Attack Aerodynamics: Lessons Learned, 4th Applied Aerodynamics Conference, AIAA Paper 1986 - 1774.

[54] Obert A (1993) Forty Years of High - Lift R&D - An Aircraft Manufacturer' s Experience, AGARD CP 515, pp. 27 - 1 - 27 - 28.

[55] Kerker A, Wells OD (1973) Lift Vanes, US Patent 3, 744, 745.

[56] Schaufele RD (1999) Applied Aerodynamics at the Douglas Aircraft Company - A Historical Perspective, 37th Aerospace Sciences Meeting and Exhibit, AIAA Paper 1999 - 0118.

第 6 章　主动高升力系统

符号表

A_{ref}	m^2	机翼参考面积	Re	—	雷诺数
A_{slot}	m^2	缝隙/排气面积	t	s	时间
AFM_1	—	第一气动性能指标	T	s	时间周期
b	m	翼展	T	N	推力
c	m	弦长	u	m/s	当地速度
c_F	m	襟翼弦长	U	m/s	流动速度
c_L	—	分段升力系数	w	m	缝宽
c_p	—	压力系数	x, y, z	m	坐标
c_P	—	功率系数	α	(°)	攻角
c_q	—	质量流量系数	β	(°)	倾斜角
c_μ	—	动量系数	Γ	m^2/s	环量
C_D	—	阻力系数	δ	m	边界层厚度
C_L	—	升力系数	δ_F	(°)	襟翼偏转角
$C_{L,max}$	—	最大升力系数	δ_j	(°)	喷流倾角/偏转角
C_m	—	俯仰力矩系数	δ_2	m	动量损失厚度
C_T	—	推力系数	η	—	效率
d	m	距离	λ	—	当地速度比率
D	m	分离距离	Λ	—	与自由流速度比
D_j	m	发动机直径	Λ	—	机翼展弦比
DC	—	占空比	ρ	kg/m^3	密度
f	1/s	频率	τ_w	N/m^2	壁面剪切力
F	N	力	Δ	—	差分算子
F^+	—	无量纲频率	AFC	—	主动流动控制
FM	—	指标	$corr$	—	修正值
l	m	长度	e	—	边界层边缘
L	N	升力	j	—	喷气式飞机
$\dot{m}$	kg/s	质量流量	max	—	最大值
M	—	马赫数	n	—	法向分量

续表

P	W	动力	0	—	初始值
R	m	襟翼高度	∞	—	自由流
ΔR_{Vx}	$kg \cdot m/s^2$	动量改变量			

主动增升方法包含通过改变流体的能量来增加升力系数的所有手段。由于能量的主动变化与流动控制密切相关，因此主动增升系统也被称为主动流动控制（AFC）技术。

AFC 是一系列方法的集合，这些方法包括抽吸（suction）流动中的低能量流体，以及通过吹气（blowing）来增加流体的动能。无论哪种方法都需要外部提供能源，可以是电能或气动能，有些情况下还直接利用发动机的喷射气流。

就高升力空气动力学而言，通过稳定边界层来防止流动分离（称为边界层控制）和直接增加环量（称为环量控制）之间是有区别的。

为了量化 AFC 效果，建立作用力与流动特性之间的关系很重要。Poisson - Quinton 关系式[1] 将流入/流出动量与自由流动量联系起来，则动量系数

$$c_\mu = \frac{\dot{m} \cdot u_j}{\frac{1}{2}\rho_\infty U_\infty^2 A_{ref}} = 2\frac{\rho_j}{\rho_\infty}\left(\frac{u_j}{U_\infty}\right)^2 \frac{A_{slot}}{A_{ref}} \tag{6-1}$$

如果射流膨胀不充分，还必须考虑射流与外部气流之间的压差[2]

$$c_\mu = \frac{\dot{m} \cdot u_j + (p_j - p) \cdot A_{slot}}{\frac{1}{2}\rho_\infty U_\infty^2 A_{ref}} \tag{6-2}$$

无量纲化的从周围气流中流入/流出的质量流量系数为

$$c_q = \frac{\dot{m}}{\rho_\infty U_\infty A_{ref}} = \frac{\rho_j}{\rho_\infty}\left(\frac{u_j}{U_\infty}\right)\frac{A_{slot}}{A_{ref}} \tag{6-3}$$

除此之外，射流速度与流场速度之比非常重要，尤其是吹气时。速度比要么取与自由流速度之比的全局定义

$$\Lambda = \frac{u_j}{U_\infty} \tag{6-4}$$

要么为相对于边界层外缘速度的局部定义

$$\lambda = \frac{u_j}{U_e} \tag{6-5}$$

在不可压缩流动中，压力系数更容易被测量/识别，局部速度之比更方便与压力系数建立关系

$$\lambda = \frac{1}{\sqrt{1 - c_p}}\left(\frac{u_j}{U_\infty}\right) \tag{6-6}$$

AFC 产生升力的效率可通过升力增益与吸入动量之比来衡量

$$\eta = \frac{\Delta C_L}{c_\mu} \tag{6-7}$$

由于需要能量来影响流动，因此在评估 AFC 效率时必须考虑这一点。Greenblatt 和 Wygnanski[3] 定义了包含输入功率的启动效率评价参数，输入功率无量纲化为

$$c_P = \frac{P_{\mathrm{AFC}}}{\frac{1}{2}\rho_\infty U_\infty^3 A_{ref}} \tag{6-8}$$

该评价参数定义为

$$\mathrm{FM} = \frac{\left(\frac{C_L}{C_D + c_P}\right)}{\left(\frac{C_L}{C_D}\right)} \tag{6-9}$$

注意，由于不同流动条件和升力系数下最佳的气动效率并不一样，因此参数中包含了升力系数。基于该方法，AFC 系统提供气流的效率定义为

$$\eta_{\mathrm{AFC}} = \frac{c_\mu}{c_P} \tag{6-10}$$

另一个用于评估 AFC 系统（尤其是高升力系统）有效性的参数是升力增益因子 LGF[2]

$$\mathrm{LGF} = \frac{C_{L,\max,\mathrm{AFC}} - C_{L,\max,ref}}{c_\mu} \tag{6-11}$$

该参数将最大升力系数的增量与吸入动量系数相关联，是衡量 AFC 技术在增加升力方面的能力指标。

6.1　边界层控制（BLC）

如第 1 章所述，根据普朗特的理论[4]，由于壁面边界层中壁面摩擦导致动量损失，从而发生流动分离。因此，可通过减少或消除这种动量损失来防止流动分离。原则上有两种手段，一是将壁面边界层中的低能量气流吸走，这已经在第 1 章中介绍的普朗特的试验中得到证明。二是增加边界层中气流的能量，这通常是通过向边界层中吹入能量更高的流体来实现，但也有其他的加速手段。

6.1.1　边界层抽吸

Weyl 早在 1945 年就写道："吸走边界层的想法相当古老，这不是常识上的发现或发明，而是基于流体流动的科学。哥廷根的著名空气动力学家路德维希·普朗特（Ludwig Prandtl）教授提出并应用了这种方法，以证明他的（新）边界层概念不是无用的猜测虚构，而是真正的事实"（Weyl[5] p. 325）。第一个利用边界层抽吸防止流动分离的专利于 1928 年授予 Betz 和 Ackeret[6]，20 世纪 40 年代中期，Maillart[7] 对该应用进行了全面的总结。

图 6－1 显示了抽吸对边界层速度剖面的影响，速度剖面中的拐点表明边界层进入临界状态，在 2.3 节中，这是确定进入分离风险的必要条件。

利用抽气泵或真空泵在壁面缝隙处抽走边界层中靠近壁面较弱的流体，抽气质量流量

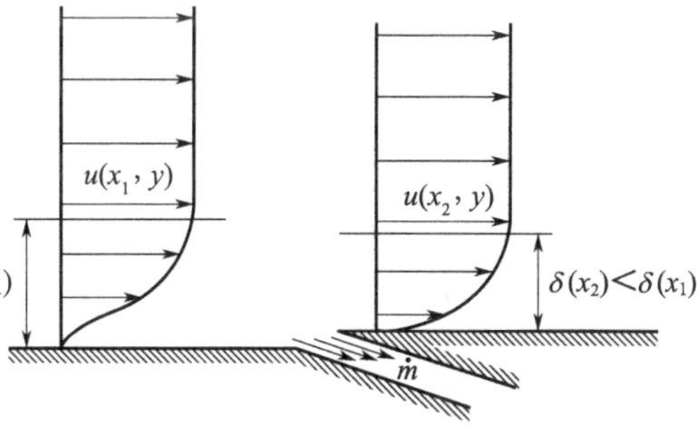

图 6-1　抽吸对壁面边界层速度剖面的影响

由吸气压力和缝隙宽度来控制。

经过该缝隙后，边界层速度剖面呈现为稳定的凸曲线形状。由于弱气流被移除，边界层厚度、位移厚度和动量损失厚度等边界层特征尺寸均减小。因此，不仅减少了流动分离，剩余边界层在面对压力上升时也更加稳定。

由于抽吸不是定向的，因此缝隙的方向没有必要与气流方向保持一致，如图 6-1 所示。可以通过任何类型的孔来进行边界层抽吸。实验表明，图示的前向抽吸槽可以提供灵活的抽吸速率，尤其是可压缩流[8]。

图 6-2 显示弯度襟翼偏转 40°时，NACA 631-012 翼型前缘开槽吸气时抽吸对最大升力系数的影响[9]。首先，缝隙本身会干扰流动，最大升力系数比没有缝隙的机翼要低。通过合理设置质量流量系数 $c_q \approx 0.8\%$，可以实现最大升力的增加。抽吸量较高时，最大升力系数趋于平稳。这也符合预期，因为抽吸不可能比移除整个边界层效果更好，而且抽吸量达到一定值之后失速行为将会相同。

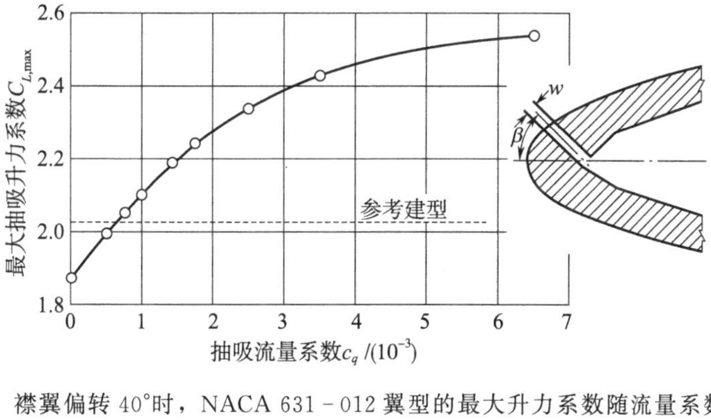

图 6-2　襟翼偏转 40°时，NACA 631-012 翼型的最大升力系数随流量系数的变化

（McCullough 和 Gault[9]，图 2、图 7）

抽吸应用的另一个极端情况是应用于厚层流翼型逆压恢复后的边界层。图 6-3 再现了由 Glauert 等人[10] 试验获得的此类翼型的升力系数特征。由于需要在非常短的距离内实现压力升高，采用主动抽吸来防止流动分离。这些试验显示抽吸不仅能在所需的攻角范围内防止流动分离，还能够显著提高最大升力系数。该试验中还试验了吹气的效果，显示吹

气也能获得类似的效果，但是效果不如抽吸明显。

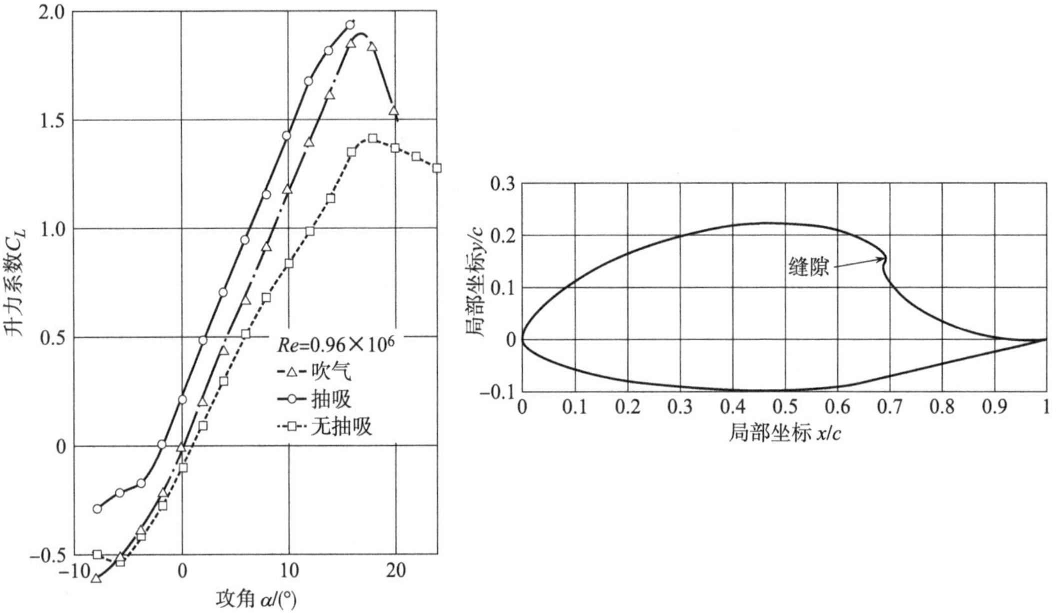

图 6-3　有无抽吸以及吹气对升力系数的影响（Glauert 等[10]，图 1、图 6）

抽吸不一定只有一个抽吸缝隙，也可以实现分布式抽吸。Pankhurst 等人[11] 开展了前缘多孔翼型的风洞试验。图 6-4 总结了前缘抽吸位置和面积不同时对升力系数增加量的影响，分析认为升力系数的增加主要受上表面抽吸（区域 C）影响，与前缘完全多孔（区域 A）相比，虽然抽吸面积减小，但抽吸速度增加。“风洞试验证实，在给定攻角以及有限的试验速度范围内，只要参数 $u_n/U_\infty\sqrt{Re}$（或者 $c_q\sqrt{Re}$）保持不变，升力系数增量 ΔC_L 并不会随雷诺数显著变化”（Pankhurst[11] p. 4）。

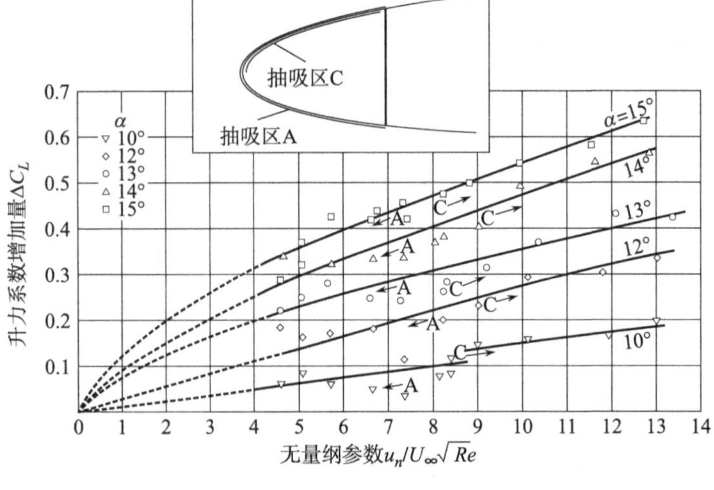

图 6-4　抽吸引起的升力增量：随表面法向速度变化而变化（Pankhurst 等[11]，图 4）

密西西比州立大学在 20 世纪 50 年代和 60 年代进行了分布式抽吸的飞行试验。“发展了利用分布式抽吸防止边界层分离的流动控制方法，并用于增加滑翔机和飞机的最大升力系数”（Bridges[12] p. 1650）。飞行试验基于 Schweitzer TG - 3A 滑翔机和 Piper L - 21 飞机进行，机翼表面设计有用于抽吸的缝隙。“没有边界层控制时，滑翔机的最大升力系数为 1. 38（空速 38. 5 mile/h（33. 5 节））。通过边界层抽吸，其最大升力系数增加到 1. 61（空速 35. 5 mile/h（30. 8 节））”（Bridges[12] p. 1644），“通过边界层抽吸控制以及对襟翼和机翼前缘几何形状的改进，Piper L - 21 飞机在全襟翼、全功率状态下最大升力系数从 3. 36 增加到 5. 62，全襟翼、怠速功率状态下其最大升力系数从 2. 23 增加到 4. 40”（Bridges[12] p. 1648）。

6. 1. 2　切向吹气

另一种边界层控制的方法是向边界层添加动能，这可以通过沿壁面切向向流体中吹入高能空气来实现。图 6 - 5 描绘了沿壁面切向吹气对不稳定边界层的影响。靠近壁面的区域为高能速度剖面，从而消除了流动分离的风险。与边界层抽吸相比，边界层的厚度增加。随着吹气量的增加，边界层上方会形成一个剪切层，而原始边界层的速度亏损仍然存在。正如在带缝翼型（5. 2 节）部分讨论的那样，面临逆压梯度时，自由剪切层比边界层更稳定，剪切层内的低能量流体不直接导致流动分离。

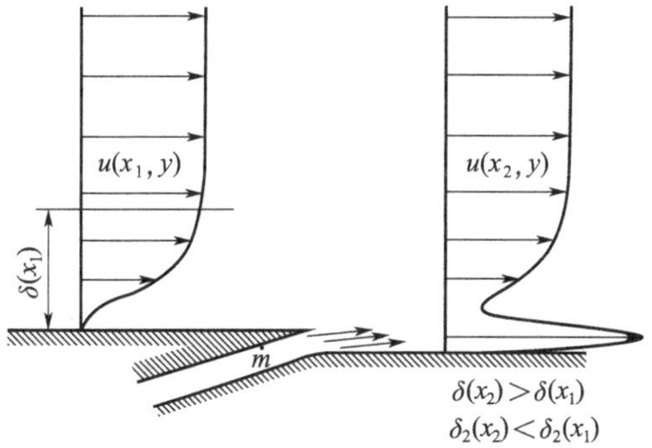

图 6 - 5　切向吹气对壁面边界层速度分布的影响（根据参考文献 [13]）

切向吹气最初是用于尝试防止平面襟翼在偏转角较高时产生流动分离，从而实现更高的偏转角度。图 6 - 6 为 Schwier[14] 风洞试验结果。吹气的效果与吹气质量流量之间呈高度非线性关系。吹气量过小时会干扰气流流动，吹气量需要大于最小流量之后才能看到其对升力系数的非线性的积极影响，此时引入的能量有利于保持流动附体，质量流量达到一定值之后，吹气影响又趋于平稳。

在大型喷气式飞机波音 367 - 80[15]（也就是波音 707 的原型机）上曾经演示了一种用于 BLC（边界层控制）的切向吹气襟翼。波音公司和美国国家航空航天局合作对原型机进行了改装，配备了 BLC 襟翼。这是 BLC 在大型客机上的唯一一次演示。与原始的双缝襟翼不同，飞机配备了一个简单的连续铰接平面襟翼。压缩空气由喷嘴控制在襟翼上方喷

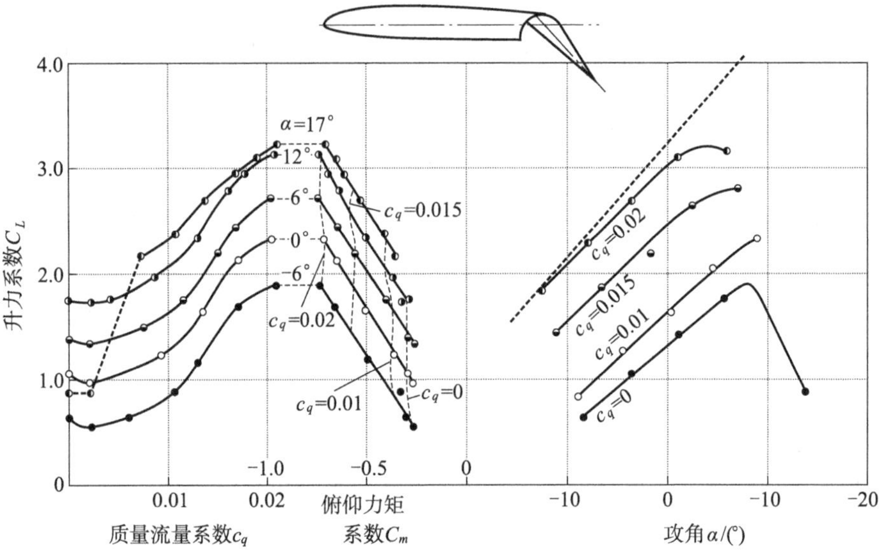

图 6-6　襟翼连接处切向吹气影响（Schwier[14]，图 15）

出。“对机翼和喷射器的修改使得襟翼偏转 85°时都未发生流动分离。飞机在低速飞行包线内飞行，降落时襟翼偏转达 70°且吹气量达到最大，最低进场速度为 78 节（当量空速）”（Gratzer 和 O’ Donnell[15] p. 482）。

在机翼前缘切向吹气可延迟两段式机翼（机翼和襟翼）布局的失速行为，并能够恢复带有缝翼的三段机翼的性能[16]，如欧洲 EUROLIFT II 项目。升力系数变化如图 6-7 所示，对于研究的机翼，移除缝翼会导致升力系数下降约 $\Delta C_L = 0.75$。当吹气流量较小时，即使吹气速度与全局流动速度比达到 $\Lambda = 1.25$，也未观察到积极效果，相反此时会在更低的攻角下失速。实际上，速度比达到 $\Lambda = 2.5$ 时才能达到没有吹气的两段机翼的升力性能。而当速度比达到 $\Lambda = 5.0$ 时，吹气速度已达到声速，限制了该类吹气装置的能力。升力系数增加量 $\Delta C_L = 0.42$ 时，去除缝翼的影响基本上恢复了一半。

6.1.3　非定常吹气

通过间歇吹气而非连续吹气可以提高 AFC（主动流动控制）的效率。由于吹气的效果与速度比和动量系数相关，因此可用较小的质量流量实现相同的效果。Seifert[17] 等人则总结了周期性吹气相对于稳定吹气的优势。

图 6-8 为时变流动激励中通常采用的两类信号，图 6-8（a）为射流谐波振荡信号，图 6-8（b）为脉冲信号，其目标是实现类似于方波信号的射流出口速度。

为比较效率，评估特征系数时需考虑非稳态射流速度。由于速度周期性变化，将特征系数建立在时间平均值上。对于动量系数，结果为

$$c_\mu = \frac{A_{slot}\,\dfrac{1}{T}\displaystyle\int_T \rho_j(t)\,u_j(t)^2\,\mathrm{d}t}{\rho_\infty U_\infty^2 A_{ref}} \tag{6-12}$$

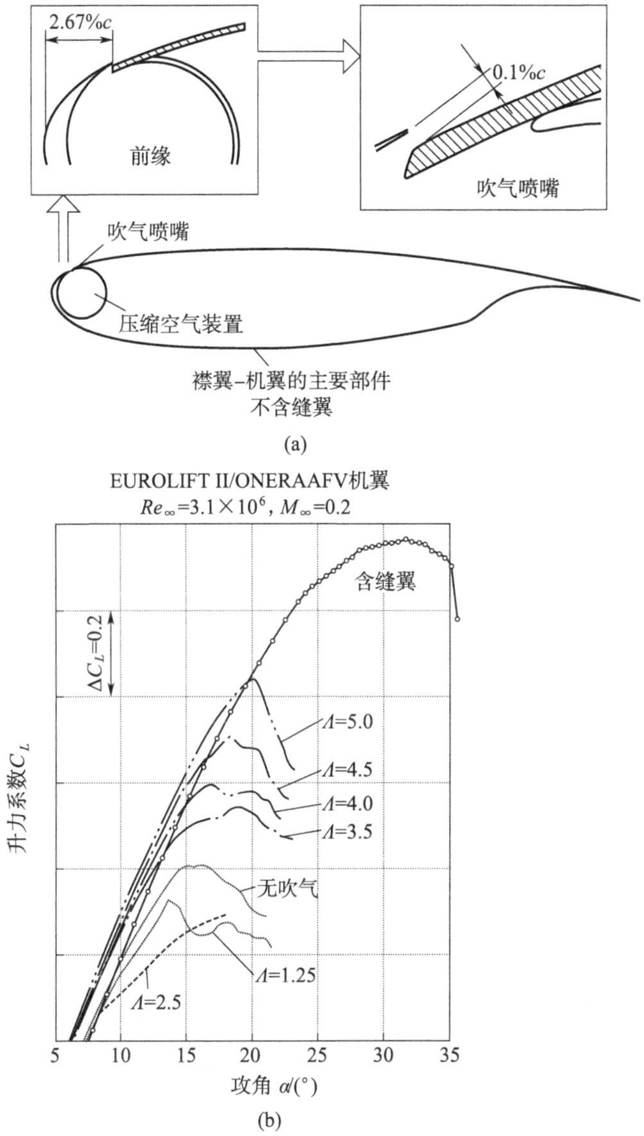

图 6-7 前缘切向吹气对防止流动分离的影响（Wild，Chan，Rudnik[16]，图 11、图 18）

对于质量流量系数，为

$$c_q = \frac{A_{slot}\,\dfrac{1}{T}\displaystyle\int_T \rho_j(t)\,u_j(t)\,\mathrm{d}t}{\rho_\infty U_\infty A_{ref}} \tag{6-13}$$

非定常吹气需引入两个新的特征参数来描述时间信号，一是吹气频率，有必要将吹气频率和受控流动的特征时间尺度相关联。将频率与气流沿受控物体表面流动所需的时间尺度相关联即为无量纲频率，其定义类似于 Strouhal 数

$$F^+ = \frac{f \cdot c}{U_\infty} \tag{6-14}$$

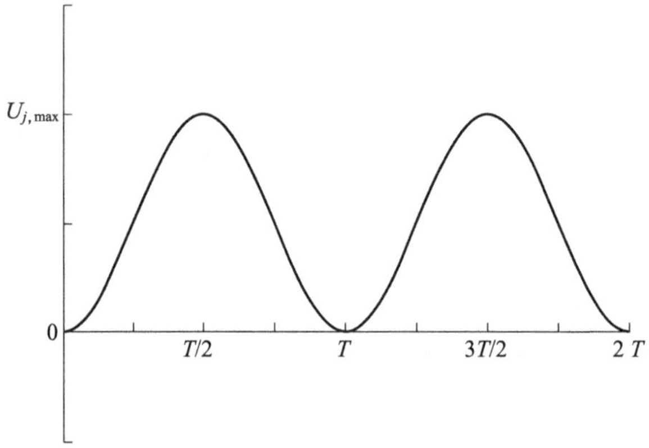

(a) 谐波

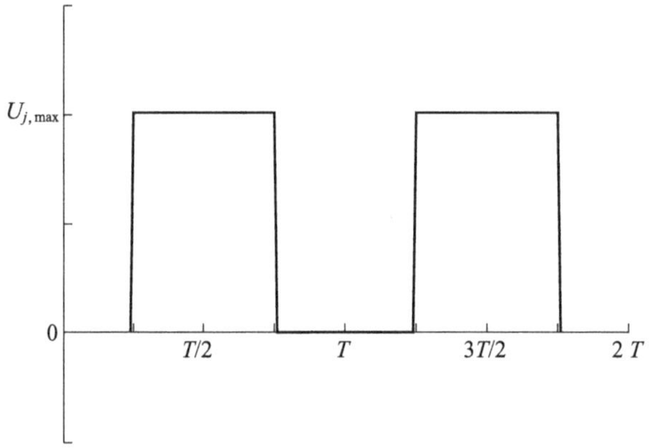

(b) 脉冲

图 6-8　非定常吹气速度信号

其中，参考长度可选取为流动控制驱动机构与控制机翼后缘之间的距离[18]，或者是受控机翼弦长[19,20]。第二个参数是所谓的占空比 DC，其描述了一个周期内流动控制时间的占比

$$\mathrm{DC}=\frac{t_j}{T} \tag{6-15}$$

对于谐波信号，占空比恒定为 DC=0.5；对于脉冲吹气，占空比为可变参数。其将平均速度与最大峰值速度联系起来

$$\bar{u}_j=\mathrm{DC}\cdot u_{j,\max} \tag{6-16}$$

以及平均动量与峰值动量

$$\frac{1}{T}\int_T \rho_j(t)u_j(t)^2\mathrm{d}t=\overline{(\rho_j u_j^2)}=\mathrm{DC}\cdot \rho_j u_{j,\max}^2 \tag{6-17}$$

及射流密度恒定时平均质量流量

$$\overline{\dot{m}}=\frac{1}{T}\int_T \rho_j(t)u_j(t)\mathrm{d}t=\overline{(\rho_j u_j)}=\mathrm{DC}\cdot \rho_j u_{j,\max} \tag{6-18}$$

对应的动量系数

$$c_{\mu}=\frac{\overline{(\rho_j u_j^2)}\cdot A_{slot}}{\rho_{\infty}U_{\infty}^2 A_{ref}}=\frac{1}{\mathrm{DC}}\frac{\overline{\dot{m}}\cdot\bar{u}_j}{\rho_{\infty}U_{\infty}^2 A_{ref}}=\frac{\overline{\dot{m}}\cdot u_{j,\max}}{\rho_{\infty}U_{\infty}^2 A_{ref}} \tag{6-19}$$

“由于脉冲吹气定义中包含系数 1/DC，因此对于稳态和非稳态吹气而言，为使得系数 c_{μ} 相同，非稳态吹气的平均质量流量 $\overline{\dot{m}}$ 必须减少 $\sqrt{\mathrm{DC}}$ ”（Meunier[18] p. 2）。

Meunier 和 Dandois[21] 利用数值仿真手段比较了在普通襟翼铰链处脉冲吹气和连续吹气在恢复开缝富勒襟翼气动性能方面的效率。

AFC 对升力系数与攻角之间关系的影响如图 6－9 所示，结果显示，通过连续吹气可完全恢复富勒襟翼的性能，但同时需为加压空气付出较高的代价。他们还模拟了 DC＝0.5 的脉冲吹气情形，并对动量系数相同和速度比相同的稳态吹气分别进行了比较①。首先，动量系数相同时，切向吹气的效果相同，无论是稳态吹气还是脉冲吹气。其次，速度比相同时，吹气的效果与质量流量成正比，取决于占空比。研究表明，切向吹气所引入动量的影响很大，当脉冲吹气方向与表面夹角不为零时能够提高吹气在控制流动分离方面的效率。

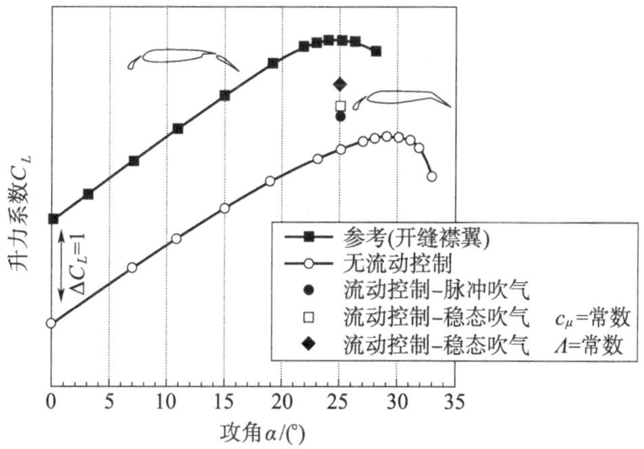

图 6－9　切向脉冲吹气流动控制有效性影响（Meunier 和 Dandois[21]，图 14）

Petz、Nitsche[22] 以及 Schatz 等人[23] 通过影响边界层的稳定性从而防止多段机翼襟翼上的流动分离。Haucke 等人[19] 的研究表明，控制吹气方向与表面夹角在 30°～45°之间时可以获得更好的控制效率。

图 6－10 显示了倾斜吹气的主要影响：除了增加边界层内的动量，还出现了横向涡的二次流动结构，这增强了外部流动与弱边界层之间的混合。需要注意的是，这种流动结构只有在不稳定的时候才是有益的。稳定吹气时会在吹气位置附近形成稳定的分离流，而脉冲吹气时则会产生横向涡流，停止吹气时涡流被从吹气位置“释放”并沿表面向下游移动。实验研究[19] 和数值仿真[20] 均表明，当频率足够高到能够保证表面至少有一个旋涡存

① 由于最佳稳态吹气的射流速度接近声速，脉冲吹气无法达到同样的动量系数，因此这里适当降低稳态吹气动量系数，脉冲吹气的速度为声速，其动量系数与稳态吹气相等。

在时，流场会表现出稳定的附着流动。

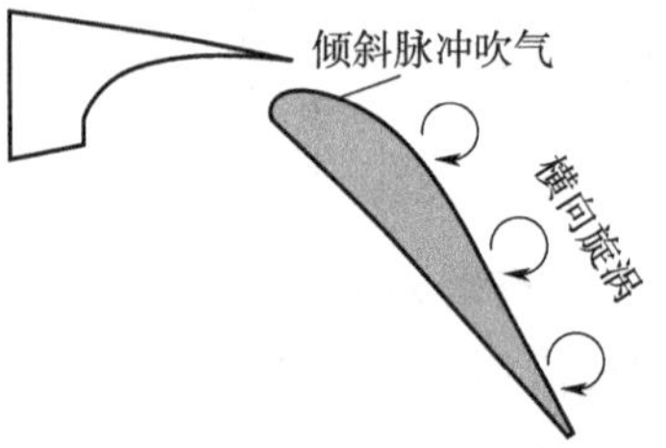

图 6 - 10　倾斜脉冲吹气形成的流场结构

图 6 - 11 显示了 Haucke 等人[19] 基于 DLR - F15 两段机翼测量的倾斜脉冲吹气对机翼表面压力的影响，基于襟翼弦长的无量纲频率 $F^+ = 0.42$，结果与 Seifert 等人[17] 的研究一致，即 AFC 效率随着 F^+ 增加，直到 $F^+ = 1$。频率更高时其对流动控制效率影响减弱。

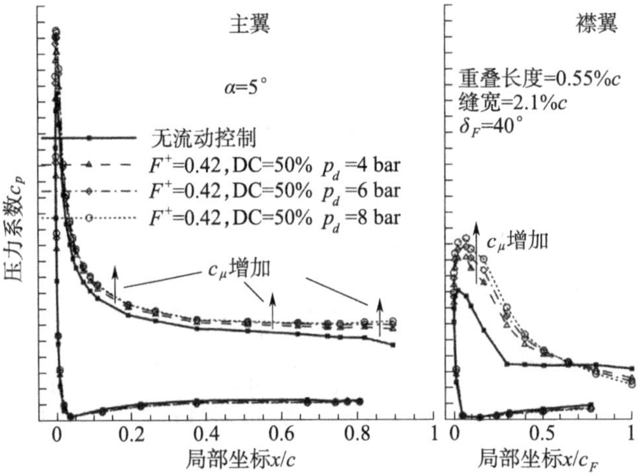

图 6 - 11　基于 DLR - F15 两段机翼测量的倾斜脉冲吹气对压力分布影响（Haucke[19]，图 11）

6.1.4　射流涡流发生器

“通过固体表面上的孔喷出的射流可以在边界层中产生沿流向的纵向旋涡，这些涡能够促进横向和流向动量的混合”（Johnston[24] p. 989）。在 5.3 节涡流发生器部分讨论了纵向涡对流动的影响以及其延迟流动分离的能力。由于这些射流的作用类似于产生涡流的流体源，故又称为射流涡流发生器（VGJ）。

由于在整个跨度上涡流发生装置并不是均匀作用，而是以离散的方式作用，因而局部测量有助于证明其对边界层流动的积极影响。对于机械涡流发生器，一种衡量方法是 Godard[25] 根据式（5 - 13）定义的最大壁面剪切应力的增加量，但是该参数无法考虑沿翼展方向上不同机理的平均效果。Ortmanns 等人[26] 根据机翼表面动量沿翼展方向增加量的积分定义了“由相对于未扰动二维边界层流动的涡旋结构导致的粘性力引起的动量变化”

(Ortmanns 等[26] p. 405)

$$\Delta R_{Vx}(x,z)=\frac{\int_b(u(x,y,z)^2-u_0(x,y,z)^2)\mathrm{d}y}{\int_b(u_0(x,y,z)^2)\mathrm{d}y} \tag{6-20}$$

由于积分取决于积分路径，“积分路径——只要位于旋涡下方并合理地接近表面——可能会影响 ΔR_{Vx}，但仍可以正确描述不同构型的效率变化”(Scholz 等[27] p. 5)。

原则上有两种类型的射流涡流发生器[28]，一种是垂直于壁面并且与来流方向不平行的窄缝，另一种是垂直于来流方向且与壁面倾斜的圆孔。

图 6-12 显示了吹气缝隙的几种布局，这些缝隙逆时针方向排列，可以产生类似 5.3.2 节中涡流发生器的纵向涡流。空气垂直于表面吹出，缝隙方向与流向夹角为 β，Godard 等人[29] 分析了表 6-1 中列出的射流涡流发生最佳几何特征。与刚性涡流发生器相比，狭缝射流涡流发生器能达到大约一半的效果。另一项研究评估了脉冲射流在减少所需作用力方面的效果，分析表明，频率足够高时，如果速度比相近，则效率相当。需要强调的是，上述研究是在平流边界层流动中进行的，此时边界层边缘的速度与自由流速度大致相同。将射流涡流发生器用于具有显著加速流动和逆压梯度机翼上时，重要的是考虑局部速度比 λ，而不是全局速度比 Λ。

虽然带吹气缝隙的射流涡流发生器与刚性的涡流发生器具有相似的几何特征，但利用圆孔射流产生涡流的发生器特征略有不同，其射流方向垂直于流动方向但倾斜于表面。

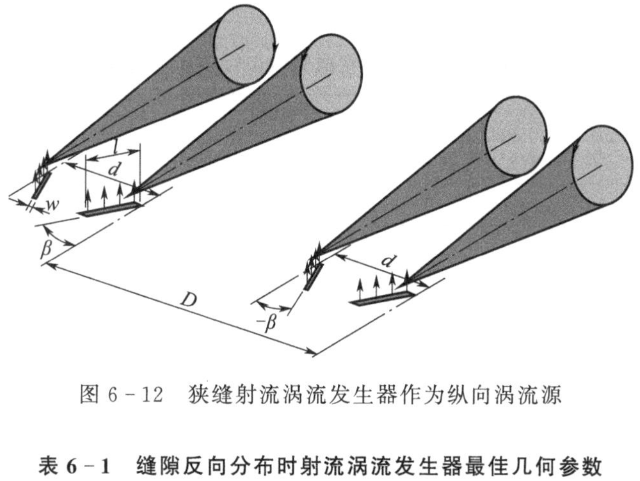

图 6-12 狭缝射流涡流发生器作为纵向涡流源

表 6-1 缝隙反向分布时射流涡流发生器最佳几何参数

几何参数	Λ	w/l	d/δ	d/l	D/l	β	$\Delta\tau_w/\tau_{w,0}$
同向分布	6	1/15	0.099	2.08	6.87	15°	55%~70%

来源：Godard，Foucaut，Stanislas[29] p. 396。

Godard 和 Stanislas[30] 利用参数化方法研究了该装置，图 6-13 为缝隙同向/反向分布的示意图。表 6-2 为最佳几何参数，由于只研究了一对圆孔，因此未考虑逆时针布置中涡流发生器间的距离比。“与被动流动控制相比，这两种配置都导致表面摩擦力增加”，且“对于逆时针布置的情形，其效果在射流和被动发生器之间。”(Godard 和 Stanislas[30] p. 462)

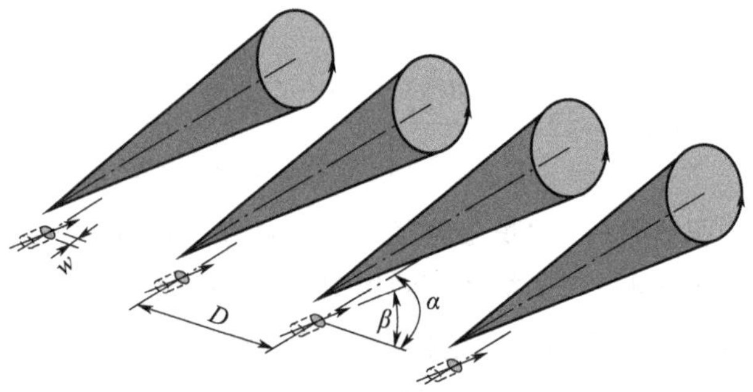

(a) 同向

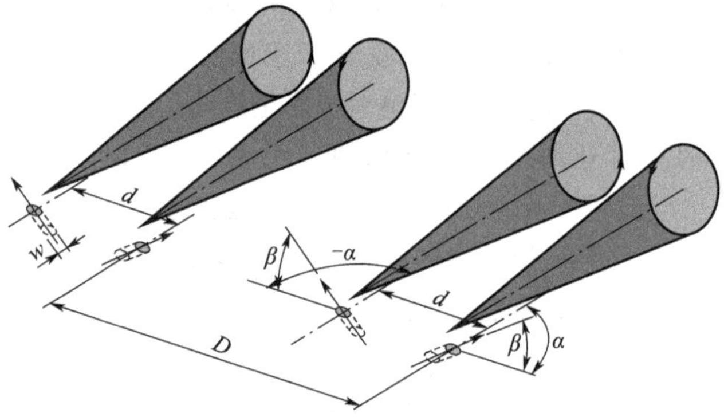

(b) 反向

图 6-13　狭缝射流涡流发生器作为纵向涡流源

表 6-2　缝隙同向/反向分布时射流涡流发生器最佳几何参数

几何参数	Λ	w/δ	D/w	d/w	α	β	$\Delta\tau_w/\tau_{w,0}$
反向分布	>3.1	0.036		15	45°~90°	45°	200%
同向分布	4.7	0.036	6		45°~90°	45°	220%

来源：Godard 和 Stanislas[30] p. 462。

Wallis[28] 基于相对厚度 12%的低阻力型二维机翼比较了射流涡流发生器和刚性涡流发生器的效果，测量了机翼后缘靠近壁面流动的滞止压力，两类涡流发生器位于 25%弦线处。图 6-14 为测得的同向分布的发生器尾流的总压分布。正如 Godard 所证实，圆形射流涡流发生器（“倾斜射流”）的性能与刚性涡流发生器（“金属叶片”）类似，而缝隙射流涡流发生器（“空气叶片”）的性能明显较低。

尽管圆形射流涡流发生器效果与刚性涡流发生器相似，但流动的细节差异很大。针对图 6-14 中所示的最有效的位置，Wallis 进行了边界层测量实验，结果如图 6-15 所示，刚性涡流发生器会有一个明显的最大速度，这显示存在一个离散涡，而圆形射流涡流发生器的外流对边界层的夹带更完全，边界层呈现典型的湍流边界层形状，边界层剖面表明，射流涡流发生器的壁面摩擦和动量损失厚度都略低。

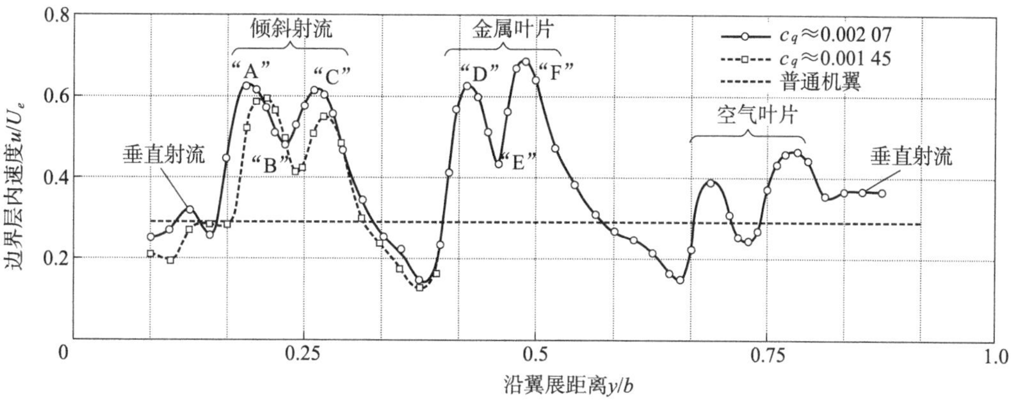

图 6-14　射流涡流发生器对边界层内（$x/c=0.875$，$\alpha=8°$）速度分布影响，U_e 为传感器测量的边界层速度

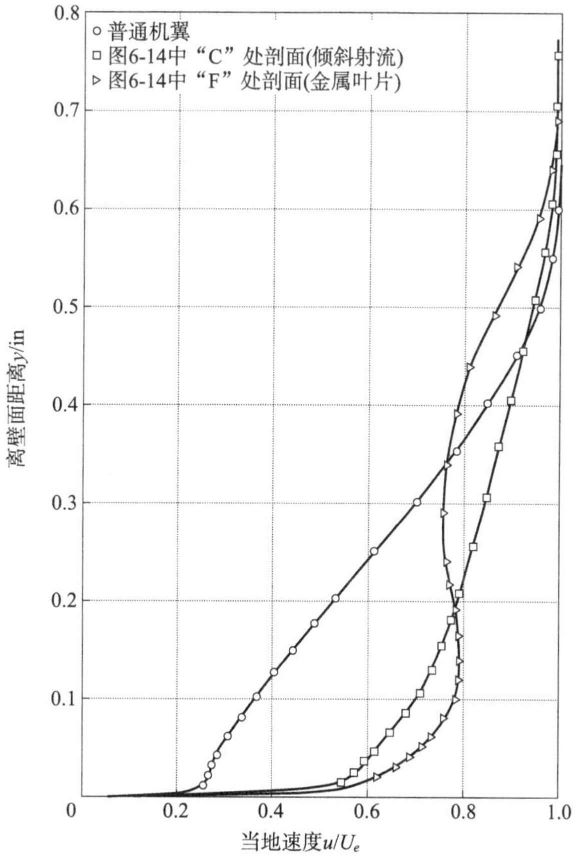

图 6-15　射流涡流发生器对边界层（$x/c=0.875$（$\alpha=8°$，$c_q=0.002\ 07$））速度剖面的影响（Wallis[28]，图 7）

6.1.5 流体振荡器

时变激励装置相对于稳态激励的一大优势是其与流动控制机理无关，尤其是需要质量流量方面。在风洞和实验室试验中，已经应用快速切换阀门（如文献［19］）和扬声器（如文献［23］）来控制射流速度，但由于重量以及可靠性等限制，这类装置并不适用于飞机。因此，研究能够提供脉冲气流的驱动器与实现能够用于飞机的 AFC 装置重要性相似。

Warren[31] 发明了一类重要的流体振荡器，原理如图 6－16 所示，气流从压力源（编号 15）流向一个双稳态喷嘴（编号 9/10）。双稳态是通过扩散器实现的，扩散器非常陡峭，气流沿扩散器一侧是稳定的附体流动，沿另一侧则是分离流。由于流道是对称的，因而流动不会稳定附着于特定一侧，通过引入反馈通路（编号 7）从而形成振荡激励器。图 6－17 为振荡器内部的流动模式。未发生流动分离时，反馈管路中的压力变化以声速传播，随后压力变化引起的扰动改变了主流的局部压力，导致气流附着到相对侧，这一过程的频率取决于流动特性（压力、供气密度）、质量流量和反馈通道的几何长度。

振荡器的双稳定性会导致切换发生得非常突然，即出口射流从一侧“切换”到另一侧。如果两个通道像 Warren 振荡器那样被壁面分割开，振荡器会提供相位差 180°的两股脉冲射流，如果没有分离部件，装置就是所谓的“扫掠射流”[32]，因为射流会从左向右“扫掠”，且本身不是间歇性的。总之，扫掠是突然发生的，在气动原理上也没有差异，扫掠射流有向喷嘴跨度方向上扩散的趋势，可以利用喷嘴形状控制射流振荡器的射流方向。

6.1.6 合成射流

合成射流作动器可在需要流动控制的部位直接产生所需的气流，因此可作为远程部件（如飞机引擎）提供流动控制所需压缩空气的替代方案。由于无需外部提供质量流，其也被称为“零净质量通量”（ZNMF）作动器，大多数情况为电力驱动，少数情况下是液压驱动。

最初尝试利用扬声器的谐波压力驱动储气罐来提供脉冲气流，储气罐通过孔口或缝隙与待控制的气流相连[33, 34]，这适用于在风洞中开展流动机理研究，但不适合布置在飞机上。

Amitay 等人[35] 引入更有前景的压电陶瓷膜器件，如图 6－18 所示。振荡膜压缩和扩张腔室体积，高压阶段，通过小孔将射流注入待控制的流动中。射流离开孔口时可观察到次级涡结构，此前在气体被压缩之前首先需要被吸入作动器中。与线圈驱动的扬声器相比，压电陶瓷的优势在于其电容和电阻，为了驱动作动器，需要较大的电压，但电流很小。

合成射流作动器研发中的一个问题是提供足够高射流速度的能力。Gallas 等人[36] 提供了设计高效合成射流作动器的关键参数，主要是两个特征频率。一个是腔体的 Helmholtz 共振频率，另一个是膜片的本征频率。事实证明，这两个频率匹配对于实现整

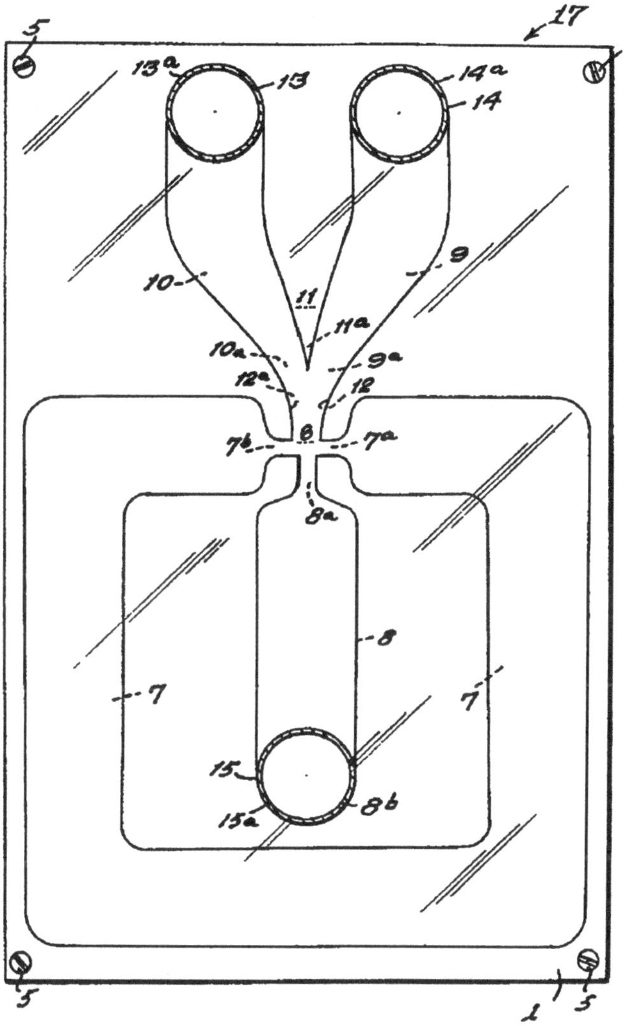

图 6-16　流体振荡器示意图（Warren[31]，图 1）

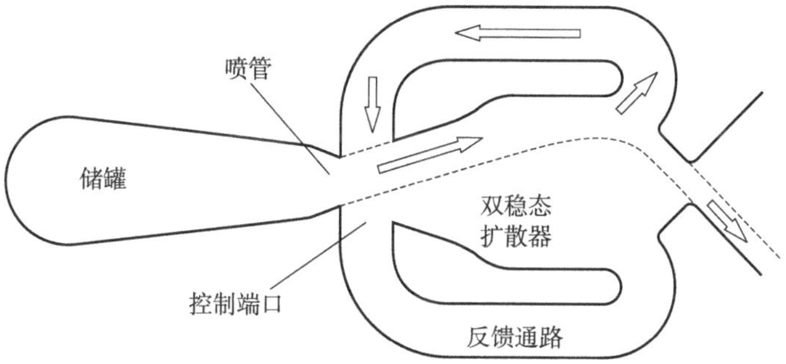

图 6-17　双稳态流体振荡器振荡机理（Graff 等[32]，图 7 左图）

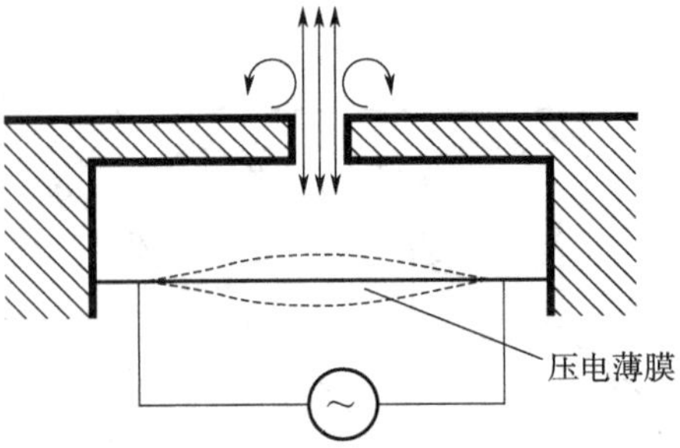

图 6-18　基于压电陶瓷薄膜的合成射流作动器原理

体共振从而产生高速射流非常重要。Liddle 和 Wood[37] 设计的合成射流作动器达到了大约 50 m/s 的射流速度。Gomes 等人[38] 设计的合成射流作动器射流最大速度高达 130 m/s。尽管如此，当前合成射流作动器的潜力仍然低于利用外部压缩空气驱动的脉冲射流作动器，后者的射流速度与提供压力直接相关，能够轻松达到声速。

6.2　环量控制

茹科夫斯基定理阐述了升力和环量之间的关系，具体如 2.1 节所述。将方程（2-21）和方程（2-22）相结合可得到升力系数与环量之间的关系

$$c_L = \frac{2\Gamma}{U_\infty c} \tag{6-21}$$

此外，还讨论了在不可压无粘流体中，通过固定后缘驻点从而利用库塔条件确定环量。但并未讨论通过注入总压高于自由流的流体来改变尾缘处速度的可能性，为了保持后缘驻点在后缘上，必须通过改变环量来补偿这一干扰。如等式（6-21）所示，参考速度与自由流条件相关，环量的变化也与截面升力系数的变化直接相关。Lan 和 Campbell[39] 通过考虑推力在升力方向的分量，将由于吹气带来的升力系数变化量定义为

$$\Delta L_j = \dot{m} \cdot u_j \sin(\alpha + \delta_j) \tag{6-22}$$

正如 Spence[42] 所示，表示为附加环量的形式[40] 为①

$$\Delta\Gamma_j = \frac{\dot{m} u_j}{\rho_\infty U_\infty b}(\alpha + \delta_j) \tag{6-23}$$

表示为动量系数②时为

$$\Delta\Gamma_j = \frac{1}{2} c_\mu \cdot U_\infty \cdot c(\alpha + \delta_j) \tag{6-24}$$

考虑机翼后缘以一定倾角产生射流引起的下洗流动，基于射流理论对其进行进一步分

① 文献［38］中，方程（2）并未包括翼展 b，这是因为对于二维流动而言，质量流量正如定义所示，与翼展无关。

② Spence 在文献［42］的方程（36）中定义了射流动量系数 C_J，与动量系数不同，其没有利用机翼面积进行无量纲化。在 Maskell 和 Spence[43] 的后续研究中对此进行了更正。

析，通常增加的升力取决于实际攻角和射流倾角

$$\Delta C_L = \frac{\partial C_L}{\partial \delta_j}\delta_j + \frac{\partial C_L}{\partial \alpha}\alpha \tag{6-25}$$

根据 Maskell 和 Spence[43] 的研究，两个导数之间的关系为

$$\left(\frac{\partial C_L}{\partial \delta_j}\right)^2 = 2c_\mu \frac{\partial C_L}{\partial \alpha} - c_\mu^2 \tag{6-26}$$

近似计算公式为

$$\frac{\partial C_L}{\partial \delta_j} = 2\sqrt{\pi c_\mu}\sqrt{1 + 0.151\sqrt{c_\mu} + 0.139c_\mu}$$

$$\frac{\partial C_L}{\partial \alpha} = 2\pi(1 + 0.151\sqrt{c_\mu} + 0.219c_\mu) \tag{6-27}$$

6.2.1 Coandă 效应

“当流体从喷口喷射进入另一种流体时，喷射速度足够时将夹带一部分周围流体运动。特别当一股气流高速进入另一种任何种类气体中时，将在射流部位产生抽吸效应，从而夹带邻近的气体向前运动。如果在射流出口处的流体流动不平衡（注：即存在障碍物），则后者将朝周围流体的流动变得更加困难的一侧移动（即射流将沿着障碍物表面流动）”（Coandă[44] p. 1）。

Henri Coandă 首先在法国专利中描述了这一效应，一年后在其美国专利[44] 中用上述文字描述了这一以他的名字命名的现象。后来，他将这种效应描述为：“通过缝隙的气流倾向于沿着表面流动，利用这种方式，有可能利用少量气流来引导大量周围的流体”（Coandă[45] p. 8）。图 6-19 为其原始专利图，描述了该效应。百科全书中对 Coandă 效应的描述为“从孔口喷出的射流会夹带周围的流体沿着相邻的平面/曲面流动，并形成一个低压区”（韦氏词典[46]）。

应该认识到夹带形成的低压是射流附着的原因。因此，Coandă 效应总是与高能流体射流有关，表面形成的吸力是抵消射流离心力的必要力。

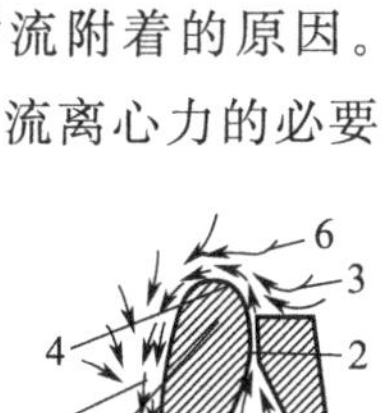

图 6-19　Coandă 效应示意图：通过喷嘴喷射的流体（Coandă[44]，图 3）
2—夹带外部流体；3—沿曲面流动；5—保持附着

6.2.2 机翼环量控制

恩格尔提出了完全依赖 Coandă 效应产生升力的翼型概念[47]。图 6-20 描述了在低压和高压情况下吹气/不吹气时翼型的流场草图。翼型的特点是后缘为钝圆形，上表面有一

个吹气缝隙。由于 Coandă 效应，压缩空气以射流形式从缝隙喷出后沿圆形表面流动。射流沿后缘表面流动时，受表面和剪切层处摩擦力影响，射流速度降低，用于抵消离心力的吸力减小。在一定压力下，沿表面某一点处射流能量被完全消耗，此时没有足够的吸力，射流离开表面，流动分离，流动分离位置与射流压力、外流静压等参数相关。

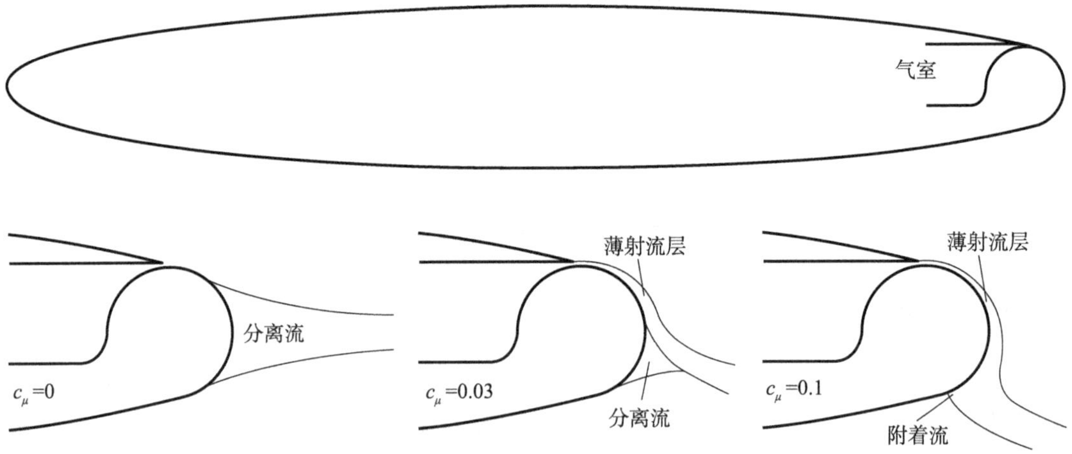

图 6-20　钝后缘、上侧缝隙吹气以利用 Coandă 效应控制产生升力

（上图：Englar[47]，图 12；下图：Radespiel 等[48]，图 10）

在一定的压力水平下，射流沿后缘直至下表面也不会分离，形成共同的驻点。此时，后缘边界层流动不发生分离。进一步增加压力时，共同驻点会沿下表面向上游移动，这改变了库塔条件，因此直接影响翼型的环量。

这与 6.1.2 节中讨论的切向吹气相比，区别在哪里？在于压力的大小和有效性。Englar[49] 通过观察 Coandă 机翼的升力增量与动量系数之间的关系，给出了较好的解释。

图 6-21 总结了由于射流动量导致的升力增量变化。通过缝隙进行切向吹气的第一个区域效率较高。就边界层控制而言，这与 6.1.2 节中描述的减少了尾缘区域的分离流动有关。

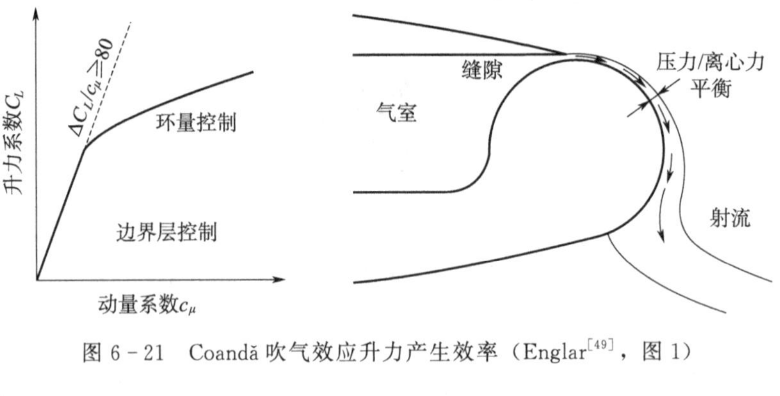

图 6-21　Coandă 吹气效应升力产生效率（Englar[49]，图 1）

在该区域，射流的动量能够补偿边界层的粘性损失。一旦流动分离完全被抑制，其效率就会下降。升力系数仍然会增加，但这是由于 Coandă 效应导致的环量控制引起的。这

个区域的特点是动量系数较高，射流动量明显高于来流动量。需要注意的是，图 6－21 中的升力系数和动量系数之间的关系适用于几乎所有类型的切向吹气效应。在后缘不是圆形的情况下，环量的增加则由射流离开翼型的角度和方程（6－27）中的关系定义。

关于机翼环量控制的一个共同特点是升力系数明显增加。Englar 报告了一个厚度为 17% 的跨声速翼型，在具有小 Coandă 效应后缘的作用下，最大升力系数接近于 $C_{L,\max}=7$[49]。

但是，通过环量控制在后缘产生升力的一个缺陷是会导致翼型前缘驻点线的移动，使得即使攻角很小时也产生较高的吸力蜂。图 6－22 为对 NACA 66－210 翼型进行环量控制时不同动量系数下升力线的变化[50]。很明显，失速攻角减小到负值。为了在尾缘进行环量控制，需要额外的前缘高升力系统来将失速攻角配回合理的区域。

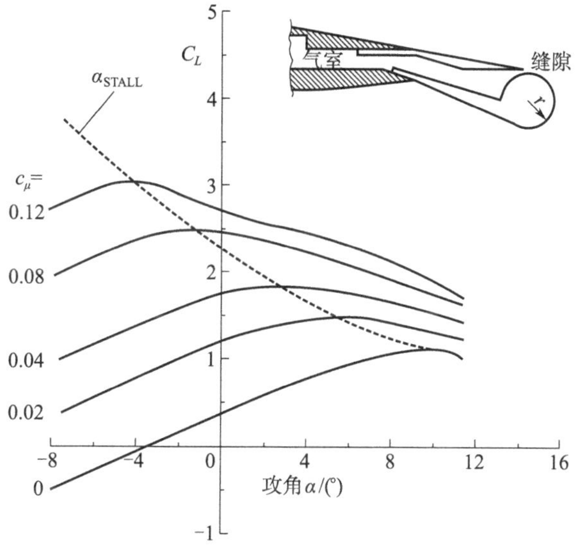

图 6－22　动量系数为常数时 NACA 66－210/CCW 翼型升力线（Englar[50]，图 4、图 14（a））

6.2.3　Coandă 襟翼

Coandă 翼型的一个明显缺点是需要持续吹气才能达到较高的升力系数。没有吹气时后缘库塔条件就不明显，产生的升力非常小。基于这一效应开展飞机研制是一项系统工程，对可靠性要求非常高，如需要针对可能的故障设计应急系统。根据 Coandă 效应设计对应的增升装置的工作状态应该针对的是即使增升装置发生故障也对飞机飞行不会产生关键影响的情况，比如巡航飞行，此时不考虑 Coandă 效应飞机机翼升力系数也较大，发生故障对飞行操控的影响也较小。

一个例子就是 Coandă 襟翼，如图 6－23 左图所示。巡航飞行状态下 Coandă 襟翼处于收起状态，此时为正常的翼型剖面。Coandă 襟翼的工作状态偏转角高达 $\delta_F=65°\sim80°$，此时会形成一个缝隙，机翼内部加压气室提供射流。如果没有吹气，如 5.1.1 节讨论的，襟翼上流动会发生分离。Coandă 襟翼类似于 6.1.2 节边界层控制中讨论的普通襟翼的切向吹气，但其吹气气流速度更高，利用射流的 Coandă 效应使得襟翼流通不发生分离[51]。

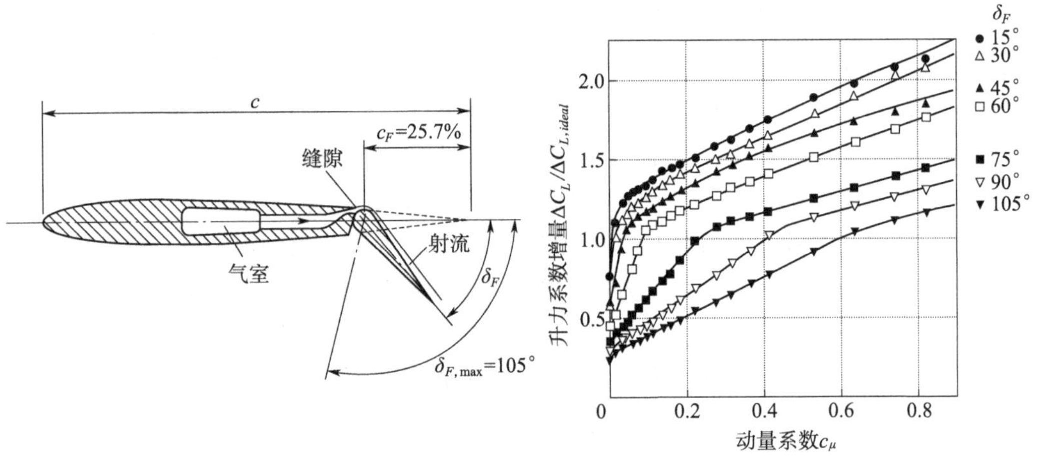

图 6-23 Coandă 襟翼/吹气襟翼升力增量与理论襟翼升力增量之间的关系（Thomas[52]，图 2、图 7（b））

对于 Coandă 机翼，也需要区分边界层控制和环量控制的概念，如图 6-23 右图所示。图中显示了由于吹气产生的升力增量与根据方程（5-1）和方程（5-3）计算的由于襟翼偏转产生的理论升力增量的关系。当吹气动量使得襟翼流动分离减小至襟翼尺度范围内时主要是边界层控制起作用；一旦襟翼流动完全附着，就过渡到环量控制，这体现在图中升力线斜率的减小上。接近理论升力增量并不难理解，因为吹气补偿了粘性损失。根据之前的讨论，当襟翼流动完全附体后，增加的动量在推力方向也有分量［见式（6-27）］，喷流倾斜角 δ_j 为后缘处偏转襟翼上表面的角度。

目前只有少数几架飞机采用 Coandă 襟翼，其中大多数用于军事领域。Huntington H.126 是一款技术演示机，失速速度为 32 mile/h（51 km/h）。第一架批产的 Coandă 襟翼的飞机是洛克希德 F-104 战斗机。其还有 F-4“幻影”和“海盗”战机。另一个令人印象深刻的是英国飞机公司的 BAC TSR2，尽管该飞机并未投入批产：使用 Coandă 襟翼后，起飞跑道长度从 6 000 ft（1 800 m）减小到 1 600 ft（490 m）。当然，最令人印象深刻的采用 Coandă 襟翼的飞机是 Shin Meiwa 公司的一款用于搜索和救援任务的民用飞机[53]，其利用机身内一台单独的 1 MW 燃气轮机为 Coandă 襟翼提供压缩空气。

6.2.4 流体动力襟翼

环量控制的另一个概念是用射流装置替换机翼后缘刚性 Gurney 襟翼（参见 5.1.3 节），从而对翼型产生类似的影响[54]。射流 Gurney 襟翼可通过在机翼下表面靠近后缘处垂直吹出加压空气实现。

图 6-24 展示了在跨声速流动中，带有射流 Gurney 襟翼的 OAT15A 机翼的流场和压力分布。与 Gurney 襟翼类似，吹气在后缘附近形成了扰动，缓解了库塔条件（Kutta condition）。这种影响在压力分布中体现为机翼后缘附近上下表面的压力水平差异。

当前关于这种装置的研究集中在跨声速流动中防止振动上。当然，这种对外部流场的影响已被证明可以有效地提供与刚性 Gurney 襟翼相同的效果，尽管吹气速率很高，大约

为 $c_\mu \approx 1\% \sim 5\%$。其优势在于不需要时可随时关闭，因此，摆脱了一定的阻力损失，缺点是将其集成到细长机翼后缘难度非常大。

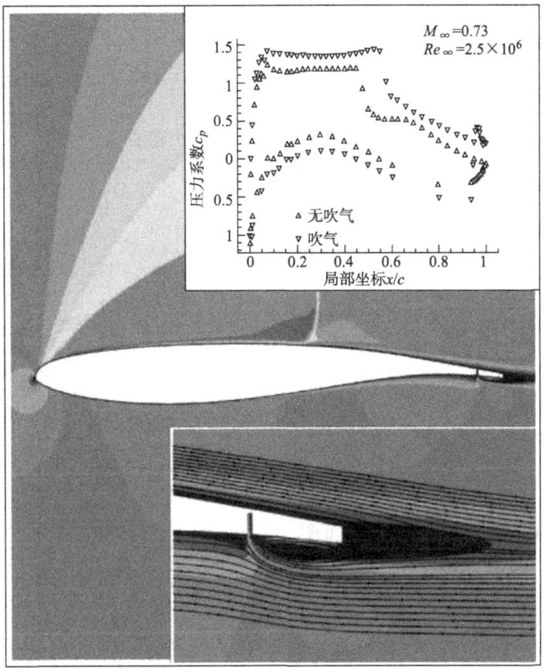

图 6-24　带有射流 Gurney 襟翼的翼型的流场和压力分布

6.3　动力升力

推力辅助提高升力涵盖了直接使用发动机排出气体的高速动量来增加升力的方法，还包括利用发动机压缩机阶段的高压空气进行流场控制（AFC），此外，有时也将通过改变发动机推力方向直接产生升力——推力矢量控制——包括在内。前一方向已经讨论过，后一方向涉及垂直起降飞机，本节不涉及这两个方向，主要讨论如何利用发动机排气来增加机翼环量。

6.3.1　推进滑流偏转

法国是较早开展短距起降（STOL）能力研究并取得进展的国家。Breguet 飞机公司从 1945 年开始设计一种适用于机场短距离操作的军用运输机。1957 年首飞的 Breguet 940 具有一些独特之处，使其成为 STOL 飞机 Breguet 941 的原型。美国国家航空航天局（NASA）在 20 世纪 60 年代[55]对该飞机进行了试飞和分析，“以获取有关大型 STOL 飞机操作的额外信息”（Quigley 等人[55] p. 2）。该飞机配备了四个涡轮螺旋桨发动机，螺旋桨滑流几乎延伸到整个翼展，如图 6-25（左）中的平面图所示。每侧的螺旋桨都是对转的，并装有联动装置以避免发动机发生故障时产生负面影响。三槽襟翼也跨越整个翼展，可向内侧偏转 98°（图 6－25（右上）），向外侧偏转 65°（图 6－25（右下））。

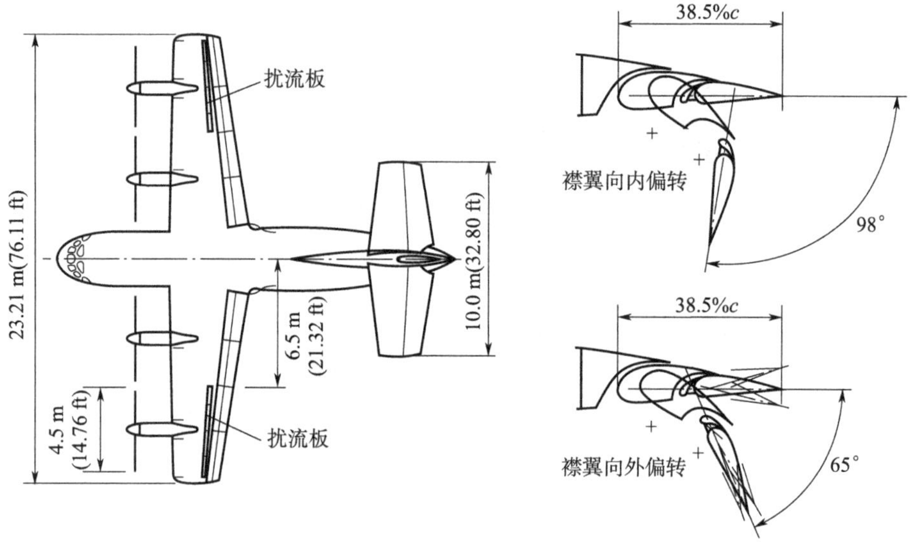

图 6－25　Breguet 941 STOL 飞机平面图（左），38.5％三槽襟翼向内偏转 98°（右上），向外偏转 65°（右下）（Quigley 等[55]，图 2、图 3）

图 6－26 为 Breguet 941 飞机飞行包线。在飞行试验中飞行进场速度通常接近 60 节，对应的功率大约为满功率的一半，航迹角为 5°～7.5°。无论如何，操作包线显示，在着陆配置中，只有全推力下才能进行复飞。为了在单引擎失效时的安全操作（OEI），必须将襟翼偏转角设置减小到内侧 75°和外侧 50°。“超过 35 ft 和 50 ft 障碍物的起飞和着陆距离分别小于 1 000 ft”（Quigley 等人[55] p. 1）。

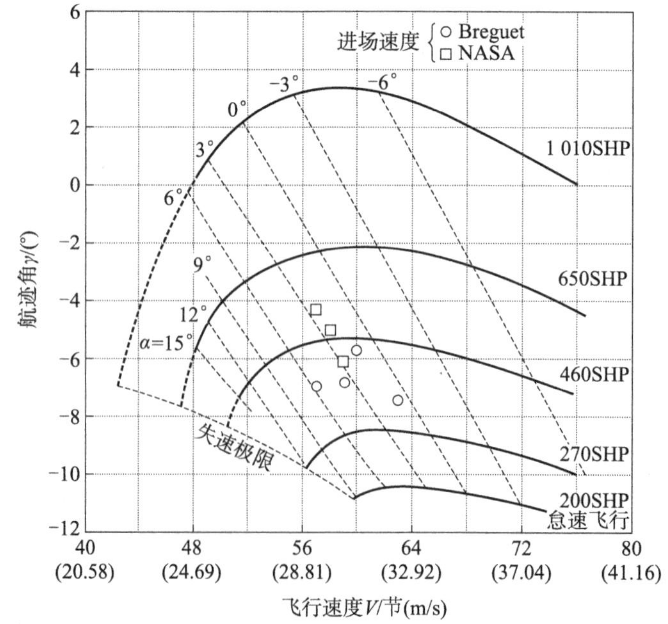

图 6－26　Breguet 941 STOL 飞机飞行包线（Quigley 等[55]，图 10）

设计能够在城市附近的短跑道上着陆的高效短程飞机时，螺旋桨滑流偏转再次引起关注。这类飞机需要具备 STOL 能力以及低噪声。Beck 等人通过数值和实验分析了一种带有额外 Coandă 襟翼的翼-螺旋桨组合[56]。Burnazzi 和 Radespiel 在机翼前缘增加了一个智能下垂鼻装置（见 5.1.4 节），以补偿无缝隙高升力系统的低失速攻角[57]。

6.3.2　外部吹气襟翼

对于搭载乘客超过 100 名的大型民用运输飞机，将发动机安装在机翼下方比装在机身后部更有利。当前，发动机安装在后机身的设计仅限于小型飞机（70 名乘客及以下）。将发动机安装在机翼前下方会导致发动机喷流与机翼压力侧的气流相互作用。如果发动机与机翼的距离较近，发动机喷流可能会影响襟翼系统。图 6 - 27 描绘了高升力机翼和发动机的主要布局。由于动压较高，这种利用发动机高动量喷流来增加升力的襟翼也被称为外部吹气襟翼。

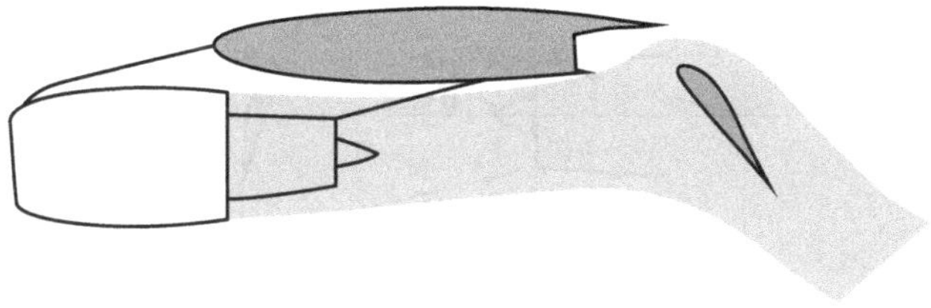

图 6 - 27　外部吹气襟翼流场的示意图

图 6 - 28 展示了外部吹气襟翼将发动机推力转化成升力的两种方式。首先是直接将推力转化为升力。由于推力轴线通常平行于飞机轴线，这里推力的贡献取决于攻角。推力矢量被襟翼偏转，因此导致喷流倾斜。其次，对于襟翼而言，其面临的来流动量更大，因此在相同攻角下产生更多的升力，如图 6 - 28 中的 $C_{L,\Gamma}$ 所示。

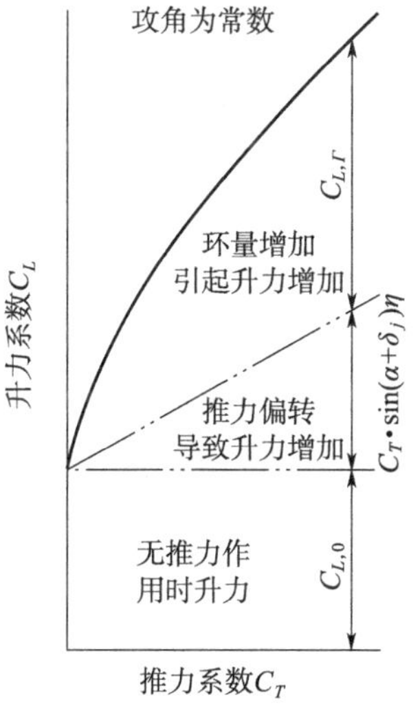

图 6 - 28　外部吹气襟翼引起升力增加的贡献（Johnson[58]，图 3）

喷流转向的大小取决于襟翼进入喷流的深度。“将喷流襟翼理论直接应用到外部吹气襟翼上，当襟翼系统捕获整个喷流时，假设喷流转向角 [δ_j] 与襟翼偏转角 δ_F 相等较合理；然而，当襟翼只作用于部分喷流时，喷流有效转向角将小于襟翼偏转角度”（Roe[59] p. 6）。基于图 6－29 所示的几何关系，Roe 定义了一个冲击参数。襟翼末端的射流直径近似为

$$\frac{R}{D_j/2}=1+\frac{x/D_j}{2.3} \tag{6-28}$$

图 6－30 为根据测量结果绘制的喷流转向与冲击参数之间的关系①②。“数据显示，当襟翼浸入深度 $z_F/R>0.65$ 时，除非襟翼上发生流动分离，均可实现喷流完全转向”（Roe[59] p. 8）。基于这一比例，就可以根据襟翼偏转角 δ_F 估算推力方向 δ_j，并利用式（6－25）评估对升力和阻力系数的影响。

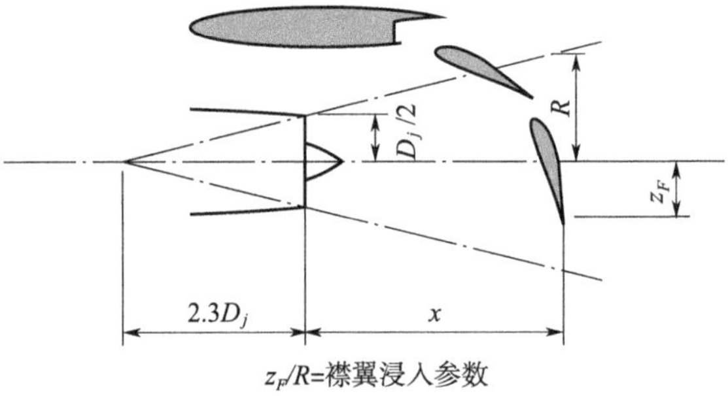

图 6－29　Roe 定义的襟翼浸入参数（Roe[59]，图 2）

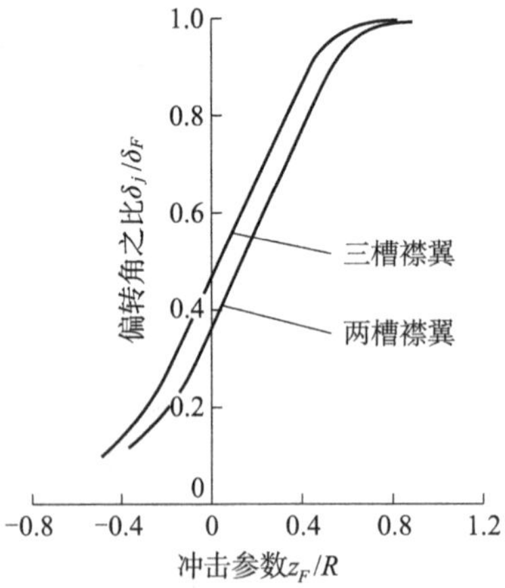

图 6－30　射流偏转角与冲击参数之间的关系（Roe[59]，图 6）

另一种量化吹气式襟翼改变推力矢量能力的方法是推力恢复因子。Johnson[58] 将其定

① Johnson[58]利用动量系数符号 C_μ 来代表推力系数。

② Johnson[60] 在之前的出版物[58]中将其称为“襟翼转动效率”，如图 6－30 所示。

义为最终产生的合力与发动机推力的比值

$$\eta_j = \frac{\sqrt{F_{normal}^2 + F_{axial}^2}}{T} \tag{6-29}$$

为了量化推力恢复比，在静止空气中开展了发动机模拟器对襟翼的吹气实验，其定义了襟翼改变推力方向的能力。理想情况下，襟翼能够完全改变发动机推力方向而没有任何损失。图 6-31 汇总了不同发动机类型和襟翼系统测量的推力恢复因子，可以发现，即使在襟翼偏转角度非常高的情况下，推力恢复系数也能够达到 80%。

图 6-32 为吹气襟翼在风洞中的测试数据[58]，升力和阻力为经过推力校正后数值，推力矢量的直接贡献部分已经扣除

$$\begin{aligned} C_{L,T-corr} &= C_L - C_T \sin(\alpha + \beta_j)\eta_j \\ C_{D,T-corr} &= C_D + C_T \sin(\alpha + \beta_j)\eta_j \end{aligned} \tag{6-30}$$

虚线为基于理想诱导阻力理论的极坐标曲线

$$C_D = \frac{C_L^2}{\pi \Lambda} \tag{6-31}$$

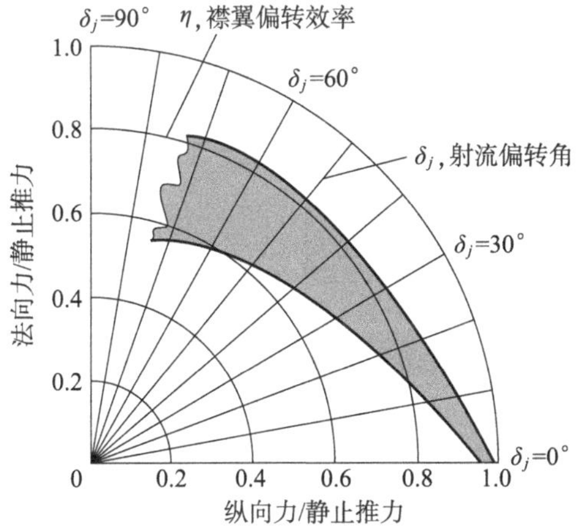

图 6-31　推力恢复因子与射流偏转角之间的关系（Johnson[60]，图 4）

数据显示，扣除推力对升力/阻力直接影响后的极坐标曲线与传统诱导阻力变化趋势相同（Johnson[58] p. 45）。引入外部吹气襟翼应用的最突出的例子是麦道公司的 YC-15[61]。它是为参加美国空军 1971 年先进中型短距起降（STOL）飞机计划而建造的。虽然该计划在原型演示后终止，但麦道公司在后续的 C-17 环球运输机中采用了外部吹气襟翼的设计[62]。

要求设计一种采用涡轮喷气动力的飞机，航程 400 n mile，起飞跑道长 2 000 ft (609 m)。YC-15 装备四台普惠 JT8D-117 发动机，安装在机翼下方。选择四发动机配置主要是出于单发失效的考虑。为了提高外部吹气襟翼的效率，襟翼系统由一个双缝襟翼组成，如图 6-33 所示，该襟翼可偏转至发动机喷气路径中。为了实现所需的缝隙流动，扰流板可向下弯曲以在较低的襟翼位置实现更小的间隙。

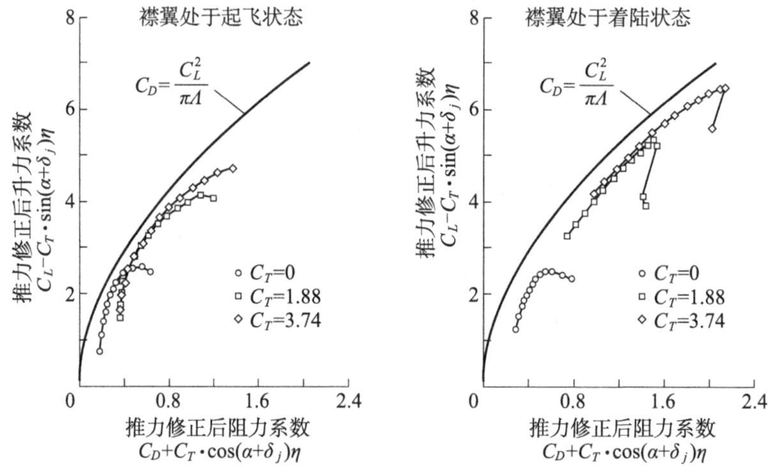

图 6-32 扣除推力对升阻力直接影响后的极曲线（Johnson[58]，图 6）

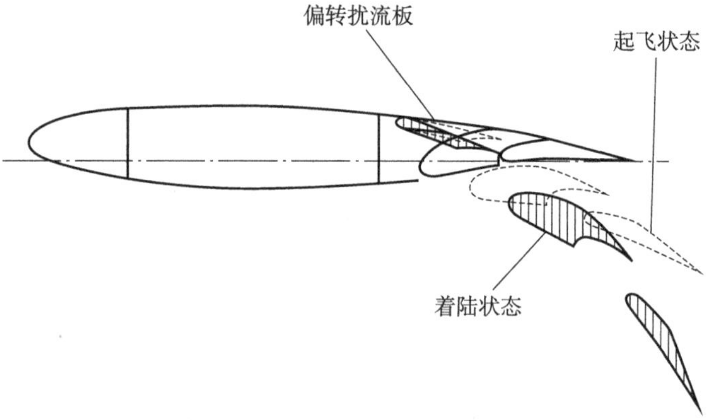

图 6-33 麦道公司 YC-15 襟翼系统（Heald[61]，图 3）

图 6-34 为 YC-15 进场条件下的运行包线。在正常的进场条件下，发动机推力为设计状态的 65%，静态滑翔角为 6.6°，进场速度为 65 节。可以看出，即使在全推力下，飞机也无法爬升，执行复飞时必须将襟翼偏转角从 52°减小到 23°。为了“在失去一台发动机后能够复飞”，进场推力被限制在 65%（Heald[61] p.4）。图中还显示了在所有发动机工作或发动机发生故障时的复飞路径。

6.3.3 上表面吹气（USB）

直接利用发动机喷流动量产生升力的另一替代方案是将发动机放置在机翼上方，并沿机翼上表面切向吹气，如图 6-35 所示，由于 Coandă 效应，发动机喷流沿机翼轮廓流动。为了放大升力产生效果，使用 Coandă 表面替代开槽襟翼作为后缘是有益的，因为间隙流会减少发动机喷流向升力方向的弯曲。

“有效改变喷流流向涉及多个关键参数；其中之一是喷流厚度与转向半径的比值”

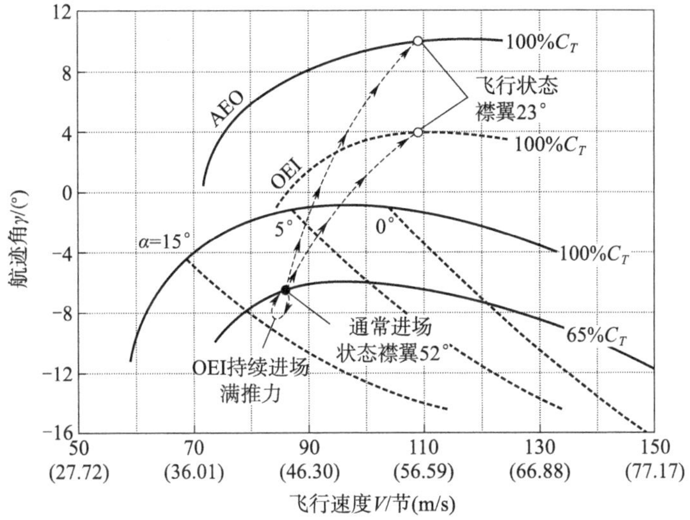

图 6-34　麦道 YC-15 在进场条件下的运行包线（Heald[61]，图 11）

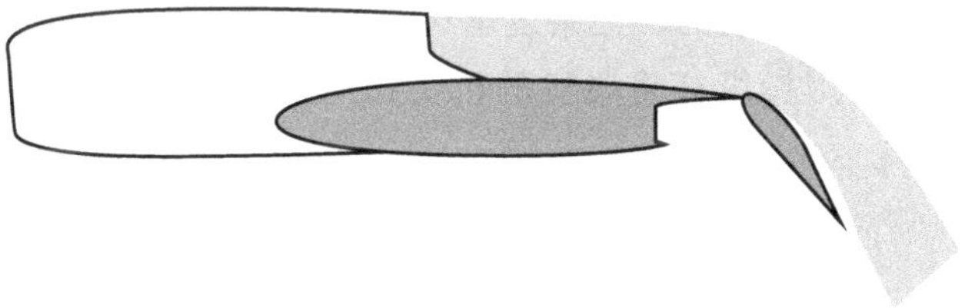

图 6-35　上表面吹气飞机主要布局

(Phelbs[65] p. 99)。Sleeman 和 Phelps[66] 对此进行了详细分析。研究表明，和圆形喷管出口相比，扁平出口能够使喷流更好地贴合机翼表面流动。Yen[63] 报告了不同宽高比出口的流动转向角度，这取决于襟翼半径与出口高度比值。图 6-36 汇总了测量结果，总体而言，喷嘴宽高比较高可以提供更好的流动转向能力。襟翼半径与喷嘴高度比值较小时，喷流足够薄，此时喷嘴宽高比较大将改善升力，主要是因为影响区域的增大，而非因为更好的流动转向。

上表面吹气（USB）的有效性在 20 世纪 70 年代已经得到证明。在之前提到的美国空军先进中型短距起降飞机（AMST）计划中，波音公司提出并开发了一种 USB 配置，即波音 YC-14[67]，其两台发动机安装在机翼上表面前方靠近机身位置，以减小发动机故障时的偏航力矩。内侧襟翼是一个可偏转 50°的 Coandă 表面，外侧襟翼为双缝襟翼。前缘配备了克鲁格襟翼，并在整个机翼的前缘上方增加了额外的边界层控制（BLC）系统。“所有发动机正常运行的情况下，飞机性能尤其出色。它能在大约 1 150 ft 的距离内以 65 节的速度着陆，并能在 1 100 ft 长度内起飞。”（Nark[67] p. 30-3）。图 6-37 显示了波音 YC-14 进场配置时的操作包线。图中标出了目标滑翔航迹角为 6°的进场情况。与其他动力增升飞机一样，这种进场条件处于极曲线的“背面”，这意味着增加推力指令会使得升

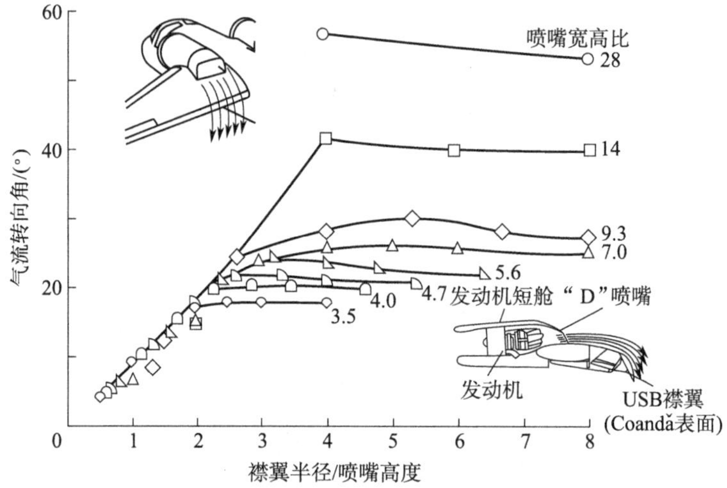

图 6－36　发动机喷管尺寸/宽高比对气流转向角的影响（Yen[63]，图 6；Riddle 和 Eppel[64]，图 3、图 7）

力同步增加，从而导致速度降低。为了“提供在极曲线正面的感觉——飞行员训练飞行的基本方式，通过开发计算机控制的、三余度电气飞行控制系统（EFCS）来实现。进场时飞行员任务非常简单，使用操纵杆将飞机的机头指向他想要着陆的地方，其他一切都由 EFCS 处理”（Nark[67] p. 30－5）。

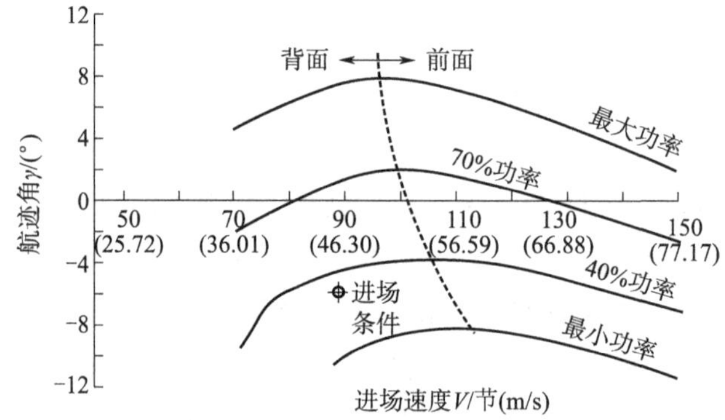

图 6－37　波音 YC－14 操作包线（Nark[67]，图 16）

在 NASA，与 AMST 计划同期进行的还有 1976 年开始的安静短途研究飞机（QSRA）计划[68]。成果之一就是基于 deHavilland C－8A Buffalo 开发的四发动机上表面吹气装置。“这种配置允许展长更大的 USB 襟翼，并减小了单发失效时的不利偏航和滚动力矩，从而在升力提升方面优于双发的 YC－14”（Shovlin 和 Cochrane[68] p. 15）。

图 6－38 为 NASA 在对“安静短途研究飞机”飞行试验时测得的升力系数，这些数据未经推力校正，包括推力矢量的贡献。尽管如此，Coandă 表面完全偏转时 $C_L \approx 0$ 证明了喷流转向的效率。“与具有相同推重比和翼载的常规飞机相比，使用动力增升上表面吹气技术可以缩短起飞跑道长度大约 30%”（Riddle 等人[69] p. 12）。

20 世纪 70 年代末，日本国家航空航天实验室启动了基于川崎 C－1 飞机的安静短距起

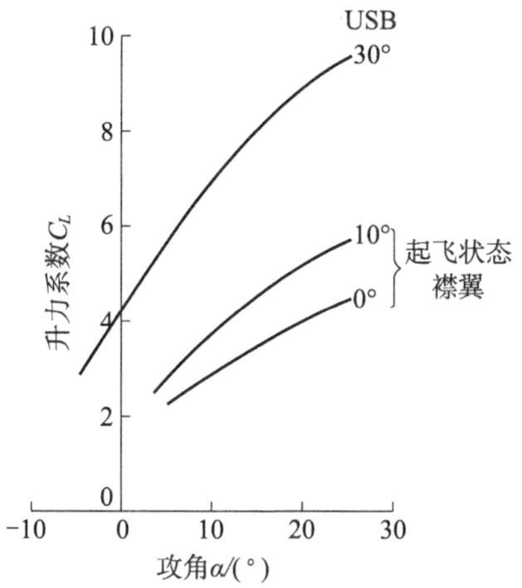

图 6－38　NASA QSRA 飞机上表面吹气升力系数（Queen 和 Cochrane[70]，图 3）

降（STOL）飞机开发项目[71]。项目于 1977 年启动，在 1985 年至 1989 年间成功进行了飞行测试，共完成 97 次飞行，累计飞行 170 h。为了满足 STOL 的要求，飞机采用上表面吹气，配备了四台新设计的涡轮风扇发动机，并在机翼前缘和副翼上增加了边界层控制。内侧襟翼被设计为适用于发动机排气的 Coandă 表面，偏转角度为 60°，外侧襟翼偏转角度为 65°。在实际飞行测试中，着陆距离为 1 473 ft（449 m），起飞距离为 670 ft（509 m），均可满足避开 35 ft 障碍物的要求。

图 6－39 为 ASUKA QSTOL 研究中飞机着陆配置下航迹角与飞行速度间的关系。作者指出，“动力增升 STOL 飞机自然具有 V－Gamma 解耦特性，即俯仰角固定时，可通过控制发动机功率来控制航迹角”（Mori 等[71] p. 1273）。该配置的另一难点来源于地面效应。报告指出，飞行高度 $h/b < 0.4$ 时地面效应起作用。“和自由来流相比，升力增加了大约 10%，阻力减小，下洗角也减小。飞机靠近地面时由于下洗角的减小使得向下俯仰力矩发生较大的变化，升力的增加使得精确着陆变得困难”（Mori 等[71] p. 1273）。

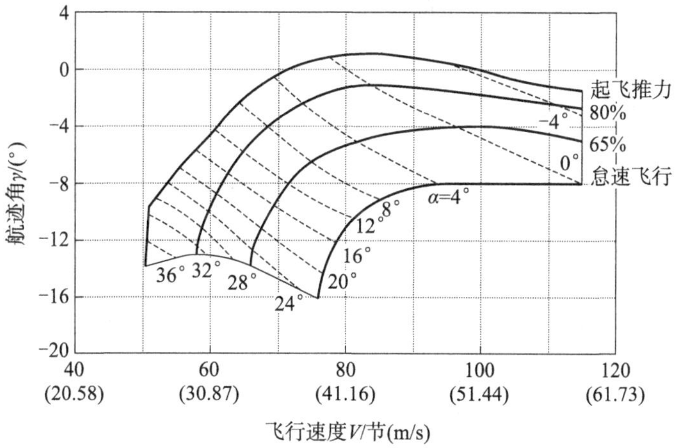

图 6－39　NAL ASUKA QSTOL 飞机着陆配置的运行包络线（Mori 等[71]，图 18）

唯一系列生产的含上表面吹气（USB）装置的是乌克兰的 Antonov AN－72 飞机，外形与波音 YC－14 类似。主要区别在于后掠翼和前缘不同，AN－72 采用的是缝翼而不是克鲁格襟翼，并且在前缘没有额外的 BLC，1977 年进行首飞[72]，从 1984 年到 1992 年共生产 114 架。“AN－72 是一种轻型短降喷气运输机，可在 600 m 长的非装备跑道上起降”（Antonov 公司[73]）。

6.4 主动增升技术在民用运输机上应用评述

主动流动控制（AFC）技术尚未在民用运输飞机上得到普遍应用。迄今为止，只有一架民用运输飞机（Antonov AN－72）、一架军用运输飞机（麦道 C－17）和一架水陆两栖飞机（ShinMeiwa US－1）曾经得到批量生产。该技术的气动有效性已经得到验证，但尚未找到应用途径。除了新兴技术的可靠性尚未得到验证等原因之外，还有一些因素影响飞机设计师对主动流动控制（AFC）系统或动力增升系统有所退却。主动增升技术能够在民用商业航空运输中得到充分应用之前，有四个问题需要回答。

值得吗？

许多研究只关注到 AFC 的优点，如气动效益，却忽略了为提高系统效率所需付出的努力，大多数研究阐述了气动方面效益，其中一部分提到了引入动量所需的努力。更多的应用研究试图通过考虑所需的能量（例如提供压缩空气所需的能量）的方式将这种努力纳入其中。Seifert[74] 定义的气动性能指数是其中一个有意义的参数

$$\mathrm{AFM_1} = \frac{L/D}{L/(D + P/U_\infty)} \tag{6-32}$$

尽管如此，辅助系统所需的额外付出及其对重量、复杂性和维护的影响通常没有被提及。航空界内部的一个常见观念是“动力增升技术只适用于短距起降（STOL）飞机，而这类飞机具有高推重比，因此效率不高”（Riddle 等[75] p. 1）。然而针对动力增升装置的研究，尤其是“安静短途研究飞机（QSRA）的飞行研究证实，可以在与传统飞机相当的较低推重比下，实现跑道长度相对较短的着陆性能”（Riddle 等[75] p. 1）。当然，只有在飞机设计之初就融入 AFC 或者动力增升等技术，才能充分发挥此类技术的优势，像现在这样基于已有平台改装来评估该类技术是无法发挥其技术潜力的。

系统安全可靠吗？

AFC 系统必须高度安全和可靠，这样才能在最关键的翼型状态（接近失速）下发挥其优势。这意味着需要系统级的冗余设计，如此飞机才能取得适航。在单发故障情况下，为实现所需的爬升梯度，可能同时需要所有发动机满功率提供推力并保证安全的飞行状态，因此这一点更为关键。对于动力增升布局，大约 50%的推力用于产生升力，发动机故障可能会变得关键，通常通过重新配置飞机来避免这一情况。然而，研究（如 Keller[76]）表明，如果从一开始就引入发动机控制和交叉供油等设计，则可避免同时发生单侧流动控制故障、发动机失效带来的不平衡问题。

能量的需求和供给是否平衡?

当应用主动流动控制（AFC）时，在 AFC 的可用性对飞行至关重要的情况下必须评估能源的可用性。这既适用于很可能从发动机引气中获取的压缩空气，也适用于发电机需要额外产生的电能，而发电机通常也由同一发动机驱动。在起飞时，功率的分流减小了爬升可用推力，必须合理考虑流动控制的好处。在着陆时，发动机通常处于怠速模式，如果需要使用功率，必须保证增加功率输出不会导致推力过大而影响飞机的下滑角度。

动力增升装置的一个挑战是工作点位于功率曲线的“背面”，此时增加推力会导致升力增加，从而降低速度——这与飞行员的预期相反。Loth[77] 指出，“不建议在功率曲线的背面低速飞行，因为这样就没有剩余功率来协助从失速状态恢复。除非发明一种新技术可以防止工作在功率曲线的背面，否则在起飞和着陆阶段飞行员不会喜欢使用环量控制”（Loth[77] p. 613)。波音 YC-14 表明，这可以由精心设计的电气飞行控制系统来处理。

这个系统会被使用吗?

回顾 3.2.3 节，飞行的操作极限与物理极限之间的偏差为最小、最大速度基础上的安全裕度。图 6-40 重新绘制了由气动力系数所示的操作限制的变化，如图 3-3 所示，AFC 的引入引起最大升力系数发生变化。可以看出，操作限制随最大升力而变化。另一方面，这些限制仍在能够从物理角度解释飞行的气动特性范围内。从这个意义上讲，不需要依靠 AFC 系统产生升力，而是基于其重新建立防失速的安全裕度。这意味着，在某种程度上讲，尽管 AFC 系统是允许飞行所必需的，但是否需要依靠它才能飞行值得商榷。在最极端的情况下，可以假设在飞机上安装一个 AFC 系统以便在需要时重新获得安全裕度，这维护起来相当复杂，并带来重量上的额外负担，并且可能永远不会在正常飞行程序中打开——只要飞机不出现异常情况，甚至可能在整个飞机的使用寿命中都不会被打开。

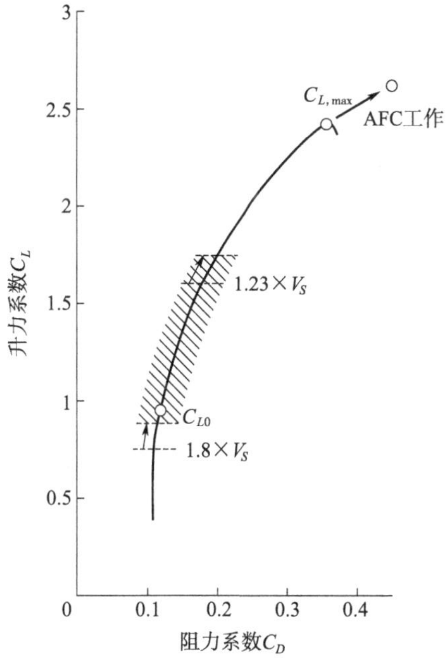

图 6-40　利用防止失速的主动流动控制系统所引起的操作范围变化在气动极曲线上的体现

参考文献

[1] Poisson - Quinton P (1948) Recherches théoriques et expérimentales sur le contrôle de couche limite, 7th Congress of Applied Mechanics, London.

[2] Radespiel R, Burnazzi M, Casper M, Scholz P (2016) Active flow control for high lift with steady blowing, The Aeronautical Journal 120 (1223), pp. 171 - 200.

[3] Greenblatt D, Wygnanski IJ (2000) The control of flow separation by periodic excitation, Progress in Aerospace Sciences 36 (7), pp. 487 - 545.

[4] Prandtl L (1904) "Über die Flüssigkeitsbewegung bei sehr kleiner Reibung," III Internationaler Mathematiker - Kongress, Heidelberg, translated to English as: Motion of Fluids with Very Little Viscosity, NACA TM 452 (1928).

[5] Weyl AR (1945) High - lift devices and tailless airplanes, Aircraft Engineering, 17 (10), pp. 292 - 297.

[6] Betz A, Ackeret J (1928) Quertriebskörper, wie Tragflügel, Schraubenflügel und dergl. , German Patent 458, 428.

[7] Maillart, G (1947) Aspiration de la couche limite, Bulletin des Services Techniques 106, translation as: Boundary Layer Control by Means of Suction, NASA TM 75502 (1980).

[8] Fage FRS, Sargent RF (1944) Design of suction slots, ARC. R&M 2127.

[9] McCullough GB, Gault DE (1948) An experimental investigation of an NACA 631 - 012 airfoil with leading edge suction slots, NACA TN 1683.

[10] Glauert MB, Walker WS, Raymer WG, Gregory N (1952) Wind tunnel tests on a thick suction aerofoil with a single slot, ARC. R&M 2646.

[11] Pankhurst RC, Raymer WG, Devereux AN (1953) Wind - tunnel tests of stalling properties of an 8 percent thick symmetrical section with nose suction through a porous surface, ARC R&M 2666.

[12] Bridges, DH (2007) Early flight - test and other boundary - layer research at Mississippi state 1949 - 1960, AIAA Journal of Aircraft 44 (5), pp. 1635 - 1652.

[13] Schlichting H, Gersten K (2006) Grenzschichttheorie, 10th edition, Springer Berlin - Heidelberg, New York.

[14] Schwier W (1947) Versuche zur Auftriebssteigerung durch Ausblasen von Luft an einem Profil von 12% Dicke mit verschiedenen Klappenformen, Deutsche Luftfahrtforschung, Forschungsbericht Nr. 1658, translated into English by Pikler, H (1947) Lift Increase by Blowing Out Air, Tests On Airfoil Of 12 Percent Thickness, Using Various Types Of Flaps, NACA TM 1148.

[15] Gratzer LB, O' Donnell TJ (1965) Development of a BLC high - lift system for high - speed airplanes, Journal of Aircraft 2 (6), pp. 477 - 484.

[16] Wild J, Chan F, Rudnik R (2008) Active separation control on the leading edge of a slat - less swept wing in high lift configuration using steady blowing in the European project EUROLIFT II, KATNet

II Separation Control Workshop.

[17] Seifert A, Darabi A, Wygnanski I (1996) Delay of airfoil stall by periodic excitation, Journal of Aircraft 33 (4), pp. 691 - 698.

[18] Meunier M (2009) Simulation and optimization of flow control strategies for novel high - lift configurations, Journal of Aircraft 47 (5), pp. 1145 - 1157.

[19] Haucke F, Peltzer I, Nitsche W (2008) Active separation control on a slatless 2D high - lift wing section, 26th International Congress of the Aeronautical Sciences, paper ICAS 2008 - 3. 11. 2.

[20] Ciobaca V, Dandois J, Bieler H (2014) A CFD benchmark for flow separation control application, International Journal of Flow Control 6 (3), pp. 67 - 81.

[21] Meunier M, Dandois (2008) Simulations of novel high - lift configurations equipped with passive and active means of separation control, 4th Flow Control Conference, AIAA paper 2008 - 4080.

[22] Petz R, Nitsche W (2007) Active separation control on the flap of a two - dimensional generic high - lift configuration, Journal of Aircraft 44 (3), pp. 865 - 874.

[23] Schatz M, Thiele F, Petz R, Nitsche W (2004) Separation control by periodic excitation and its application to a high lift configuration, 2nd AIAA Flow Control Conference, AIAA Paper 2004 - 2507.

[24] Johnston JP, Nishi M (1990) Vortex generator jets - means for flow separation control, AIAA Journal 28 (6), pp. 989 - 994.

[25] Godard G, Stanislav M (2006) Control of a decelerating boundary layer. Part 1: Optimization of passive vortex generators, Aerospace Science and Technology 10, pp. 181 - 191.

[26] Ortmanns J, Bitter M, Kähler CJ (2008) Dynamic vortex structures for flow - control applications, Experiments in Fluids 44, pp. 397 - 408.

[27] Scholz P, Ortmanns J, Kähler CJ, Radespiel R (2005) Performance optimization of jet actuator arrays for active flow control, KATNet Separation Control Workshop, paper 39.

[28] Wallis RA (1960) A preliminary note on a modified type of air - jet for boundary layer control, Aeronautical Research Council, Australia, Current—Paper CP 513.

[29] Godard G, Foucaut JM, Stanislas M (2006) Control of a decelerating boundary layer. Part 2: Optimization of slotted jets vortex generators, Aerospace Science & Technology 10 (5), pp. 394 - 400.

[30] Godard G, Stanislas M (2006) Control of a decelerating boundary layer. Part 3: Optimization of round jets vortex generators, Aerospace Science & Technology 10 (6), pp. 455 - 464.

[31] Warren (1962) Fluidic Oscillator, US Patent 3, 016, 066.

[32] Graff E, Seele R, Lin JC, Wygnanski I (2013) Sweeping jet actuators - A new design tool for high lift generation, innovative control effectors for military vehicles (avt - 215).

[33] Huang LS, Maestrello L, Bryant TD (1987) Separation control over an airfoil at high angles of attack by sound emanating from the surface, AIAA 19th Fluid Dynamics, Plasma Dynamics and Lasers Conference, AIAA Paper 87 - 1261.

[34] Hsiao FB, Liu CF, Shyu JY (1990) Control of wall - separated flow by internal acoustic excitation, AIAA Journal 28 (8), pp. 1440 - 1446.

[35] Amitay M, Honohan A, Trautman M, Glezer A (1997) Modification of the aerodynamic

characteristics of bluff bodies using fluidic actuators, 28th AIAA Fluid Dynamics Conference, AIAA Paper 97 - 2004.

[36] Gallas Q, Holman R, Nishida T, Carroll B, Sheplak M, Cattafesta L (2003) Lumped element modeling of piezoelectric - driven synthetic jet actuators, AIAA Journal 41 (2), pp. 240 - 247.

[37] Liddle SC, Wood NJ (2005) Investigation into clustering of synthetic jet actuators for flow separation control applications, The Aeronautical Journal 109 (1091), pp. 35 - 44.

[38] Gomes LD, Crowther WJ, Wood NJ (2006) Towards a practical piezoceramic diaphragm based synthetic jet actuator for high subsonic applications - Effect of chamber and orifice depth on actuator peak velocity, 3rd AIAA Flow Control Conference, AIAA Paper 2006 - 2859.

[39] Lan CE, Campbell JF (1975) Theoretical aerodynamics of upper - surface - blowing jet - wing interaction, NASA TN D - 7936.

[40] Dumitrache A, Frunzulica F, Dumitrescu H, Cardos V (2014) Blowing jets as a circulation flow control to enhancement the lift of wing or generated power of wind turbine, INCAS Bulletin 6 (2), pp. 33 - 49.

[41] Hagedorn H, Ruden P (1938) Windkanaluntersuchungen an einem Junkers - Doppelflügel mit Ausblaseschlitz am Heck des Hauptflügel. Bericht A64 der Lilienthal - Gesellschaft für Luftfahrtforschung.

[42] Spence DA (1956) The lift coefficient of a thin, jet - flapped wing, Proceedings of the Royal Society of London, vol. 238, pp. 46 - 68.

[43] Maskell EC, Spence DA (1959) A theory of the jet flap in three dimensions, Proceedings of the Royal Society of London, A Mathematical and Physical Sciences Series 251 (1266), pp. 407 - 425.

[44] Coandă H (1935) Device for deflecting a stream of elastic fluid projected into an elastic fluid, US patent 2, 052, 869, originating from Procédé et dispositif pour faire dévier une veine de fluide pénétrant dans un autre fluide, French patent 792, 754 (1934).

[45] Coandă H (1961) Jet sustained aircraft, US patent 2, 989, 303.

[46] Merriam - Webster Dictionary https: //www. merriam - webster. com/dictionary/Coanda% 20 effect, accessed 2021.

[47] Englar RJ (1975) Experimental investigation of the high velocity Coanda wall jet applied to bluff trailing edge circulation control airfoils, David W. Taylor Naval Ship Research and Development Center Report 4708.

[48] Radespiel R, Pfingsten KC, Jentsch C (2009) Flow analysis of augmented high - lift systems, In: Radespiel R, Rossow CC, Brinkmann BW (Eds) Hermann Schlichting - 100 Years. Notes on Numerical Fluid Mechanics and Multidisciplinary Design, 102, Springer, Berlin, Heidelberg, pp. 168 - 189.

[49] Englar RJ (2000) Circulation control pneumatic aerodynamics; blown force and moment augmentation and modification: past, present and future, fluids 20000 conference and exhibit, AIAA Paper 2000 - 2541.

[50] Englar RJ (1975) Subsonic two - dimensional wind tunnel investigations of the high lift capability of circulation control wing sections, David W. Taylor Naval Ship R&D Center, Report ASED - 274.

[51] Pfingsten KC, Cecora RD, Radespiel R (2009) An experimental investigation of a gapless high - lift system using circulation control, KATnet II Conference on Key Aerodynamics Technologies.

[52] Thomas F (1962) Untersuchungen über die Erhöhung des Auftriebes von Tragflügeln mittels Grenzschichtbeeinflussung durch Ausblasen, Zeitschrift für Flugwissenschaften 10 (2), pp. 46 - 65.

[53] ShinMaywa Industries, Ltd. (2020) https://www.shinmaywa.co.jp/aircraft/english/us2/index.html, accessed 2021.

[54] Dandois J, Molton P, Lepage A, Geeraert A, Brunet V, Dor JB, Coustols E (2013) Buffet characterization and control for turbulent wings, AerospaceLab 6, pp. 1 - 17.

[55] Quigley HC, Innis RC, Holzhauser CA (1964) A flight investigation of the performance, handling qualities, and operational characteristics of a deflected slipstream STOL transport airplane having four interconnected propellers, NASA TN - D - 2231.

[56] Beck N, Radespiel R, Lenfers C, Friedrichs J, Rezaeian A (2015) Aerodynamic effects of propeller slipstream on a wing with circulation control, Journal of Aircraft 52 (5), pp. 1422 - 1436.

[57] Burnazzi M, Radespiel R (2014) Assessment of leading - edge devices for stall delay on an airfoil with active circulation control, CEAS Aeronautical Journal 5 (4), pp. 359 - 385.

[58] Johnson WG Jr. (1972) Aerodynamic and performance characteristics of externally blown flap configurations, in: STOL technology, NASA SP 320, pp. 43 - 54.

[59] Roe H (1973) STOL tactical aircraft investigation, externally blown flap. volume II design compendium, Air Force Flight Dynamics Laboratory report AFFDL - TR - 73 - 20, Vol. 2.

[60] Johnson WG Jr. (1975) Aerodynamic characteristics of a powered, externally blown flap STOL transport model with two engine simulator sizes, NASA TN D - 8057.

[61] Heald ER (1973) External blowing flap technology on the Usaf Mcdonnell Douglas yc - 15, national aerospace engineering and manufacturing meeting, SAE 1973 Transactions - V82 - A, SAE paper 730915.

[62] Tavernetti LR (1992) The C - 17: Modern airlift technology, 1992 aerospace design conference, AIAA paper 92 - 1262.

[63] Yen KT (1982) An analysis of the flow turning characteristics of upper - surface blowing devices for STOL aircraft. Report No. NADC - 82007 - 60.

[64] Riddle DW, Eppel JC (1986) A potential flight evaluation of an upper - surface - blowing/ circulation - control - wing concept, Proceedings of the NASA Circulation - Control Workshop, pp. 539 - 567 (SEE N88 - 17586 10 - 02).

[65] Phelbs, AE III. (197) Aerodynamics of the upper surface blown flap, in: STOL technology, NASA SP 320, pp. 97 - 110.

[66] Sleeman, WC Jr., Phelps, AE III (1976) Upper surface - blowing flow - turning performance, NASA SP 406, pp. 29 - 43.

[67] Nark TC (1993) Design, development and flight evaluation of the Boeing YC - 14 USB powered lift aircraft, AGARD CP - 515.

[68] Shovlin MD, Cochrane JA (1978) An overview of the quiet short - haul research aircraft program, NASA - TM - 78545.

[69] Riddle DW, Innis RC, Martin JL, Cochrane JA (1981) Powered - lift takeoff performance characteristics determined from flight test of the quiet short - haul research aircraft (QSRA), AIAA/SETP/SFTE/SAE/ITEA/IEEE 1st Flight Testing Conference, AIAA Paper 81 - 2409.

[70] Queen S, Cochrane J (1982) Quiet short - haul research aircraft joint navy/NASA sea trials, Journal of Aircraft 19 (8), pp. 655 - 660.

[71] Mori M, Hayashi Y, Takasaki N, Tsujimoto T (1990) Quiet STOL research aircraft ASUKA - development and flight test, ICAS 90 - 2. 7. 2.

[72] Sweetman B (1978) New STOL freighter unveiled, flight international, 21st January 1978, p. 163.

[73] Antonov Company (2021) AN - 72 light transport airplane, https: //www. antonov. com/ en/ history/an - 72, accessed 2021.

[74] Seifert A, Eliahu S, Greenblatt D, Wygnanski I (1998) Use of piezoelectric actuators for airfoil separation control (TN), AIAA Journal 36 (8), pp. 1535 - 1537.

[75] Riddle DW, Innis RC, Martin JL, Cochrane JA (1981) Powered - lift takeoff performance characteristics determined from flight test of the quiet short - haul research aircraft (QSRA), AIAA/ SETP/SFTE/SAE/ITEA/IEEE 1st Flight Testing Conference, AIAA Paper 81 - 2409.

[76] Keller D (2013) Numerical investigation of engine effects on the stability and controllability of a transport aircraft with circulation control, 31st AIAA Applied Aerodynamics Conference, AIAA paper 2013 - 3031.

[77] Loth JL (2005) Why have only two circulation - controlled STOL aircraft been built and flown in years 1974 - 2004. Proceedings of the 2004 NASA/ONR Circulation Control Workshop, NASA CP - 2005 - 213509, pp. 603 - 640.

第 7 章　高升力流动模拟

符号表

a	m/s	声速	T	K	温度
A	m^2	有效横截面积	T	—	流道形状因子
A_{ref}	m^2	参考面积	$\boldsymbol{u}$	m/s	速度矢量
A_0	m^2	实际横截面积	u, v, w	m/s	速度分量
b	m	翼展	U	m/s	流速
B	m	测试段宽度	V	m^3	体积
c	m	弦长	$\boldsymbol{x}$	m	坐标向量
c_D	—	截面阻力系数	x, y, z	m	笛卡儿坐标
c_L	—	截面升力系数	α	(°)	攻角
c_p	—	压力系数	α_{eff}	(°)	有效攻角
c_{ref}	m	参考弦长	α_{SC}	(°)	流线曲率引起的攻角
C	K	Sutherland 常数	β	—	Prandtl－Glauert 因子
C	m^2	试验段截面面积	Γ	m^2/s	涡强度
C_D	—	阻力系数	δ	m	层间位移
C_L	—	升力系数	δ	—	垂直方向流动诱导系数
C_m	—	俯仰力矩系数	δ_ε	—	阻塞引起垂直方向流动诱导系数
D	N	阻力	δ_2	m	动量损失厚度
E	N/m^2	杨氏模量	ε	—	轴向流动诱导系数
E	J	内能	ε	(°)	局部扭转角
f	Hz	频率	ε_w	—	尾流阻塞引起轴向流动诱导系数
F	N	力	ε_δ	—	升力引起的轴向流动诱导系数
G	N/m^2	剪切模量	ε_0	—	模型位置的轴向流动诱导系数
H	m	试验段高度	θ	(°)	角度
H	J	焓	k	—	等熵指数
l	m	长度	λ	—	形状因子
L	N	升力	λ_T	W/(m·K)	导热系数
L	m	测试段长度	Λ	—	展弦比
I_{ii}	m^4	面积惯性矩	μ	m^2/s	偶极子强度
I_p	m^4	极面积惯性矩	μ	kg/m^2	动态粘度
M	—	马赫数	ξ, ζ	—	无量纲坐标

续表

M	N·m	动量	ρ	kg/m^3	密度
M_b	N·m	弯矩	$\boldsymbol{\tau}$	N/m^2	剪切应力张量
M_t	N·m	扭矩	φ	(°)	扭转角
M_y	N·m	俯仰力矩	ϕ	—	流体特性
$\boldsymbol{n}$	m^2	表面法向	Φ	m^2/s	势函数
p	N/m^2	静压	Φ_w	m^2/s	壁面干扰势函数
q	N/m^2	动压	Ω	m^2	面积
q_i	m^2/s	源强度	c	—	修正
r	m	半径	i	—	诱导
R	J/(kg·K)	气体常数	t	—	驻点
Re	—	雷诺数	u	—	未经修正
s	m	沿表面弧长	0	—	参考状态
S	—	Strouhal 数	2D	—	二维
t	m	厚度	∞	—	来流状态
t	s	时间			

和车辆不同，飞机从首飞开始就必须能够安全地飞行。如果对飞机的参数以及与气动、飞行力学等相关的信息掌握不够，就无法构建一架飞机的原型机并进行测试。一般来说，可通过试验或数值计算等手段来提前获取飞机的气动参数。

由于描述流体流动的方程性质复杂，最初无法通过计算来预测飞机完整的气动特性，因此从航空业开始以来，实验模拟就是了解飞机飞行特性的主要手段。随着计算机技术的发展，数值模拟越来越重要。到 20 世纪 70 年代，已经可以通过势流理论来模拟简化的飞机流场，还可以结合边界层理论来考虑粘性效应。80 年代，能够基于欧拉方程计算跨声速条件下飞机周围的流场，90 年代，计算机资源已经可以支撑基于 Navier - Stokes 方程的流场计算。

此时，试验和数值计算之间是竞争关系，乐观者甚至认为数值模拟将能够完全取代试验。如今的共识是最好能够将试验和仿真相互结合，发挥各自的优势弥补对方的不足。

7.1　试验模拟

对于大型运输飞机而言，构建一个全尺寸模型并进行吹风试验基本上无法实现，通常基于缩比模型进行试验模拟。根据运动的相对性，飞机以一定的速度穿过静止的空气和模型在相同速度的气流中保持静止，从力学的角度看是等效的，仅仅是参考系和观察者位置选取不同。为了便于观察流动情况以及布置试验测量线路，保持观察角度位于飞机上更容易实施。

利用缩比模型进行试验带来的一个问题是无法获得与真实飞机完全相似的流动。对 Navier - Stokes 方程的量纲分析表明，要实现流动相似性，必须保持一些特征参数相等。对于飞机周围的稳定流动而言，主要是雷诺数和马赫数。

雷诺数表征了惯性力与粘性力的比值，其定义为

$$Re=\frac{\rho\cdot U\cdot l}{\mu} \tag{7-1}$$

雷诺数越大，摩擦影响越小。马赫数通过将速度与声速相关联来描述流动的可压缩性

$$M=\frac{U}{a} \tag{7-2}$$

回忆 2.2 节中关于可压缩性与极限升力之间的讨论，对于高升力流动模拟而言，马赫数甚至与雷诺数一样重要。

虽然马赫数与模型的比例无关，通过选取合适的流动速度即可实现马赫数一致，而雷诺数则同时依赖于速度和比例大小，因此，如果不改变流体的特性，就无法在缩比模型上实现与实际飞机相同的雷诺数和马赫数。理想气体的声速和温度直接相关，用温度表示的马赫数为

$$M=\frac{U}{\sqrt{\kappa\cdot R\cdot T}} \tag{7-3}$$

改变与流速相关的马赫数的唯一手段是将流体更换为与理想气体性质不同的物质，如水。对于雷诺数，根据 Sutherland 定律，动力粘度系数也取决于温度

$$\mu(T)=\mu_0\frac{T_0+C}{T+C}\left(\frac{T}{T_0}\right)^{3/2} \tag{7-4}$$

理想气体的 Sutherland 常数 $C=110$ K。根据通用气体定律，密度随温度和压力的变化关系为

$$\frac{p}{\rho}=RT \tag{7-5}$$

因此雷诺数可表示为马赫数、压力和温度的函数

$$Re=\frac{\kappa\cdot p\cdot l}{\mu(T)}\frac{M}{\sqrt{\kappa\cdot R\cdot T}} \tag{7-6}$$

因此，可通过增加压力和/或降低温度来增加特定马赫数下的雷诺数。

对于非定常流动，还需要考虑 Strouhal 数

$$S=\frac{f\cdot l}{U} \tag{7-7}$$

Strouhal 数非常重要，其将非定常流场的时间尺度与流动的对流时间尺度相关联，即流动以给定速度 U 通过参考长度 l 所需的时间。此外，Strouhal 数也与比例有关，在模型尺度上的流动不稳定性必须更快。

7.1.1 风洞

风洞是一种试验设备，利用人工方式在封闭管道中产生可控气流，作用于安装在其内部的模型上，用于研究气流对模型的影响并观察流动现象。根据不同的特征可分为不同的类型。

第一个特征是回路的类型。通常风洞回路有三种类型，如图 7-1 所示。前两种类型由风扇驱动，可连续提供气流。Eiffel①型风洞［图 7-1（a）］是开口式风洞，驱动风扇位于风洞末端，外部的空气被吸入风洞中，因此无法控制流体状态。Göttingen②型闭口回流式风洞［图 7-1（b）］的流动在一个封闭的回路系统内循环，因此可以改变回路中流体状态，驱动风洞所需的功率仅由风洞回路中的粘性和压力损失引起。对于开口风洞而言，气流进入风洞之前处于静止状态，动力完全用于气流加速。

第三种风洞只在特定的时间提供气流，这样的暂冲式风洞［图 7-1（c）］由一个加压储气罐和一个抽真空的低压储气罐组成。当打开控制阀时，根据储气罐的大小和设计流速，空气会工作一定的时间。这种类型的风洞主要用于速度非常高的超声速和高超声速流动。

第二个特征为试验段的类型，图 7-2 展示了两种常见的类型。在开放试验段中，回路在放置模型的试验段处中断。封闭试验段的气流状态可精确地控制。“闭口风洞除了沿壁面的边界层之外，其余的边界条件是精准的。”（Glauert[1] p. 3）。然而，与自由气流相比，壁面的存在会阻塞气流，尤其是试验模型较大时，这一影响将在 7.1.3 节中讨论。为了减轻壁面的影响，一些风洞引入开孔壁面或自适应壁面。“墙壁通风的主要目的是允许气流穿过试验段时产生类似于无约束流动的流动样式。通过调节分段气腔隔间中的压力以及开孔面积比来调节通过通风墙（穿孔或开槽）的气流，从而将由于模型阻塞而引起的流动加速度最小化。”（Mokry 等[2] p. 167）。

开放试验段为观察模型流场提供了良好的光学测量环境。“必须指出，开放射流边界不同于自由空气，后一种情况下，由于模型的存在而引起的压力扰动通常仅在无穷远处消失。因为没有外部流来抵抗变形，开放射流边界的曲率大于自由流动中相应流线的曲率，流线比自由流动时更加分散”（Mokry 等[2] p. 5）。

还可以根据流速（亚声速、跨声速、超声速、高超声速）、使用的流体（空气、氮气、水）以及流体状态（环境状态、加压、低温）等特征进行风洞分类。正如方程（7-6）所示，降低温度和提高压力可以增加雷诺数。例如，法国 Fauga-Mauzac 的 ONERA F1 风洞[3] 和美国弗吉尼亚州 Hampton 的 NASA 兰利研究中心的低湍流压力风洞（LTPT）[4] 均为增压低速风洞，前者压力可达 $p = 3.85$ bar，后者静态压力可达 $p = 10$ atm（10.132 5 bar）。由于在环境压力下氮气的沸点约为 $T = 90$ K，使用氮气作为试验介质可

---

① 以法国发明家古斯塔夫·埃菲尔（Gustav Eiffel）的名字命名，他于 1909 年在巴黎埃菲尔铁塔脚下首次建造了这种类型的风洞。1912 年，风洞迁至 Auteuil。该风洞目前仍在使用，主要用于建筑空气动力学研究[40]。

② 以普朗特 1908 年在德国建立第一个空气动力学研究机构的小镇命名。

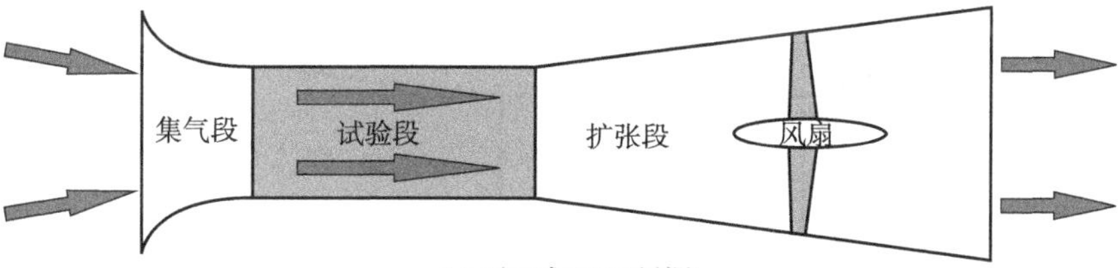

(a) 开口式(Eiffel风洞)

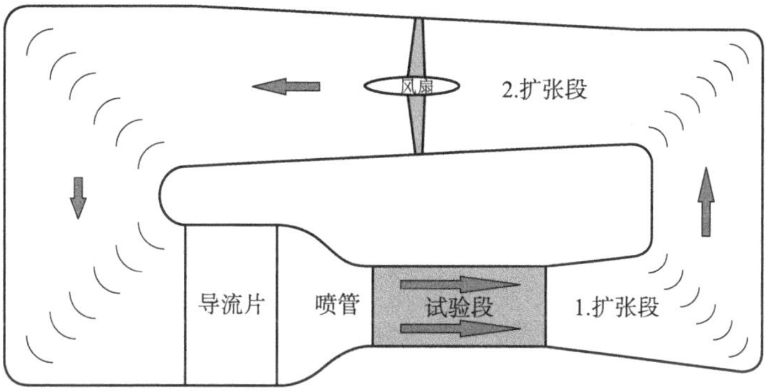

(b) 闭口回流(Göttingen风洞)

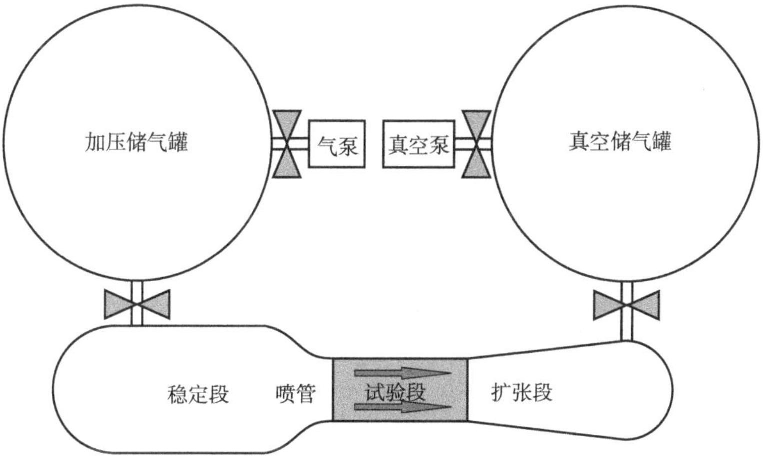

(c) 暂冲式

图 7 - 1　风洞回路分类

以实现非常低的试验温度。应用低温条件的风洞包括位于德国的 Cologne 低温风洞（DNW - KKK）[5] 和欧洲跨声速风洞（ETW）[6]，以及美国弗吉尼亚州 Hampton NASA 兰利研究中心的国家跨声速设施（NTF）[7]。对于后两个风洞，通过加压可实现更高的实验雷诺数。

图 7 - 3 显示了 ETW 中典型高升力飞机模型的雷诺数与温度和压力之间的关系。包络线左下角为环境条件。根据式（7 - 6），雷诺数与压力之间是线性关系。通过低温环境，雷诺数可以进一步增加 4 倍。但在试验期间，重点关注当地速度，由于加速流动的冷却效应，氮气可能会变成液态从而在模型上凝结。

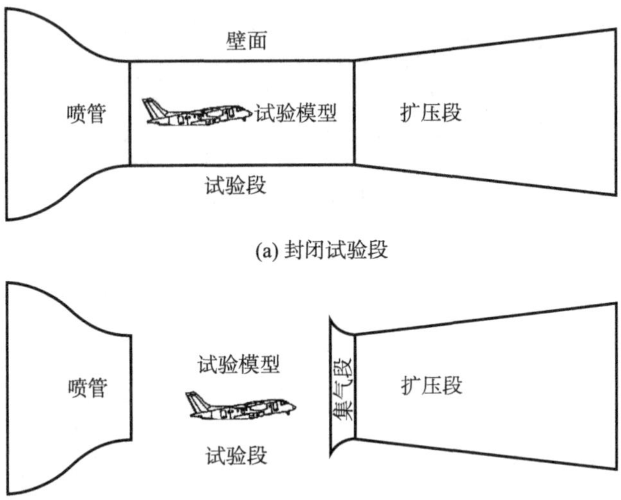

图 7－2　风洞试验段类型

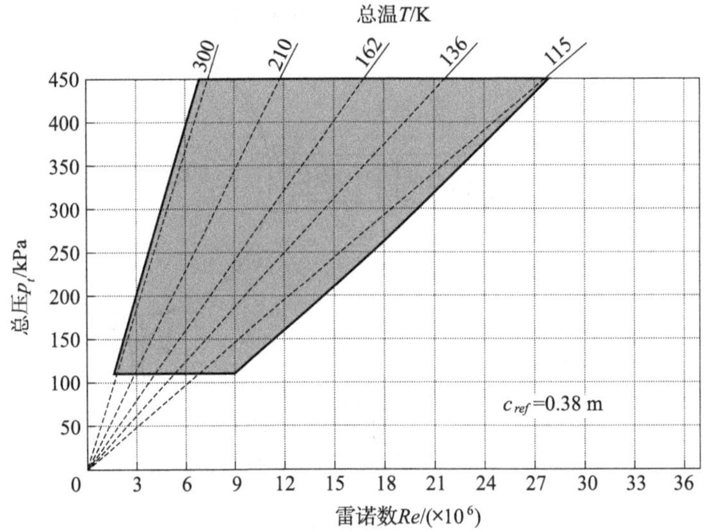

图 7－3　高升力模型在低温条件下的雷诺数取决于温度和压力（Germain 和 Quest[8]，图 2 右图）

7.1.2　风洞模型类型及安装

根据高升力流动研究性质的不同，可选择不同类型的风洞开展研究。研究高升力翼型的气动特性时，通常使用二维模型，由固定翼型剖面沿展向拉伸形成。大多数情况下，二维翼型模型固定在两个壁面之间［见图 7－4（a）］。“如果机翼两端分别安装在封闭矩形风洞的两侧壁面上，那么除了风洞边界层的微弱影响外，不会有任何尾涡结构”（Glauert[1] p. 41）。如果模型展长较小，可以安装在侧板上［见图 7－4（b）］，或者作为悬臂翼［见图 7－4（c）］，后者还允许开展后掠角实验。理论上，只有机翼翼展无限时才

能获得二维翼型特性，因此应尽可能提高展弦比

$$\Lambda_{2D}=\frac{b^2}{A_{ref}}=\frac{b}{c} \tag{7-8}$$

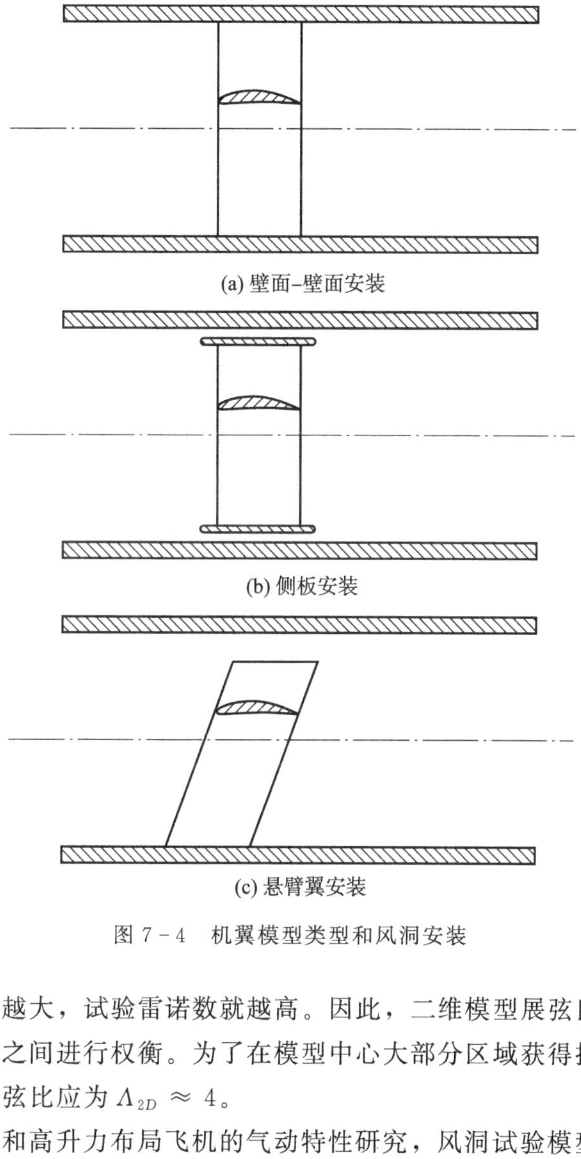

图 7-4　机翼模型类型和风洞安装

另一方面，弦长越大，试验雷诺数就越高。因此，二维模型展弦比须在获得期望的二维流动特性和雷诺数之间进行权衡。为了在模型中心大部分区域获得接近二维翼型的气动特性，此类模型的展弦比应为 $\Lambda_{2D}\approx 4$。

对于高升力机翼和高升力布局飞机的气动特性研究，风洞试验模型通常是包含关键细节的缩比模型。由于尾翼对高升力机翼流动影响不大，因此通常省略尾翼。但是，襟翼、缝翼等支撑结构都会干扰流场，因此不能忽略。

飞机模型可以是能安装在支撑结构上的全模［见图 7-5（a）］，或能够安装在风洞侧壁上的半模［见图 7-5（b）］。虽然全模不直接受风洞壁面流动影响，但理论上半模可达到两倍的试验雷诺数。Franz[9] 认为半模用于高升力试验的优势有：

1）对于给定的风洞，试验段能够支持的半模尺寸大约是全模的两倍，这意味着试验雷诺数翻倍，从而更接近飞行雷诺数；

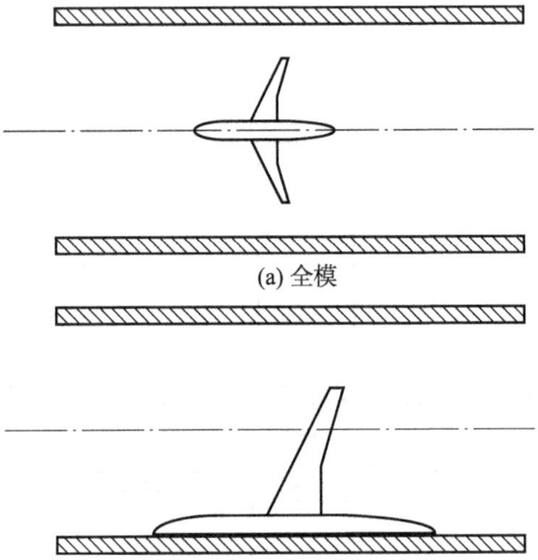

(a) 全模　(b) 半模

图 7－5　飞机模型分类及其在风洞中安装形式

2）在模型制造中，省去了对称部分，从而降低了成本；

3）通常尺寸翻倍半模制造更简单，并且同等工艺程度下其精度是全模的两倍；

4）各个单独部件的调整精度显著提高，这对于多襟翼系统的各襟翼定位尤其重要。

（Franz[9] p. 7）

7.1.3　风洞校正

风洞内气流状态与自由流明显不同。简单来说，无论是封闭还是开放的试验区域，模型安装均会影响气流横截面积，从而影响气流的质量流量。“从理论上讲，可以利用流动的基本理论推导风洞壁面约束的影响，虽然风洞内流场流动和自由空气中流动的微分方程是相同的，但边界条件却不一样”（Garner[10] p. 5）。

自从有风洞试验开始，建立试验测量值与自由空气流动情况之间的量化关系一直是一个主要的研究方向。对于一些系统偏差已经建立了可直接应用的解析关系。AGARD 的两个报告 AG109[10] 和 AG336[11] 提供了当前风洞校正方法的集合。对于其他类型的误差，无法以相同的方式处理，必须尽可能地将其最小化。这将在本节的最后部分讨论。

对风洞进行校正分析时，首先需要定义由气流引起的偏差的无量纲参数。轴向流动的诱导偏差可描述为

$$\varepsilon = \frac{u_i}{U_\infty} \tag{7-9}$$

通常用有效攻角的变化表示速度的垂直分量上的偏差

$$\Delta\alpha = \frac{w_i}{U_\infty} \tag{7-10}$$

由于垂直分量通常主要（但不完全）与升力的产生相关，无量纲的上洗干扰因子可以

表示为

$$\delta = \frac{w_i}{U_\infty} \frac{C}{A_{ref} \cdot C_L} \tag{7-11}$$

其沿测试段长度方向的导数为

$$\delta_1 = \frac{\partial \delta}{\partial \left(\dfrac{x}{\beta L} \right)} \tag{7-12}$$

“C 为测试段横截面积，L 为特征长度（通常选测试段高度 H）”（Krynytzky[11] p. 2-8）。

方程（7-12）中的 Prandtl-Glauert 因子主要用于考虑可压缩性

$$\beta = \sqrt{1 - M_\infty^2} \tag{7-13}$$

空间坐标通常选取风洞试验段高度进行无量纲化

$$\xi = \frac{x}{\beta H}, \quad \zeta = \frac{z}{H} \tag{7-14}$$

风洞修正方法主要基于势流理论[1, 12]，假设模型尺寸足够小，将其简化为奇点。采取与 4.1.2 节中处理地面效应的类似方法，对奇点进行镜像以补偿风洞壁面影响。由于模型两侧均有壁面，因此需要在两个方向上进行镜像处理——包括原始奇点和它所对应的镜像——最终形成如图 7-6 中所呈现的由无限奇点构成的序列。三维情况下，这一原理依旧适用，此时奇点还需要在垂直于气流的第二方向上进行镜像。风洞壁面的干扰就是由所有这些奇点（除了模型本身的奇点）诱导产生的流场。

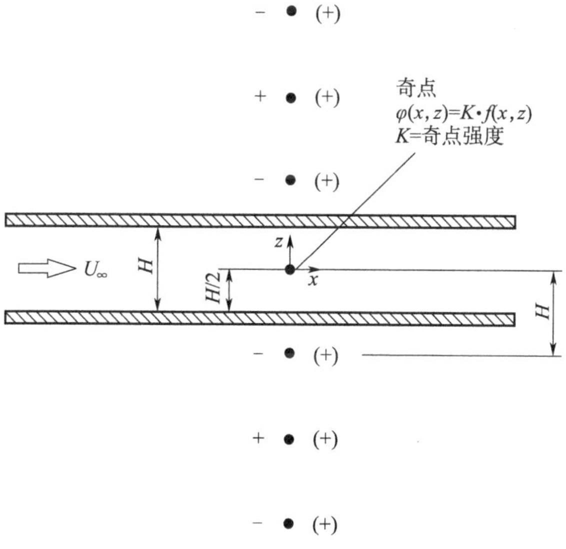

图 7-6　二维风洞中处于壁面中间奇点的镜像系统（根据 Krynytzky[11]，图 2-6）

−，+：强度函数 Φ 在 z 方向为奇函数；（+）：强度函数 Φ 在 z 方向为偶函数

7.1.3.1　升力干扰修正

第一个修正与模型和风洞壁面间的干扰有关。图 7－7 展示了由于风洞壁面存在而导致的流场畸变。与自由流态（虚线所显示的流线）相比，风洞壁面使得模型附近的流线弯曲，减小了来流攻角并阻挡模型后的下洗流。为了体现这一点，在图 7－6 中的奇点布局中，基本奇点被视为一个具有强度 Γ 的基本势涡，根据茹科夫斯基定理（第 2 章方程（2－21）），这个强度与升力系数成正比。

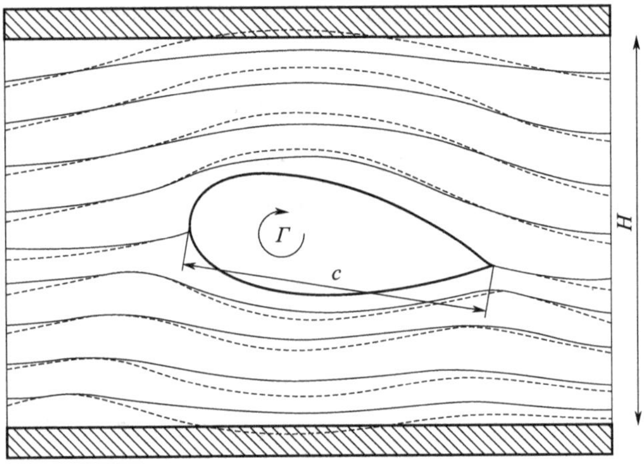

图 7－7　封闭试验段中壁面对流场环量影响

如图 7－8 所示，上洗干扰因子取决于轴向垂直方向上模型侧向偏离位置，其导致二维流动[①]

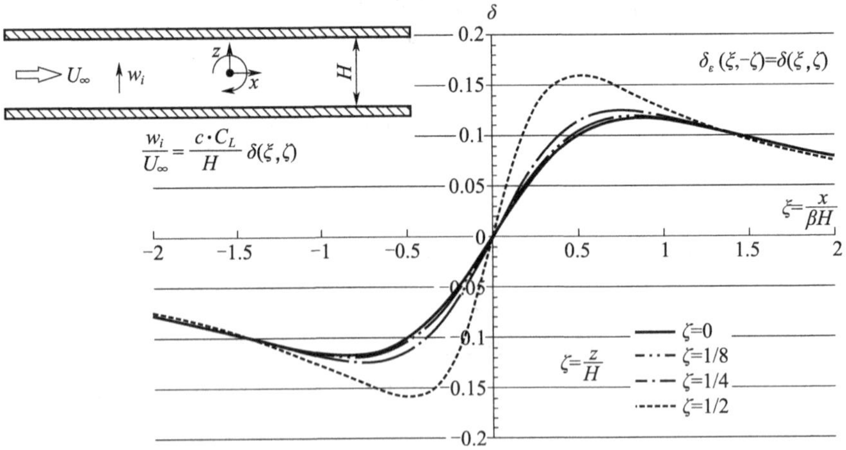

图 7－8　风洞中壁面与二维涡上洗流动的干扰（根据 Krynytzky[11]，图 2－9）

① Krynytzky 在［11］中的式（2－13）是错误的，其因子为 $1/4\pi$，实际为 $1/2\pi$，但图表是正确的。

$$\delta(\xi,\zeta)=\frac{H}{U_\infty \cdot c \cdot C_L}\frac{\partial \Phi_w}{\partial z}=-\frac{1}{2\pi}\sum_{\substack{n=-\infty\\ n\neq 0}}^{n=\infty}(-1)^n\frac{\xi}{\xi^2+(\zeta-n)^2} \tag{7-15}$$

流向干扰参数（如图 7-9 所示）为①

$$\varepsilon_\delta(\xi,\zeta)=\frac{1}{U_\infty}\frac{\partial \Phi_w}{\partial x}=\frac{C_L}{2\pi\beta}\frac{c}{H}\sum_{\substack{n=-\infty\\ n\neq 0}}^{n=\infty}(-1)^n\frac{\zeta-n}{\xi^2+(\zeta-n)^2} \tag{7-16}$$

根据对称性，在模型位置处的上洗流与轴向干扰因子为零。然而，上洗流梯度并非如此

$$\delta_1(0,0)=\frac{\pi}{24} \tag{7-17}$$

“由于上洗流梯度与 C_L 成比例，因此未修正的升力曲线将更陡”（Krynytzky[11] p. 2-15）。Krynytzky[11] 将升力的变化解释为：“严格来说，这些结果仅适用于较小的模型，但从图 7-8 和图 7-9 中干扰速度的空间变化可以看出有限模型尺寸的影响。一个在零攻角下位于两壁之间的模型，其弦长可能会使前缘和后缘超出“恒定”干扰的区域。此外，将模型在一定攻角范围内旋转，使前缘和后缘都偏离中心线，进入上洗流和流向的干扰区。沿中心线的线性上洗流动不超过 $x/\beta H \leqslant \pm 0.4$。对于 $z/H \leqslant \pm 0.2$ 的区域，上洗流动和流向干扰与中心线值的偏差都很小”（Krynytzky[11] p. 2-15）。

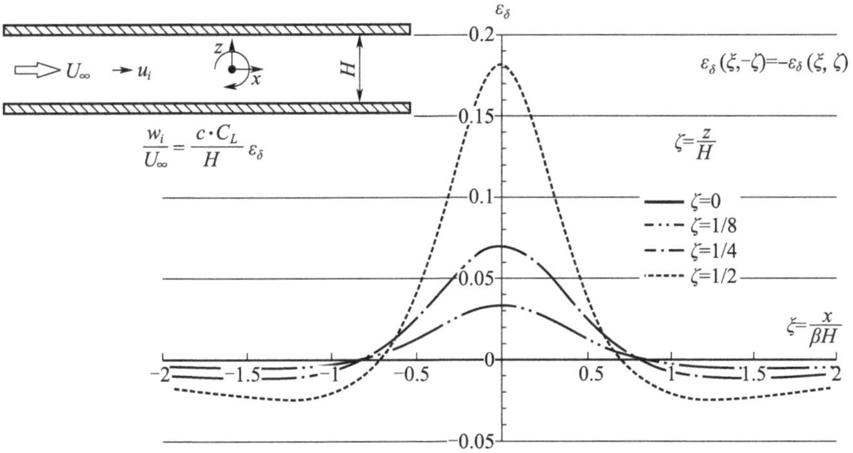

图 7-9　风洞中 2D 涡旋的流场流向干扰（根据 Krynytzky[11]，图 2-10）

“除了与翼型厚度和弯度相关的干扰效应外，还需要考虑由风洞壁面对翼型尾流的限制所引起的流场进一步变化”（Allen 和 Vincenti[13] p. 156）。Goldstein[14] 基于流线曲率进行了升力诱导修正的校正。Allen 和 Vincenti[13] 通过考虑可压缩性完善了该方法。文献 [11] 对修正方法总结为②

① Krynytzky 在文献 [11] 中的式 (2-15) 有误，其因子为 $1/4\pi$，实际为 $1/2\pi$，但图表是正确的；此外，式 (2-15) 的符号与式 (2-6) 中分母的轴向诱导系数 $H/(c \cdot C_L)$ 定义不一致。

② Krynytzky 在文献 [11] 中忽略了形状因子和阻力系数项，这些项原本包含在 Allen 和 Vincenti[13] 的公式中。在实际应用中，这有时是有利的，因为无法获得准确的形状因子和阻力系数。

$$\Delta\alpha = \frac{\pi c^2}{96\beta H^2}(C_L + 4C_m)$$

$$\Delta C_L = -\frac{\pi^2}{48}\left(\frac{c}{\beta H}\right)^2 C_L \tag{7-18}$$

$$\Delta C_m = -\frac{\pi^2}{192}\left(\frac{c}{\beta H}\right)^2 C_L$$

Garner[10] 指出："忽略 $(c/H)^4$ 项。应该认识到，$c > 0.4\beta H$ 时式（7-18）精确性非常差"（Garner[10] p. 34）。对于模型较大或者马赫数较高的情形，这一约束更明显。Havelock[15] 报告了高阶修正

$$\Delta\alpha = \beta C_L\left\{\frac{\pi}{96}\left(\frac{c}{\beta H}\right)^2 - \frac{41\pi^3}{92\ 160}\left(\frac{c}{\beta H}\right)^4 + O\left(\frac{c}{\beta H}\right)^6\right\}$$

$$\Delta C_L = C_L\left\{-\frac{\pi^2}{48}\left(\frac{c}{\beta H}\right)^2 + \frac{7\pi^4}{3\ 072}\left(\frac{c}{\beta H}\right)^4 + O\left(\frac{c}{\beta H}\right)^6\right\} \tag{7-19}$$

$$\Delta C_m = C_L\left\{\frac{\pi^2}{192}\left(\frac{c}{\beta H}\right)^2 + \frac{7\pi^4}{15\ 360}\left(\frac{c}{\beta H}\right)^4 + O\left(\frac{c}{\beta H}\right)^6\right\}$$

如果能够测量力矩系数，则可利用 Garner[10]进行攻角修正

$$\Delta\alpha = \frac{\pi c^2}{96\beta H^2}(C_L + 4C_m) - \frac{7\pi^3 c^4 C_L}{30\ 720\beta^3 H^4} \tag{7-20}$$

三维全模型风洞修正的方法类似。与二维流动中用奇点代替模型不同，三维流动中用升力线来代表机翼和尾涡。风洞壁面影响通过镜像来考虑，但是在与风洞轴线垂直的两个方向上。采用类似的分析可得到模型处的上洗流影响因子

$$\delta(0,0,0) = \frac{B \cdot H}{8\pi}\sum_{m=-\infty}^{m=\infty}\sum_{\substack{n=-\infty \\ n\neq m=0}}^{n=\infty}(-1)^n \frac{m^2B^2 - n^2H^2}{(m^2B^2 + n^2H^2)^2} \tag{7-21}$$

及其导数

$$\delta_1(0,0,0) = \frac{B \cdot H^2}{8\pi}\sum_{m=-\infty}^{m=\infty}\sum_{\substack{n=-\infty \\ n\neq m=0}}^{n=\infty}(-1)^n \frac{m^2B^2 - 2n^2H^2}{(m^2B^2 + n^2H^2)^{5/2}} \tag{7-22}$$

"由于风洞壁面影响而在模型位置处引起的上洗流动需要对攻角和阻力进行修正"（Krynytzky[11] p. 2-21）。这解释了诱导风轴与风洞轴不平行的情况。因此，在风洞轴上测量的力并不完全代表在气动坐标系中的受力。"对于模型较小以及上洗气流较小的情况，升力和阻力的修正为"（Krynytzky[11] p. 2-21）

$$C_{L,c} = C_{L,u}\cos\Delta\alpha(0,0) - C_{D,u}\sin\Delta\alpha(0,0)$$

$$C_{D,c} = C_{D,u}\cos\Delta\alpha(0,0) - C_{L,u}\sin\Delta\alpha(0,0) \tag{7-23}$$

$$\Delta\alpha(0,0) = \delta(0,0)\frac{A_{ref}}{C}C_{L,u}$$

"尽管上述关系定义了校正后的流动初始方向，但还必须根据干扰流的曲率调整模型的攻角。由于机翼处于上洗随 x 值增加而增强的干扰流场中，与不受约束的流动相比，在闭壁风洞中有效弯度增加"（Krynytzky [11] p. 2-21）。由流线曲率引起的对来流方向的额外影响与流向上洗流导数成比例

$$\alpha_c = \alpha_u + \Delta\alpha + \Delta\alpha_{SC} = \alpha_u + \left(\delta(0,0) + \frac{c}{2\beta H}\delta_1(0,0)\right)\frac{A_{ref} \cdot C_{L,u}}{C} \tag{7-24}$$

对应的俯仰力矩修正为

$$\Delta C_m = \delta_1(0,0)\,\frac{c}{16\beta H}\,\frac{A_{ref}}{C}\,C_{L,u}\,\frac{\partial C_L}{\partial \alpha} \tag{7-25}$$

7.1.3.2　阻塞校正

阻塞效应与模型尺寸引起的流动位移相关。如图 7 - 10 所示，由于模型的存在，使得风洞试验段流动横截面积减小，流速加快。

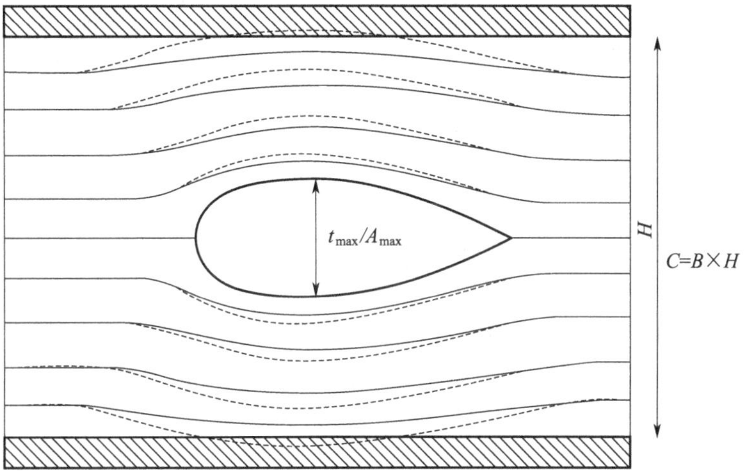

图 7 - 10　模型阻塞对试验段流场的影响

为推导二维模型的阻塞修正，如图 7 - 6 中所示的方法，其中奇点的偶极子强度为

$$\mu = \frac{A \cdot U_\infty}{\beta} \tag{7-26}$$

其中，A 为模型的有效横截面积，可由翼型最大厚度计算得到。流向干扰系数为

$$\varepsilon(\xi,\zeta) = -\frac{1}{2\pi\beta^3}\frac{A}{c^2}\left(\frac{c}{H}\right)^2\sum_{\substack{n=-\infty \\ n\neq 0}}^{n=\infty}\frac{\xi^2-(\zeta-n)^2}{[\xi^2+(\zeta-n)^2]^2} \tag{7-27}$$

模型位置处的流向干扰为

$$\varepsilon(0,0) = \frac{\pi}{6}\frac{A}{\beta^3 H^2} \tag{7-28}$$

“应注意，在任意 y 值处，模型位置处的干扰都是最大的，如图 7 - 11 所示，这增加了模型感受到的有效自由流速度。然而，由于干扰的流向对称性，模型上不存在压力浮力”（Krynytzky[11] p. 2 - 23）。

与升力干扰类似，对于非升力外形的上洗流动干扰参数为①

① Krynytzky 在文献 [11] 的式 (2 - 46) 有误，其忽略了负号，但图表是正确的。

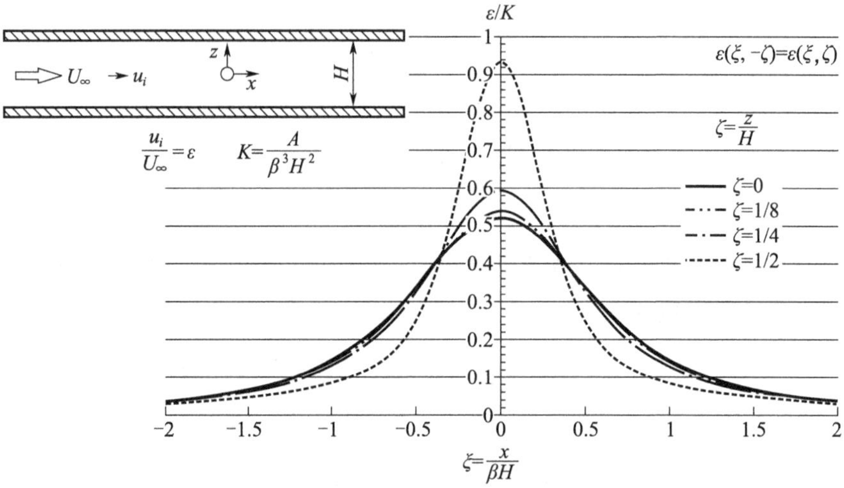

图 7-11　风洞中二维源偶极子流向干扰（Krynytzky[11]，图 2-15）

$$\delta_{\varepsilon}(\xi,\zeta)=\frac{1}{2\pi\beta^{2}}\frac{A}{H^{2}}\sum_{\substack{n=-\infty\\ n\neq 0}}^{n=\infty}\frac{2\xi(\zeta-n)}{[\xi^{2}+(\zeta-n)^{2}]^{2}} \tag{7-29}$$

“由于对称性，固体阻塞引起的上洗流动干扰沿风洞轴向为零，如图 7-12 所示。在偏离中心线的地方，上洗流动干扰类似于二维涡流的上洗流动干扰”（Krynytzky[11] p. 2-24）。

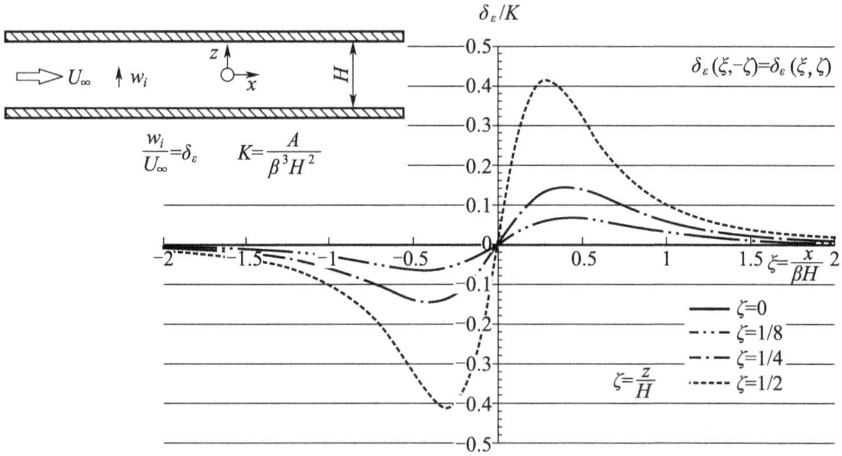

图 7-12　风洞中二维源偶极子上洗干扰（Krynytzky[11]，图 2-16）

用单偶极子源表示二维机翼模型仅适用于机翼弦长较小的情形，模型较大时，可以通过引入形状因子来进行修正，利用形状因子 λ 建立任意二维物体的扰动与等效圆柱体的扰动之间的关系[1]

$$r=2t_{\max}\sqrt{\lambda} \tag{7-30}$$

对应的偶极子强度为

$$\mu = \frac{\pi}{2}\lambda \cdot t_{max}^2 \cdot U_\infty \tag{7-31}$$

通常，通过对无粘速度分布积分可获得对称物体的形状因子

$$\lambda = \frac{4}{\pi}\int_{LE}^{TE} \frac{U(s)}{U_\infty}\frac{z(s)}{t_{max}^2}ds \tag{7-32}$$

速度分布无法事先获得时，Glauert[1] 提出了基于最大厚度的估算方法

$$\lambda = \frac{2A_0}{\pi t_{max}^2} \tag{7-33}$$

其中，有效横截面积 A 与实际横截面积 A_0 之间的关系为

$$A = \left(1 + \frac{t_{max}}{c}\right)A_0 \tag{7-34}$$

模型位置处的流向干扰因子为

$$\varepsilon(0,0) = \frac{\pi^2}{12}\frac{\lambda t_{max}^2}{\beta^3 H^2} \tag{7-35}$$

Rogers[10] 提出了流向干扰因子的另一种计算方法

$$\varepsilon(0,0) = \frac{\pi}{6}\left(1 + 1.2\beta\frac{t_{max}}{c}\right)\frac{A}{\beta^3 H^2} \tag{7-36}$$

针对由攻角引起的非对称影响，Batchelor[16] 提供了另一种扩展

$$\varepsilon(0,0)(\alpha) = \varepsilon(0,0)\left(1 + 1.1\frac{c}{t_{max}}\alpha^2\right) \tag{7-37}$$

通过将模型替换为等效球体，可以获得三维模型的类似分析。“为了计算固体阻塞效应，将有限翼展机翼或翼身组合体等同为体积相同的旋转体。当然，这意味着机翼被等效球体或椭球体所替代，而不是人们通常认为的圆柱体”（Rogers[10] p. 297）。根据 Rogers[10]，流向干扰由下式给出

$$\varepsilon(0,0,0) = T\left(\frac{1}{BH}\right)^{3/2}\frac{V}{\beta^3}\left[1 + 1.2\beta\frac{t_{max}}{c}\right] \tag{7-38}$$

其中，风洞形状因子考虑了横截面纵横比的影响

$$T = \frac{1}{4\pi}\sum_{m=-\infty}^{m=\infty}\sum_{\substack{n=-\infty \\ n\neq m=0}}^{n=\infty}\left(\frac{BH}{m^2B^2 + n^2H^2}\right)^{3/2} \tag{7-39}$$

由于阻塞而产生的流向干扰主要是模型处流速增加。风洞仪器设备可以测量风洞内的压力，主要是喷管上游稳定段的总压与喷管处的静压比。通过校准可以获得风洞流速。由于阻塞，从风洞校准获得的流速低于模型实际感受到的流速。由于总压不变，模型处的静压也低于没有模型时的静压。因此，流向干扰会影响用于计算空气特性的所有参考值的校正。

$$
\begin{aligned}
&U_{\infty,c}=U_{\infty,u}(1+\varepsilon_0)\\
&M_{\infty,c}=M_{\infty,u}\left[1+\left(1+\frac{\kappa-1}{2}M_{\infty,u}^2\right)\varepsilon_0\right]\\
&q_{\infty,c}=q_{\infty,u}\left[1+(2-M_{\infty,u}^2)\varepsilon_0\right]\\
&p_{\infty,c}=p_{\infty,u}(1-\kappa M_{\infty,u}^2\varepsilon_0)\\
&T_{\infty,c}=T_{\infty,u}(1-(\kappa-1)M_{\infty,u}^2\varepsilon_0)\\
&\rho_{\infty,c}=\rho_{\infty,u}(1-M_{\infty,u}^2\varepsilon_0)\\
&Re_{\infty,c}=Re_{\infty,u}\left[1+\left(1-\frac{\kappa}{2}M_{\infty,u}^2\right)\varepsilon_0\right]
\end{aligned}
\tag{7-40}
$$

无量纲气动系数也可通过类似的方法获得

$$
\begin{aligned}
&c_{p,c}=\frac{p-p_{\infty,c}}{\frac{1}{2}\kappa p_{\infty,c}M_{\infty,c}^2}=\frac{p-p_{\infty,u}(1-\kappa M_{\infty,u}^2)}{\frac{1}{2}\kappa p_{\infty,u}M_{\infty,u}^2(1-\kappa M_{\infty,u}^2)\left[1+\left(1+\frac{\kappa-1}{2}M_{\infty,u}^2\right)\varepsilon_0\right]^2}\\
&C_{L,c}=\frac{L}{\frac{1}{2}\kappa p_{\infty,c}M_{\infty,c}^2A_{ref}}=\frac{L}{\frac{1}{2}\kappa p_{\infty,u}M_{\infty,u}^2A_{ref}}\frac{1}{(1-\kappa M_{\infty,u}^2)\left[1+\left(1+\frac{\kappa-1}{2}M_{\infty,u}^2\right)\varepsilon_0\right]^2}\\
&C_{D,c}=\frac{D}{\frac{1}{2}\kappa p_{\infty,c}M_{\infty,c}^2A_{ref}}=\frac{D}{\frac{1}{2}\kappa p_{\infty,u}M_{\infty,u}^2A_{ref}}\frac{1}{(1-\kappa M_{\infty,u}^2)\left[1+\left(1+\frac{\kappa-1}{2}M_{\infty,u}^2\right)\varepsilon_0\right]^2}\\
&C_{m,c}=\frac{M_y}{\frac{1}{2}\kappa p_{\infty,c}M_{\infty,c}^2A_{ref}c_{ref}}=\frac{M_y}{\frac{1}{2}\kappa p_{\infty,u}M_{\infty,u}^2A_{ref}c_{ref}}\frac{1}{(1-\kappa M_{\infty,u}^2)\left[1+\left(1+\frac{\kappa-1}{2}M_{\infty,u}^2\right)\varepsilon_0\right]^2}
\end{aligned}
\tag{7-41}
$$

7.1.3.3　尾流阻塞修正

由于粘性效应影响，模型对风洞内流场的干扰不会沿着流体的流动而减弱，如图 7-13 所示，模型后方尾流因为速度缺失引起阻塞干扰，这也导致流场的变化。由于阻塞干扰与尾流剪切层的位移厚度密切相关，因此分析时，可将其近似为点源，且点源强度与模型阻力成正比

$$q=\frac{1}{2}U_\infty\cdot c\cdot C_D \tag{7-42}$$

对于放置在风洞轴线上的源，对应的流向影响因子为

$$\varepsilon_w=\frac{C_D}{4\pi\beta^2}\sum_{\substack{n=-\infty\\ n\neq 0}}^{n=\infty}(-1)^n\frac{\xi}{\xi^2+(\zeta-n)^2} \tag{7-43}$$

对此，Krynytzky[11] 的解释为：“在模型的下游，由于粘性尾流羽流等效位移面积的影响，风洞的横截面积减小，因此尾流外部的流速必须相应增加。总的来说，点源增加了来流的质量，使得上游的平均流速和下游不相等。因此奇点近似带来的一个后果就是在模型远上游的非零干扰”（Krynytzky[11] p. 2-26）（见图 7-14）。

需要注意的是，尾流阻塞干扰的影响在模型处为零，由于通常是通过测量远上游处的

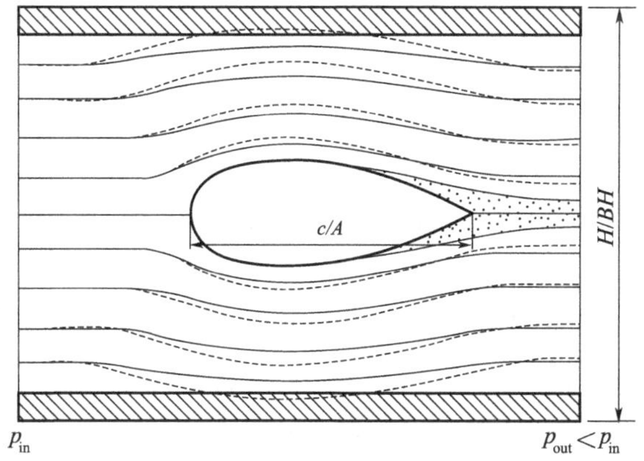

图 7-13　尾流阻塞对风洞试验段流场影响

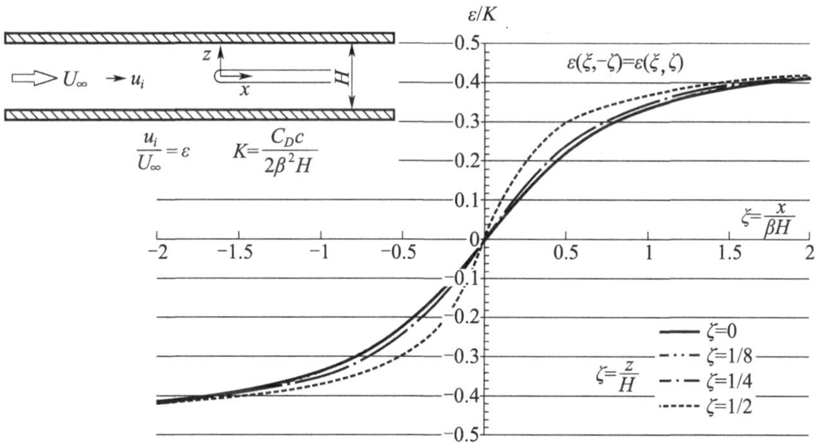

图 7-14　风洞中二维点源的流向干扰（Krynytzky[11]，图 2-18）

压力来确定风洞流速，尾流阻塞效应带来的干扰会影响压力测量值，因此，将模型位置处的干扰视为对测量到的风洞流速的修正是恰当的。二维翼型的流向干扰因子为

$$\varepsilon_w(0,0)=\frac{C_D}{4\beta^2}\frac{c}{H} \tag{7-44}$$

三维模型为

$$\varepsilon_w(0,0,0)=\frac{C_D}{4\beta^2}\frac{A}{BH} \tag{7-45}$$

$$\frac{\partial\varepsilon_w(0,0,0)}{\partial\xi}=\frac{\pi}{12}\frac{C_D}{\beta^2}\frac{c}{H} \tag{7-46}$$

7.1.3.4　模型尺寸影响

从风洞校正的讨论中可以看出，模型的大小对测量量影响很大。为了将风洞的影响控制在可接受的范围内，模型尺寸也应受到限制。“需要注意的是，模型的气动尺寸（取决于主要流动现象以及产生的气动力大小，见下一节）—— 而非几何尺寸 —— 才是对模型

尺寸最相关的表征”（Krynytzky 和 Hackett[11] p. 1 - 19）。主要考虑的是用单一点源表示的完整气动模型及其气动效应的空间分布。“关于模型引起的干扰大小，V（体积；对于二维流动为横截面积 A）和 $[C_D \times A_{ref}]$（模型阻力；对于二维流动为 $[c_D \times c_{ref}]$）被认为是与远场对称扰动相关的线性参数，而 $[C_L \times A_{ref}]$（模型升力；对于二维流动为 $[c_L \times c_{ref}]$）与模型引起的非对称远场扰动相关”（Krynytzky 和 Hackett[11] p. 1 - 19）。

“模型尺寸与阻塞干扰有关，通常用所谓的‘模型阻塞’参数或 A_{max}/C 来描述或界定，其中 A_{max} 是模型的最大横截面积（垂直于风洞轴线），C 是试验段的横截面积。二维等效值是 t_{max}/H，其中 t_{max} 是模型的最大厚度，H 是试验段高度”（Krynytzky 和 Hackett[11] p. 1 - 19）。根据 Hackett[17] 的研究，“当 $[A_{max}/C]$ 值大约为 10%时，校正后的阻力系数位于公认的无约束数据散射带内”（Hackett[17] p. 5）。对于机翼相对厚度约为 10%的运输机，这会导致模型阻塞参数约为 $A_{max}/C = 1\%$。

升力的变化不仅仅与模型尺寸有关，因此升力的影响较难预测。可以找到关于模型翼展的指南。“机翼翼展与风洞宽度比超过 0.6 的模型将特别受到风洞壁面上洗气流的影响，且上洗气流沿展向变化”（Steinle 和 Stanewsky[18] p. 12）。Rogers 指出，“虽然在这些问题上不可能做到精确，但为方便起见，可将翼展 b 与风洞宽度 B 之比小于 0.5 的机翼视作小机翼”（Rogers[10] p. 298）。跟据 Krynytzky 的说法，“当翼展比 b/B 小于 0.5 时，可以忽略翼展的影响”（Krynytzky[11] p. 2 - 20）。

对于更高升力潜力的二维高升力模型，诱导升力并不依赖于翼展。根据 van den Berg[19] 的说法，“高升力测试中，不建议使用相对较大的二维模型。模型弦长与风洞高度之比 c_{ref}/H 不应大于 0.30。襟翼偏转角度较大时，建议模型弦长与风洞高度之比 $c_{ref}/H = 0.25$”（van den Berg[19] p. 5 - 5）。

7.1.4 无法修正的测量误差源

沿风洞壁面会形成边界层，由于边界层位移效应，会减小试验段的有效横截面积。由于边界层发展不仅与速度有关，还与试验模型引起的压力远场有关，因此边界层位移厚度无法事先准确预测。

7.1.4.1 二维翼型的侧壁分离

对于二维翼型模型，Garner[10] 评论道：“侧壁边界层对压力分布影响有限。未失速情况下，横跨矩形风洞侧壁的翼型总载荷损失不超过 1%。靠近壁面处的局部升力与风洞中心处相差在 10%以下。与侧壁边界层厚度的较大变化相比，其引起载荷的变化较小。因此，人们完全可以相信二维理论分析的结果”（Garner[10] p. 31）。Mokry[2] 认为边界层位移主要导致马赫数变化

$$M_c = \left[M_{\infty,u}^2 - \left(2 + \frac{1}{H} - M_{\infty,u}^2\right)\frac{2\delta_1}{b}\right]^{1/2} \tag{7-47}$$

可以利用 Prandtl - Glauert 法则对升力系数修正

$$C_{L,c}=C_{L,u}\sqrt{\frac{1-M_{\infty}^{2}}{1-M_{c}^{2}}} \tag{7-48}$$

然而，针对含有襟翼翼型及失速研究表明，风洞壁面与模型连接处的边界层流动会导致拐角部位流动过早分离。“由于侧壁边界层厚度比模型边界层要厚得多，因此面对相同的逆压梯度时，其比机翼后部流场更容易分离，当逆压梯度还不足以导致机翼表面流场分离时，已经可以在机翼-壁面连接处观察到分离泡”（Mokry[2] p. 159）。“展弦比较大时，靠近风洞壁面的流动分离会对机翼中部的受力测量产生较大的间接影响。这与流动分离导致局部升力损失有关，靠近风洞壁面的局部升力损失导致有效展弦比降低，因此模型在风洞中的几何攻角会比中等翼展模型的有效攻角增加更快。有效攻角甚至可能随着几何攻角的增加而减小”（van den Berg[19] p. 5 - 5）。

图 7 - 15（a）展示了一个两段高升力翼型模型在大攻角下的表面流线模式。可以清楚地看到，在距离机翼侧壁 10%的翼展区域内已经发生流动分离，图 7 - 15（b）显示了从机翼中段开始进行压力积分得到的升力曲线，其存在一个明显的拐点，拐点后升力线斜率降低。此外，由于侧壁分离并非稳态的流动，升力积分显示出较高的不确定性。拐角分离会引起沿翼展方向载荷的明显变化，以及相应的诱导流动的发展。根据有限翼展理论，这导致中心截面处的诱导流动角度小于几何安装角。由于诱导攻角依赖于环量，因此观察到升力曲线斜率减小。

通过稳定近壁面边界层，可以防止侧壁分离。例如，在图 7 - 15（b）中，通过在风洞模型的侧壁处引入一种下垂鼻型装置[20]，对应的升力曲线在接近最大升力系数时仍接近线性斜率。对比失速条件下的压力分布发现，两种情况下的流动特征是相同的。因此，中心截面处失速状态下的流动相似。这并不奇怪，因为它对应于边界层的特定载荷。无论如何，这是在不同的攻角下实现的。由于压力分布相同，但翼型攻角不同，这导致了最大升力系数值本身的偏差。

原则上，侧壁分离也可以通过 6.1 节中讨论的边界层控制措施来预防。过去，仅在模型与壁面交界处前方侧壁上使用过抽吸和切向吹气等方法。Mokry 等人[2] 更倾向于在机翼模型与壁面交界处周围或前方的壁面上抽吸，因为“所需抽吸强度适中，并不会完全去除边界层。通过抽吸给边界层补充能量，可以延迟侧壁逆压梯度区域的过早分离。然而，减小边界层厚度并非意味着完全控制边界层的发展。需要注意的是，一旦边界层离开抽吸区域，就会迅速恢复到平板边界层状态，并对模型的压力场作出反应，就像没有抽吸时一样”（Mokry 等[2] p. 161）。

van den Berg[19] 和 de Vos[21] 分别给出了壁面吹气的例子。原则上，他们得出结论认为吹气是一种更经济有效的方式，并强调“通过吹气控制边界层根本优势在于，它可以防止缝隙后面大面积区域内发生流动分离，因此缝隙的位置并不是非常关键”（van den Berg[19] p. 5 - 8）。此外，一旦建立了足够的吹气，“在模型中段的测试数据对吹气量不敏感”（de Vos[21] p. 25）。尽管如此，需要注意的是，上述结论的前提是针对升力系数的，并且失速参数已经确定。文献［21］中的数据显示，吹气量对阻力系数影响非常大。

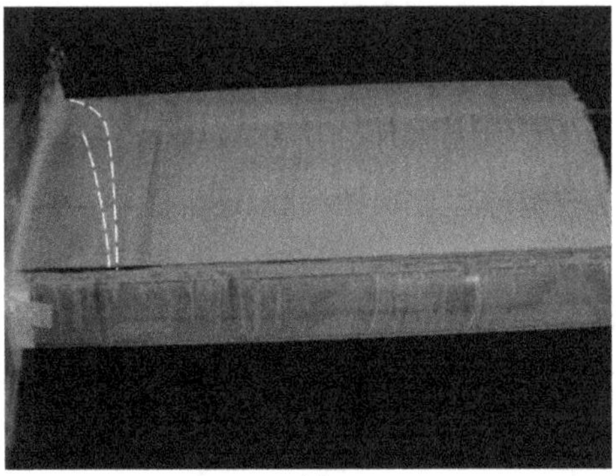

(a)

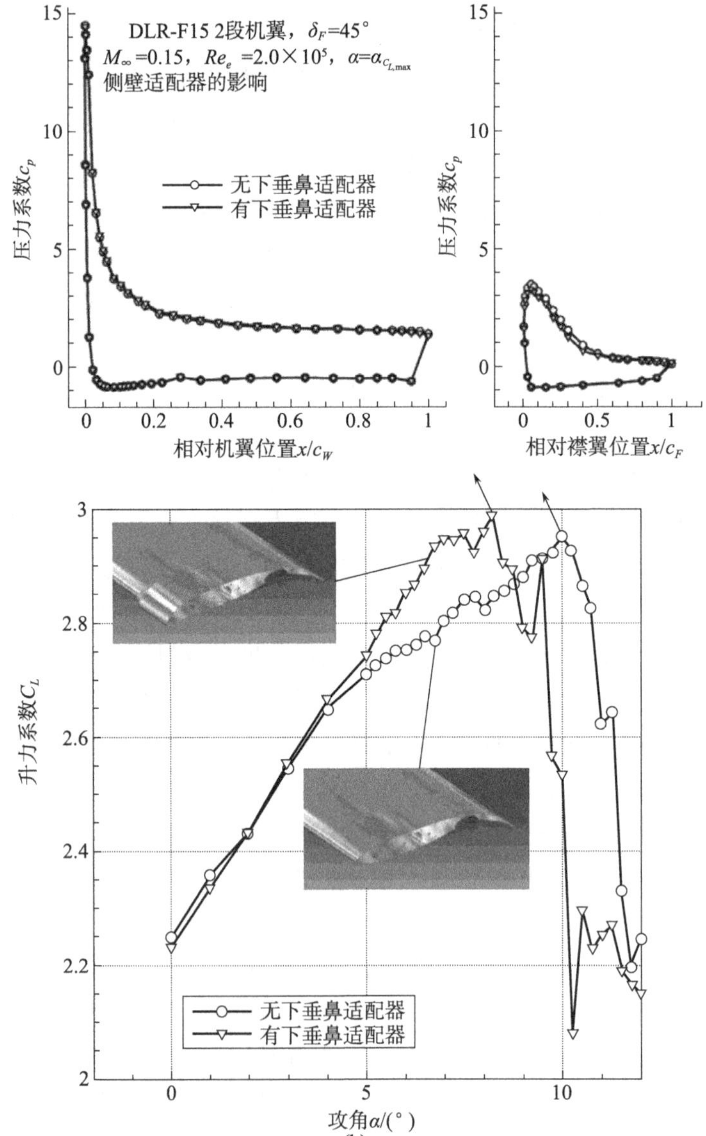

(b)

图 7-15　侧壁分离对两段高升力翼型影响

注：分图（b）来自 Wild[20]，图 7。

7.1.4.2　边界层对半模试验影响

7.1.2 节中已经提到了使用半模，特别是在针对高升力系统实验研究中的好处。使用半模的主要“难点在于满足截面平面上的物理边界条件”（Franz[9] p. 10）。为了达到理想的实验效果，需要在飞机机身的中间平面上实现流动的对称性。“无论是将模型固定在风洞中还是与天平连接，均不得向模型施加额外的力，绕半模的流动应尽可能不受风洞壁面边界层的影响。此外，还必须将任何作用于支撑系统上的力与天平测量结果分离”（Franz[9] p. 10）。

将模型直接安装在风洞壁上会导致机身流动受到壁面边界层的影响。消除这种影响的一种可能方法是将模型安装在支架上，并在机身中段布置一个分流板，或称为“假壁”。这种设计的难点在于，如何从气动力测量结果中消除指向壁面的力。此外，沿机身的边界层厚度也存在显著梯度。

目前较好的解决方案是在机身中心横截面上设计一个圆柱形偏移（peniche），所谓的“peniche”（法语拖船的意思），其与测力装置机械分离，如图 7-16 所示。“如果底座高度与机身后部的最大边界层厚度相当，那么通过这种设计，就可以将机身剖面以及测力部件从壁面边界层影响中移除”（Franz[9] p. 12）。

圆柱形偏移的一个结果是模型的有效展弦比由于翼展的虚拟延伸而发生变化。Melber 和 Wichmann[22] 研究了 peniche 高度对带有高升力系统飞机半模测量数据的影响。他们的结论是，“peniche 对模型流场的主要影响是引起额外流动位移，导致机身和内侧机翼周围的额外流速。peniche 位移效应的强度与攻角直接相关，升力随着 peniche 高度和攻角的增加而增加”（Melber 和 Wichmann[22] p. 13）。

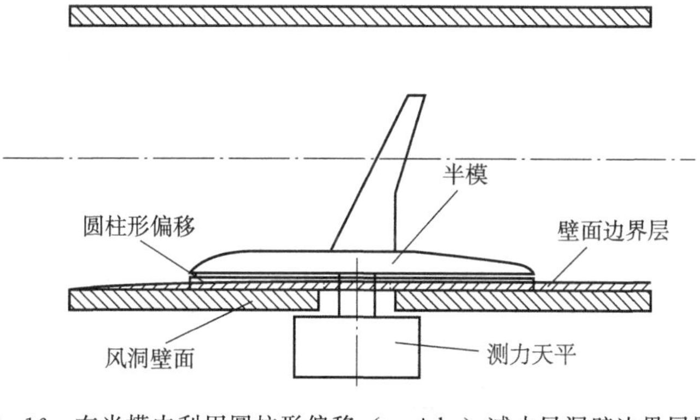

图 7-16　在半模内利用圆柱形偏移（peniche）减小风洞壁边界层影响

7.1.4.3　模型变形

对全机配置（无论是半模还是全模）进行风洞试验的目的是模拟尽可能接近真实飞行状态的流动。由于模型机械结构不是刚性的，因此在任何情况下模型都会有弹性变形。

大多数情况下，由压力产生的气动载荷占主导地位，其与来流动压成正比，由于受力随受力面积增加而增大，因此气动载荷还与模型缩放比例平方成正比

$$F \sim (p_\infty \cdot M_\infty^2, A_{ref}) \hat{=} \text{比例}^2 \tag{7-49}$$

由于力臂的因素，力矩变化还需要额外再乘上缩放比例

$$M \sim (p_\infty \cdot M_\infty^2, A_{ref}, c_{ref}) \hat{=} \text{比例}^3 \tag{7-50}$$

梁的平面弯曲变形则由微分方程定义[23]

$$\frac{\mathrm{d}^2 x}{\mathrm{d}y^2} + \frac{M_b(x)}{E \cdot I_{ii}(x)} = 0 \tag{7-51}$$

由受力引起弯曲的最大变形量与受力和惯量之比、长度尺度的立方成比例关系，最终结果为

$$\delta \sim \frac{F \cdot l^3}{I_{ii}} \hat{=} \frac{\text{比例}^5}{\text{比例}^4} = \text{比例} \tag{7-52}$$

扭转变形的微分方程为

$$\frac{\mathrm{d}\varphi}{\mathrm{d}x} - \frac{M_t(x)}{G \cdot I_p(x)} \tag{7-53}$$

扭转变形与扭矩和极惯性矩之比成比例

$$\varphi \sim \frac{M \cdot l}{I_p} \hat{=} \frac{\text{比例}^4}{\text{比例}^4} = 1 \tag{7-54}$$

为了理想地再现弯曲和扭转变形，必须按比例缩放飞机的结构布局。这是不现实的，那样的话，对于局部变形（如屈曲）而言，壳体厚度太薄，铆钉连接也无法按比例缩放，此外还有其他制造限制。总的来说，按比例缩放机翼结构将导致模型硬度比真实飞机更硬。

因此，风洞模型需要考虑特定的变形影响。实际上，为最大限度减小风洞试验中的变形，都尽可能使用刚性模型。图 7－17 比较了真实飞机机翼和风洞模型的结构布局差异。为了实现对真实飞机响应的正确模拟，风洞模型考虑了飞机机翼在飞行条件下的理论变形。显然，模型只能根据一种飞行条件变形来构建，因此在分析和解释测量数据时，必须考虑到飞机在其他飞行状态或载荷条件下与真实形状的偏差。

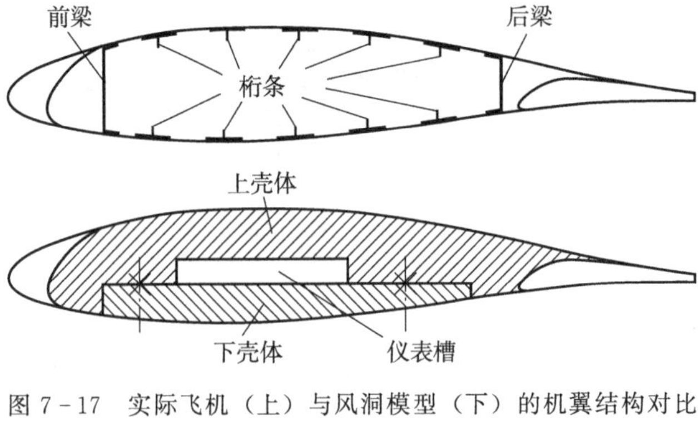

图 7－17　实际飞机（上）与风洞模型（下）的机翼结构对比

在加压风洞中进行试验时，还必须考虑模型和真实飞机机翼的不同变形行为。只有测量试验期间模型变形随时间的变化，才能实现正确的分析。实现模型与飞机间最佳对应关

系的最佳方法是在风洞模型设计过程中就考虑模型的变形，即通过设计模型形状，使得在风洞中的风载下，变形后的模型与飞机在真实飞行条件下的形状一致，如 Bier 等[24] 所验证的那样。

7.2 数值模拟

本书中的数值模拟指的是通过数学模型模拟流场的方法。本节不提供关于数学和数值建模的完整描述，只是一个粗略的概述，并强调理解哪些方法适用于高升力流动的模拟，旨在讨论这些方法的总体思路。因此，以下的讨论无论是在数学上还是在方法论的不同细节上都不完整，感兴趣的读者可以参考相关的教科书，如文献 [25]。

当然，所有的模拟方法都试图通过计算飞机周围流体的特性，即密度、压力和速度来描述相关的空气动力学。空气的运动由描述牛顿流体运动的 Navier - Stokes 方程控制。这些方程通过质量、动量和能量守恒定律来描述流体特性随空间和时间的变化。

$$
\begin{aligned}
&\text{质量}:\frac{\partial}{\partial t}\iiint_V \rho\,\mathrm{d}V+\underbrace{\oiint_\Omega \rho(\boldsymbol{u}\cdot\boldsymbol{n})\,\mathrm{d}\Omega}_{\text{通过边界的质量流量}}=0\\
&\text{动量}:\frac{\partial}{\partial t}\iiint_V \rho\boldsymbol{u}\,\mathrm{d}V+\underbrace{\oiint_\Omega \rho\boldsymbol{u}(\boldsymbol{u}\cdot\boldsymbol{n})\,\mathrm{d}\Omega}_{\text{通过边界的动量流量}}=\underbrace{\oiint_\Omega(-p\boldsymbol{n}+\boldsymbol{\tau}\cdot\boldsymbol{n})\,\mathrm{d}\Omega}_{\text{边界受力}}\\
&\text{能量}:\frac{\partial}{\partial t}\iiint_V \rho E\,\mathrm{d}V+\underbrace{\oiint_\Omega \rho H(\boldsymbol{u}\cdot\boldsymbol{n})\,\mathrm{d}\Omega}_{\text{通过边界的焓}}=\underbrace{\oiint_\Omega(\lambda_T\,\nabla T\cdot\boldsymbol{n})\,\mathrm{d}\Omega}_{\text{热流密度}}+\underbrace{\oiint_\Omega((\boldsymbol{u}^{\mathrm{T}}\cdot\boldsymbol{\tau})\cdot\boldsymbol{n})\,\mathrm{d}\Omega}_{\text{粘性能量耗散}}
\end{aligned}
\tag{7-55}
$$

7.2.1 计算流体动力学（CFD）

直接数值模拟（DNS）是一种通过数值计算求解偏微分方程组的方法，它能够求解整个体积内物理量的时空分布，但对计算资源需求非常大，包括计算内存和时间。这种方法能够完全模拟湍流的时空演化，直至流体运动的最小结构。

为了减少计算量，可以区分影响气动力时间演变的大尺度湍流结构和主要影响能量耗散的小尺度结构，这种方法被称为大涡模拟（LES)，它需要补充将湍动能耗散成热能的方程，湍流结构的大小主要取决于离散尺度。

对于许多与飞机相关的流动现象，尽管流动本身是非稳态的，但飞机所受的气动力在时间上是稳定的。求解雷诺平均 Navier - Stokes（RANS）方程可在考虑湍流情况下实现稳态模拟，该方法将流体的每个属性参数都分解为稳态平均量和随时间变化的波动量（均值为零）之和

$$
\phi(t)=\overline{\phi}+\phi'(t);\quad \overline{\phi'}(t)=0 \tag{7-56}
$$

导出的方程组与 Navier - Stokes 方程类似，用平均值计算，并增加了一个二阶封闭项，即所谓的雷诺应力，用于表示湍流产生的平均力和能量耗散。因此，相应的 RANS

方法需要一个湍流模型来表征湍流波动的时均影响。与 LES 方法相比，由于空间分辨率不再受湍流结构大小的限制，计算量大大减少。此外，由于该方法只计算稳态平均值，因此对于时间步长没有特定要求。

在 RANS 方法中，可以保留流体参数平均值的时间变化，这样，非稳态 RANS（URANS）方法就能够模拟气流的非定常演化过程。与 DNS 和 LES 相比，其时间分辨率不需要解析湍流结构，只需解析平均流动的变化。该方法特别适用于比模拟湍流运动本身慢得多的运动，如机翼俯仰、旋转流或飞机机动。

分离涡模拟（DES）是将大涡模拟（LES）和雷诺平均 Navier - Stokes（RANS）方法相结合的一种有益尝试。该方法中，边界层及其高频小尺度湍流结构通过 RANS 进行模拟，减少对空间分辨率的要求；在边界层外部采用 LES 方法来捕捉大尺度的湍流结构。该方法特别适用于模拟高度分离流动和钝体绕流。

忽略粘性影响可简化方程并大幅减少计算量，Navier - Stokes 中忽略粘性项即可得到欧拉方程

$$\begin{aligned}
&\text{质量}:\frac{\partial}{\partial t}\iiint_V \rho\,\mathrm{d}V+\underbrace{\oiint_\Omega \rho(\boldsymbol{u}\cdot\boldsymbol{n})\,\mathrm{d}\Omega}_{\text{通过边界的质量流量}}=0\\
&\text{动量}:\frac{\partial}{\partial t}\iiint_V \rho\boldsymbol{u}\,\mathrm{d}V+\underbrace{\oiint_\Omega \rho\boldsymbol{u}(\boldsymbol{u}\cdot\boldsymbol{n})\,\mathrm{d}\Omega}_{\text{通过边界的动量流量}}=\underbrace{\oiint_\Omega -p\boldsymbol{n}\,\mathrm{d}\Omega}_{\text{边界受力}}\\
&\text{能量}:\frac{\partial}{\partial t}\iiint_V \rho E\,\mathrm{d}V+\underbrace{\oiint_\Omega \rho H(\boldsymbol{u}\cdot\boldsymbol{n})\,\mathrm{d}\Omega}_{\text{通过边界的焓}}=\underbrace{\oiint_\Omega (\lambda_T\,\nabla T\cdot\boldsymbol{n})\,\mathrm{d}\Omega}_{\text{热流密度}}
\end{aligned}\tag{7-57}$$

对应的求解方法称为欧拉方法，这些方法对于压力和压缩效应主导的流动（主要是跨声速流动）可得到合理的结果。

所有模拟方法的本质是将连续变化的流动参数进行离散，在离散单元内假设流动参数恒定或线性变化，并将微分和积分转换为差分和求和

$$\begin{aligned}
&\int\phi\,\mathrm{d}x\rightarrow\sum_i\phi_i\Delta x_i\\
&\frac{\partial\phi}{\partial x}\rightarrow\frac{\phi_{i+1}-\phi_{i-1}}{2\Delta x_i}(i\ \text{单元中心差分})
\end{aligned}\tag{7-58}$$

有两种方法可实现流场的空间离散（这种离散通常称为网格，即 mesh 或 grid）。图 7 - 18 为两种常见的空间离散化方法的网格结构。结构网格方法将流场划分为边界一致的四边形（在 3D 中为六面体）单元。结构化实现了连接性已知和相邻单元数恒定的规则细分。非结构网格方法使用三角形单元（在 3D 中为四面体）。非结构化网格方法在生成任意外形周围网格方面更加灵活，而结构化网格方法由于网格单元可实现非常高的长宽比，因此可实现高精度的边界层分辨率。为了结合两种方法的优点，通常使用混合网格方法，在壁面附近使用贴体结构网格来模拟边界层，在远离边界层的外流场区域则使用非结构网格。

如图 7 - 19 中结构网格所示，计算流体动力学（CFD）通过将物理空间沿网格线使用

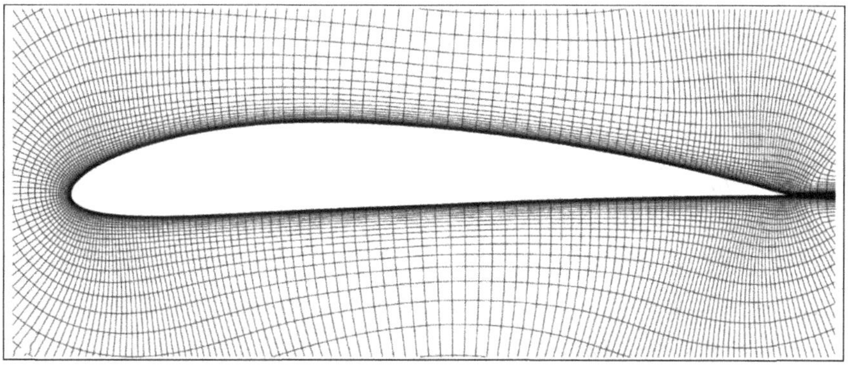

(a) 结构网格

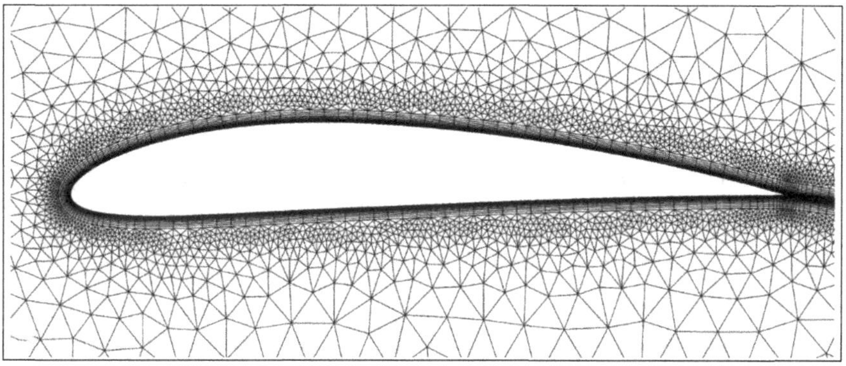

(b) 非结构网格

图 7 - 18　利用 RANS 分析 NACA 4412 翼型的计算网格

局部坐标转换到计算空间进行流动模拟，物理空间和计算空间内所有变量均需进行变换，对于给定的网格，该转换矩阵仅需在计算开始之前预处理一次即可。

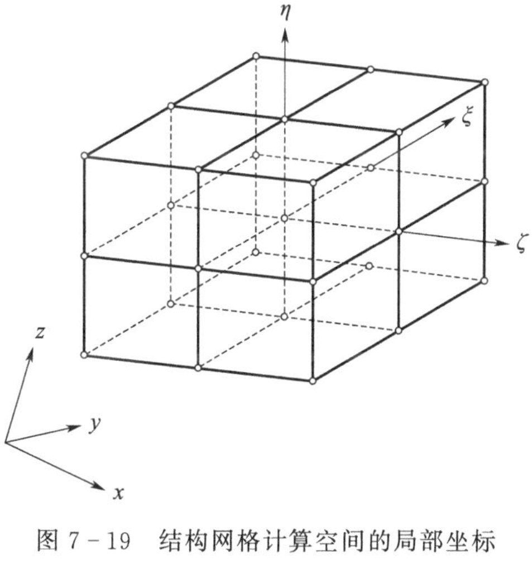

图 7 - 19　结构网格计算空间的局部坐标

对于每个网格单元，都必须在转换后的坐标系中求解离散方程。通过计算不同单元之间的通量，并使离散方程满足守恒定律，将得到一个庞大的线性方程组，通常利用迭代方法进行方程组的求解。

20 世纪 90 年代中期开始的 RANS 方法是当今研究空气动力学的主要方法。“未失速的情况下，通常可以比较准确地预测表面压力、表面摩擦力、升力和阻力”（Rumsey 和 Ying[26] p. 173）。近年来，为评估基于 RANS 的 CFD 方法在预测包括失速在内的高升力流动方面的能力，研究人员也进行了一些努力，如 AIAA 高升力预测研讨会（HiLiPW）。一个结论是“总体而言，与实验结果相比，CFD 往往低估升力、阻力和力矩的大小。在攻角接近失速的情况下，流动预测更加困难”（Rumsey 等[27] p. 2078）。特别是，引发失速的局部分离起始点的预测对所选湍流模型、空间离散格式和网格分辨率非常敏感。一个相关的结论是：“襟翼以及机翼外侧的 CFD 结果之间不一致性更大”（Rumsey 和 Slotnick[28] p. 1023）。即使过了第三次研讨会，仍有人表示，“在接近最大升力条件下，精确计算仍然是难以实现的”（Rumsey[29] p. 642）。

另一方面，DES（分离涡模拟）、LES（大涡模拟）和 DNS（直接数值模拟）等方法有望提高预测的准确性，因为这些方法减少甚至避免了湍流模型引起的不确定性。然而，相比通常可用的计算资源而言，这些方法的计算量仍然太大，到目前为止，仅实现了一些验证性应用，如 Escobar[30] 的研究。

7.2.2 面元法

假设流动不可压且为无旋流动，可进一步简化欧拉方程（7－57），得到线性化势流方程

$$\Phi_{xx}+\Phi_{yy}+\Phi_{zz}=0 \tag{7-59}$$

Hess 和 Smith[31] 提出了求解该方程获得任意形状物体周围流场的离散化方法。与上述 CFD 方法相比，该方法只需在物体表面上求解该方程组。不需要对整个流场进行离散，只需将物体表面分割成若干块，即所谓的面元，这也是面元法名字的由来。Katz 和 Plotkin[32] 对面元法及其变体的实现进行了全面概述。下面只描述最简单的变体，以深入了解其原理。

图 7－20 为二维面元法的一个简单示例，其中描述机翼的面元为具有恒定发射率的分布源奇点，面元在流场中任意点处产生的扰动势为

$$\begin{gathered}\Phi_i=\frac{q_i}{2\pi}\int_0^1\ln(r(s)^2)\mathrm{d}s\\ r(s)=\sqrt{x_i(s)^2+z_i(s)^2}\\ \begin{pmatrix}x_i(s)\\ z_i(s)\end{pmatrix}=\begin{pmatrix}x_i\\ z_i\end{pmatrix}+s\begin{pmatrix}x_{i+1}-x_i\\ z_{i+1}-z_i\end{pmatrix}\end{gathered} \tag{7-60}$$

任意点处的诱导速度为

$$\begin{gathered}u_i(x,z)=\frac{q_i}{2\pi}\int_0^1\frac{x-x_i(s)}{[x-x_i(s)]^2+[z-z_i(s)]^2}\mathrm{d}s\\ w_i(x,z)=\frac{q_i}{2\pi}\int_0^1\frac{z-z_i(s)}{[x-x_i(s)]^2+[z-z_i(s)]^2}\mathrm{d}s\end{gathered} \tag{7-61}$$

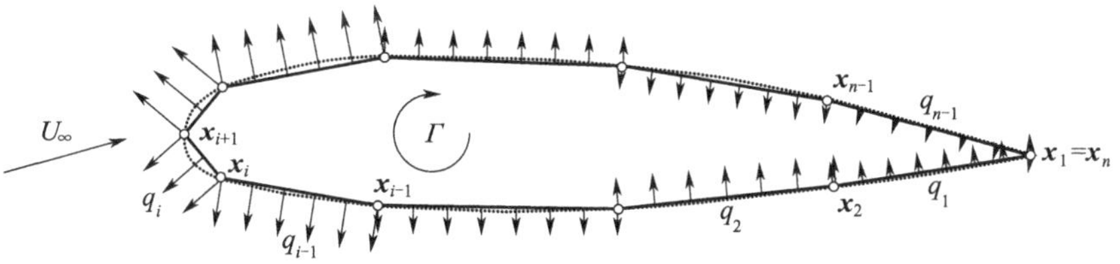

图 7-20　利用面元法描述机翼

推导依据文献 [32]，相关物理量如图 7-21 所示。

$$\boldsymbol{u}_i=\begin{pmatrix}\cos\alpha_i & \sin\alpha_i\\ -\sin\alpha_i & \cos\alpha_i\end{pmatrix}\frac{q_i}{2\pi}\begin{pmatrix}\ln\left(\frac{r_i}{r_{i+1}}\right)\\ \theta_{i+1}-\theta_i\end{pmatrix} \tag{7-62}$$

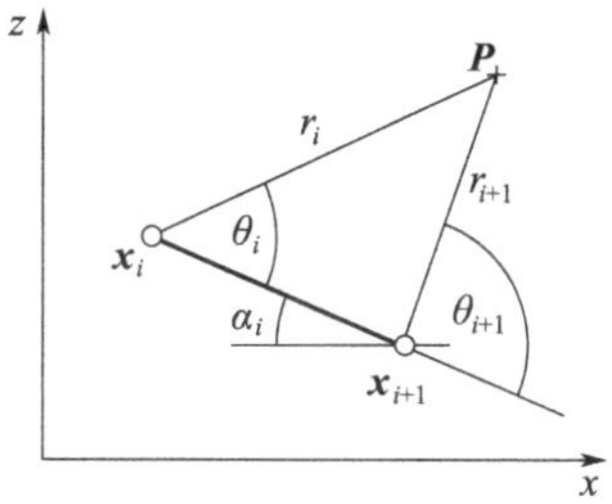

图 7-21　推导面元诱导速度时所用物理量

积分只依赖于几何形状，正如 CFD 方法一样，针对不同的流动状态进行求解时，只需进行一次预处理。

1/4 弦线处升力涡的流势（速度势）定义为

$$\Phi_\Gamma=\frac{\Gamma}{2\pi}\arctan\left(\frac{z}{x-0.25}\right) \tag{7-63}$$

任意点处的诱导速度为

$$\begin{aligned}u_\Gamma(x,z)&=-\frac{\Gamma}{2\pi}\frac{z}{(x-0.25)^2+z^2}\\ w_\Gamma(x,z)&=-\frac{\Gamma}{2\pi}\frac{x-0.25}{(x-0.25)^2+z^2}\end{aligned} \tag{7-64}$$

为求解源分布和环量，需要定义边界处的流动条件。首先，在每个面元（共 $n-1$ 个）的中心施加切向流动条件

$$\left[\boldsymbol{U}_\infty+\boldsymbol{u}_\Gamma(x_{i+1/2})+\sum_{i=1}^{n-1}\boldsymbol{u}_i(x_{i+1/2})\right]\cdot\boldsymbol{n}_i=\boldsymbol{0} \tag{7-65}$$

其次，后缘驻点的库塔条件则提供了封闭上述线性方程组所需的第 n 个方程

$$\boldsymbol{U}_\infty+\boldsymbol{u}_\Gamma(\boldsymbol{x}_1=\boldsymbol{x}_n)+\sum_{i=1}^{n-1}\boldsymbol{u}_i(\boldsymbol{x}_1=\boldsymbol{x}_n)=0 \tag{7-66}$$

通过使用高阶连续分布的源强度、离散涡强度或采用分布偶极子而非单个旋涡等方法，均可改进面元法。

如 5.2 节所述，可以利用势流理论来解释多段翼型的增升作用。因此，只要流动不受粘性效应（即流动分离）主导，就可以利用面元法模拟高升力系统周围的流动。在升力线性变化范围内可以相当准确地预测压力分布和升力。

由于面元法基于势流理论，在预测翼型阻力特性方面的固有缺点是无粘性流动假设。此外，对于高升力流动，无法直接预测流动分离，进而限制了升力特性的预测。将其与一维边界层计算相结合（文献［33，34］）可部分克服这一不足。这些无粘-粘性耦合方法称为“面元-边界层方法”，通过迭代来求解流动，同时考虑了粘性剪切力引起的流动位移和动量损失。首先进行无粘性计算，然后基于速度分布求解一维边界层动量方程（既可以是形如式（2-49）的微分方程，也可以是形如式（2-60）的积分方程）。有两种方法可实现与无粘面元方法耦合。一种是基于动量损失厚度将几何节点 x_i 移至 x'_i，如图 7-22 所示。

$$\boldsymbol{x}'_i=\boldsymbol{x}_i+\delta_2(\boldsymbol{x}_i)\cdot\frac{1}{2}(\boldsymbol{n}_{i-1}+\boldsymbol{n}_i) \tag{7-67}$$

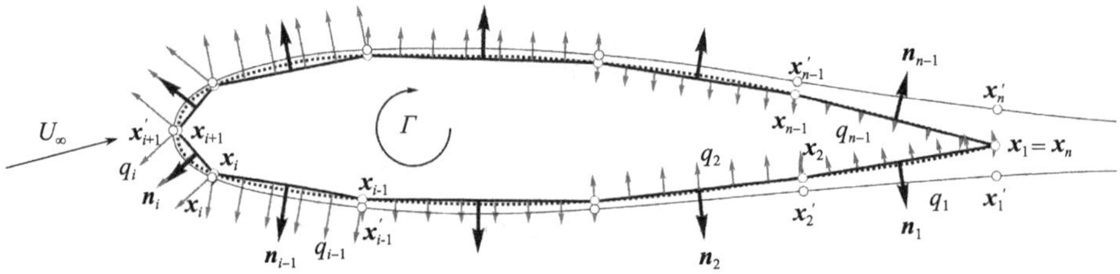

图 7-22　基于移动节点的面元-边界层方法

或者将式（7-65）所示的切向流动条件施加在考虑边界层动量损失厚度所确定的虚拟点处

$$\boldsymbol{x}'_{i+1/2}=\boldsymbol{x}_{i+1/2}+\delta_2\cdot\boldsymbol{n}_i \tag{7-68}$$

进而获得面元处的法向速度，如图 7-23 所示。

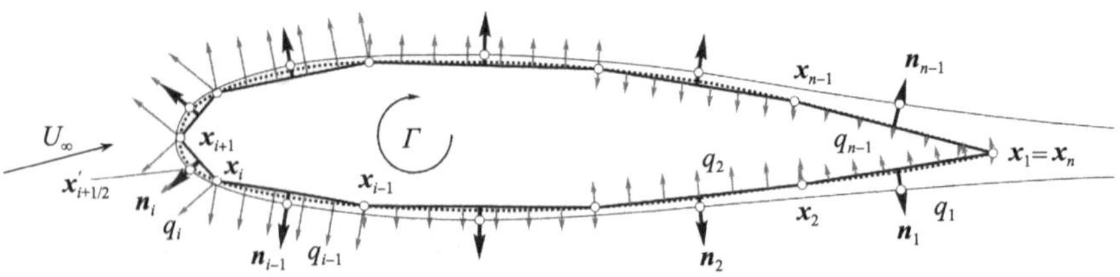

图 7-23　基于法向速度的面元-边界层方法

预测最大升力系数或分离的能力在很大程度上取决于所选边界层方法的可靠性。Cebeci 等人[35] 和 Dargel 和 Jacob[36] 报告了一些应用。结合 2.3 节中讨论的 Stratford 分离准则可进一步提高模拟和预测分离的精度。

7.2.3　升力线方法

普朗特提出了升力线理论，用于评估沿平直机翼翼展方向升力和诱导阻力分布[37]。用基本马蹄形涡表示升力面。图 7－24 描绘了后掠梯形机翼的涡流排列。根据亥姆霍兹涡旋定律，沿这些基本涡旋的环量是恒定的。环量与局部升力系数之间的关系由茹科夫斯基定理给出

$$\Gamma_i=\frac{1}{2}c_L(\alpha)\cdot U_\infty\cdot c_i \tag{7-69}$$

每个基本涡旋都会改变来流的有效攻角。根据普朗特的理论，可以通过应用毕奥-萨伐尔定律来计算诱导攻角

$$\alpha_i(y)=-\frac{1}{4\pi U_\infty}\int_{-b/2}^{b/2}\frac{\partial\Gamma}{\partial y}\frac{1}{y-y'}\mathrm{d}y' \tag{7-70}$$

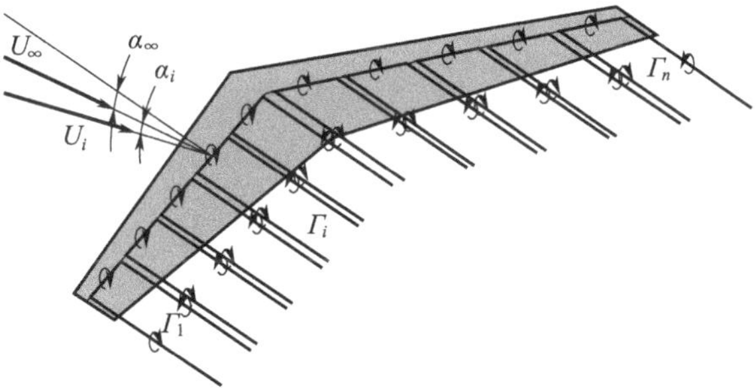

图 7－24　离散方式求解基于普朗特升力线理论的升力线方法示意图

在升力线方法中，环量的变化仅限于翼展两端的基本涡旋。将方程（7－70）中的积分项替换为求和项

$$\alpha_i(y_i)=-\frac{1}{4\pi U_\infty}\sum_{\substack{j=1\\ j\neq i}}^{n-1}\frac{\Gamma_{j+1}-\Gamma_j}{y_{j+1}-y_i}\frac{1}{y_i-y_j} \tag{7-71}$$

考虑机翼局部扭转角，各翼段的局部攻角为

$$\alpha_{eff}(y_i)=\alpha_\infty+\alpha_i(y_i)+\varepsilon(y_i) \tag{7-72}$$

升力线方法的关键是计算翼剖面的升力特性 $c_L(\alpha)$。在升力线方法中通过迭代进行求解：诱导攻角初始设置为零，根据升力曲线计算升力系数、环量，更新诱导攻角直至收敛。

该方法对升力曲线来源无要求，可以来自实验或任何其他数值方法。Jacob[38] 展示了其与前面所介绍的二维面元-边界层方法的结合。Reckzeh[40] 成功地将该方法应用于高升力设计。特别的，将其与从实验或 RANS 方法获得的二维升力特性相结合，可以实现对升力分布的可靠预测，此时还包括了每个翼剖面的可失速预测。如图 7－25 所示，只要流场中不存在诱导三维效应（如横流或扰动，例如侧边涡），通过比较实际的剖面升力系数与相应翼型的最大升力系数，就可以预测沿翼展方向的失速起始点。

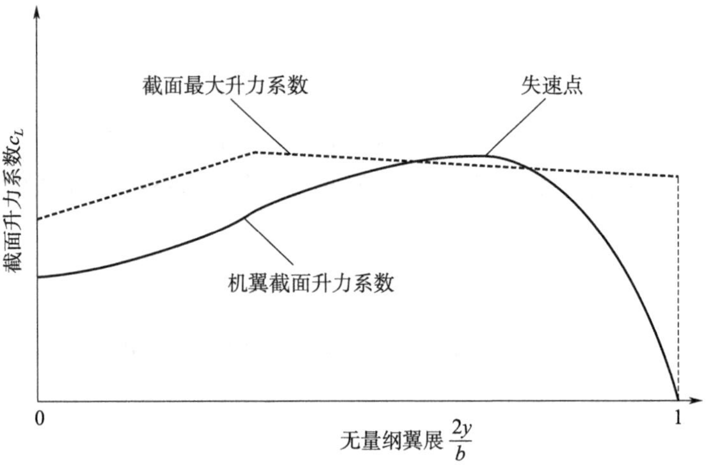

图 7－25　基于升力线方法得到的升力线分布揭示失速起始点

参考文献

[1] Glauert H (1933) Wind Tunnel Interference on Wings, Bodies and Airscrews, ARC R&M 1566.

[2] Mokry M, Chan YY, Jones DJ (1983) Two - Dimensional Wind Tunnel Wall Interference, AGARDograph No. 281.

[3] ONERA (2018) F1 Low Speed Pressurized Wind Tunnel, ONERA Centre du Fauga - Mauzac, www. onera. fr/en/windtunnel.

[4] Lin JC, Dominik CJ (1997) Parametric Investigation of a High - Lift Airfoil at High Reynolds Numbers, Journal of Aircraft 34 (4), pp. 485 - 491.

[5] DNW (2018) The Cryogenic Wind Tunnel Cologne (KKK), Brochure German - Dutch Wind Tunnels, www. dnw. aero/media - center/downloads/brochures//download/4.

[6] Quest J (2000) ETW - High Quality Test Performance in Cryogenic Environment, 21st AIAA Aerodynamic Measurement Technology and Ground Testing Conference, AIAA paper 2000 - 2206.

[7] NASA (2015) National Transonic Facility Fact Sheet, http: //www. nasa. gov/sites/ default/files/ atoms/files/m187007 _ ntfprint _ 508. pdf.

[8] Germain E, Quest J (2005) The Development and Application of Optical Measurement Techniques for High Reynolds Number Testing in Cryogenic Environment, 43rd AIAA Aerospace Sciences Meeting, AIAA Paper 2005 - 0458.

[9] Franz HP (1981) Die Halbmodelltechnik im Windkanal und ihre Anwendung bei der Entwicklung der Airbus Familie, Deutsche Gesellschaft fuer Luft - und Raumfahrt, Jahrestagung, Aachen, W. Germany, May 1114, 1981. 38 p. DGLR Paper 81 - 118, translation to English (1982) The Half - Model Technique in the Wind Tunnel and Its Employment in the Development of the Airbus Family, NASA - TM - 76970.

[10] Garner HC, Rogers EWE, Acum WEA, Maskell EC (1966) Subsonic Wind Tunnel Wall Corrections, AGARD AG 109.

[11] Ewald BFR (Ed) (1998) Wind Tunnel Wall Correction, AGARD AG 336.

[12] Theodorsen T (19) The Theory of Wind Tunnel Wall Interference, NACA Report No. 410.

[13] Allen HJ, Vincenti WG (1944) Wall Interference in a Two - Dimensional - Flow Wind Tunnel, with Consideration of the Effect of Compressibility, NACA TR 782.

[14] Goldstein S (1942) Two - Dimensional Wind - Tunnel Interference. Part II, ARC R&M 1902.

[15] Havelock TH (1938) The Lift and Moment on a Flat Plate in a Stream of Finite Width, Proc. Roy. Soc. , Series A, 166 (925), pp. 178 - 196.

[16] Batchelor GK (1944) Interference of Wings, Bodies and Airscrews in a Closed Tunnel of Octagonal Section, Report ACA - 5.

[17] Hackett JE (1982) Living with Wind Tunnel Walls, 12th Aerodynamic Testing Conference, AIAA Paper 82 - 0583.

[18] Steinle F, Stanewsky E (1982) Wind Tunnel Flow Quality and Data Accuracy Requirements, AGARD AR 184.

[19] van den Berg B (1971) Some Notes on Two - Dimensional High - Lift Tests in Wind Tunnels, In: Colin PE, Willams J, Assessment of Lift Augmentation Devices, AGARD LS 43 - 71.

[20] Wild J, Wichmann G, Haucke F, Peltzer I, Scholz P (2009) Large Scale Separation Flow Control Experiments within the German Flow Control Network, 47th AIAA Aerospace Sciences Meeting including The New Horizons Forum and Aerospace Exposition, AIAA Paper 2009 - 0530.

[21] de Vos DM (1973) Low Speed Windtunnel Measurements on a Twodimensional Flapped Wing Model using Tunnel Wall Boundary Layer Control at the Wing - Wall Junctions, NLR TR - 70050 - U.

[22] Melber - Wilkending S, Wichmann G (2009) Application of Advanced CFD Tools for High Reynolds Number Testing, 47th AIAA Aerospace Sciences Meeting including The New Horizons Forum and Aerospace Exposition, AIAA Paper 2009 - 0418.

[23] Ettemeyer A, Wallrapp O, Schäfer B (2006) Technische Mechanik, Manuscript for lecture at FH Munich.

[24] Bier N (2013) Design of a Wind Tunnel Model for Maximum Lift Predictions Based on Flight Test Data. 31st AIAA Applied Aerodynamics Conference, AIAA Paper 2013 - 2930.

[25] Anderson JD (1995) Computational Fluid Dynamics, McGraw - Hill, New York.

[26] Rumsey CL, Ying SX (2002) Prediction of High Lift: Review of Present CFD Capability, Progress in Aerospace Sciences 38 (2), pp. 145 - 180.

[27] Rumsey CL, Slotnick JP, Long M, Stuever RA, Wayman TR (2011) Summary of the First AIAA CFD High - Lift Prediction Workshop, Journal of Aircraft 48 (6), pp. 2068 - 2079, DOI: 10.2514/1.C031447.

[28] Rumsey CL, Slotnick JP (2015) Overview and Summary of the Second AIAA High - Lift Prediction Workshop, Journal of Aircraft 52 (4), pp. 1006 - 1025.

[29] Rumsey CL, Slotnick JP, Scalfani (2019) Overview and Summary of the Third AIAA High Lift Prediction Workshop, Journal of Aircraft 52 (4), pp. 621 - 644.

[30] Escobar JA, Suarez CA, Silva C, López OD, Velandia JS, Lara CA (2015) Detached - Eddy Simulation of a Wide - Body Commercial Aircraft in High - Lift Configuration, Journal of Aircraft 52 (4), pp. 1112 - 1121.

[31] Hess JL, Smith AMO (1967) Calculation of Potential Flow about Arbitrary Bodies, Progress in Aeronautical Sciences 8, Pergamon Press, pp. 1 - 138.

[32] Katz J, Plotkin A (2001) Low - Speed Aerodynamics, 2nd edition, Cambridge University Press, New York.

[33] Williams BR (1991) Viscous - Inviscid Interaction Schemes for External Aerodynamics. Sadhana 16, pp. 101 - 140.

[34] Jacob K, Steinbach D (1974) A Method for Prediction of Lift for Multi - Element Airfoil Systems with Separation. AGARD CP - 143.

[35] Cebeci T, Besnard E, Chen HH (1998) An Interactive Boundary - Layer Method for Multielement Airfoils, Computers & Fluids 27 (5 - 6), pp. 651 - 661.

[36] Dargel G, Jacob H (1988) Berechnung von Klappenprofilströmungen mit Ablösung auf der Basis

gekoppelter Potential und Grenzschichtlösungen. Strömungen mit Ablösung. DGLR - Bericht 88 - 05, pp. 267 - 278.

[37] Schlichting H, Truckenbrodt E (2001), Aerodynamik des Flugzeuges, Band 1. Springer Verlag, Berlin, Heidelberg, New York.

[38] Jacob K (1993) A Fast Computing Method for the Flow Over High - Lift Wing, no. 23 in AGARD CP - 515.

[39] Aérodynamique Eiffel (2021) Home page, https: //www. aerodynamiqueeiffel. fr/ (accessed Oct 2021).

[40] Reckzeh D (1999) CFD - Methods for the Design Process of High - Lift Configurations, New Results on Numerical and Experimental Fluid Mechanics 72, pp 347 - 354.

第 8 章　高升力系统气动设计

符号表

b	m	翼展	Re	—	雷诺数
c	m	弦长	$\boldsymbol{S}$	—	扫描变换矩阵
c_{Df}	—	截面摩擦力系数	$\boldsymbol{T}$	—	变换矩阵
c_{Dp}	—	截面压差阻力系数	U	m/s	气流速度
c_L	—	截面升力系数	V_S	m/s	失速速度
c_p	—	压力系数	$\boldsymbol{x}$	m	设计变量向量
c_{ref}	—	参考弦长	x, y, z	m	笛卡儿坐标
C_D	—	阻力系数	$\tilde{x}, \tilde{y}$	m	归一化坐标
C_{Df}	—	摩擦阻力系数	x_c, y_c	m	圆锥中心
C_{Dp}	—	压差阻力系数	x_F, y_F	m	襟翼位置
C_L	—	升力系数	x_S, y_S	m	缝翼位置
$C_{L,\max}$	—	最大升力系数	α	(°)	攻角
D	N	阻力	f	—	函数
γ_{CD}	—	阻力相关系数	f	—	压力修正系数(Lock[15])
γ_{TE}	—	后缘开口角度	F_{obj}	—	目标函数
Γ	m^2/s	环量	g	—	不等式约束
δ	(°)	偏转角	g_F	m	襟翼间隙
δ_F	(°)	襟翼偏转角	g_S	m	缝翼间隙
δ_S	(°)	缝翼偏转角	h	—	等式约束
η	—	无量纲翼展 $2y/b$	$\boldsymbol{H}_i$	—	Hessian 逆矩阵
Λ	—	机翼展弦比	k	—	加权系数
φ	(°)	后掠角	s_{blend}	m	过渡段长度
φ_{eff}	(°)	有效后掠角	L	N	升力
LE	—	前缘边	L/D	—	升阻比
opt	—	最优的	M	—	马赫数
TE	—	后缘边	ovl_F	m	襟翼重叠长度
∞	—	自由流态	ovl_S	m	板条翼重叠长度
2D	—	二维	$\boldsymbol{R}$	—	旋转矩阵
2.5D	—	后掠翼变换	r	m	半径
3D	—	三维			

在讨论了高升力系统的物理原理和限制、要求和目标、主要解决方案以及产品前期状态评估方法之后，最终面临的挑战是高升力系统的设计。

必须明白，高升力系统设计是一项跨学科的综合性任务。Rudolph[1] 指出："精密复杂的高升力系统都很笨重，造价高昂，而且难以维护"（Rudolph[1] p. 137）。虽然高升力系统仅在飞行过程中使用，时长占比很小，但它对整体特性的影响非常大。例如，文献 [2] 针对大型双喷气飞机总结的益处有：

1）恒定攻角下，升力系数增加 0.10 相当于着陆角度减小大约 1°。后机身与地面的间隙角给定情况下，可以缩短起落架高度，从而减轻 1 400 lb（635 kg）重量。

2）最大升力系数增加 1.5% 相当于在进场速度固定条件下有效载荷增加 6 600 lb（3 000 kg）。

3）起飞升阻比（L/D）增加 1% 相当于有效载荷增加 2 800 lb（1 270 kg）或航程增加 150 n mile（278 km）。

（Meredith[2] p. 19 - 1）

如上所示，上述能力的提高主要是通过增加升力能力和相应的有效载荷或燃料来实现的，因此，必须平衡高升力系统本身的重量。

8.1　高升力系统设计流程

在研究高升力系统设计的细节之前，有必要了解飞机的设计过程。如图 8 - 1 所示，理想的设计过程分为三阶段。第一步是概念设计。在这一阶段需要确定飞机的全局特性（如乘客数量和飞机的任务）以及飞机的基本架构（如机身、机翼和推进类型）。通常利用简化分析手段（如查阅手册）评估飞机的飞行性能以及预期的投资成本（非经常性成本-NRC）、运营成本（直接运营成本- DOC）和维护成本（经常性成本- RC），这在飞机顶层要求（TLARs）中有详细说明。飞机研发成本极高，因此在项目伊始找到投资者来承担费用十分重要。在初步设计阶段结束时，飞机设计方案已经足够详细，可以提供给客户。正因如此，初步设计阶段的结束以授权报价（ATO）为标志，即制造商可以决定将具有特定设计性能的飞机卖给客户，这些客户通过保证订单提供飞机研制所需资金。总之，顶层要求是进一步设计的"圣经"。如果无法实现预估的飞机性能，就意味着未能实现预期的经济价值，同时产生相应的额外费用。因此，实现顶层要求是一个飞机项目成败的关键。

第二个设计阶段——即具体设计阶段——以顶层要求为基础，旨在满足各项要求。设计工作现在已深入到具体学科领域，主要是空气动力学、结构和系统工程。各个学科都有其优化维度。在过去，各学科的优化工作或多或少都是独立开展的，学科间的交互通过参数迭代设计实现，如今的趋势是对设计问题进行多学科分解。在设计初期充分理解其他学科的目标内涵，可以减少设计迭代次数，加快设计速度。当结果收敛并且满足顶层要求时，就可以冻结设计方案并开始详细设计。

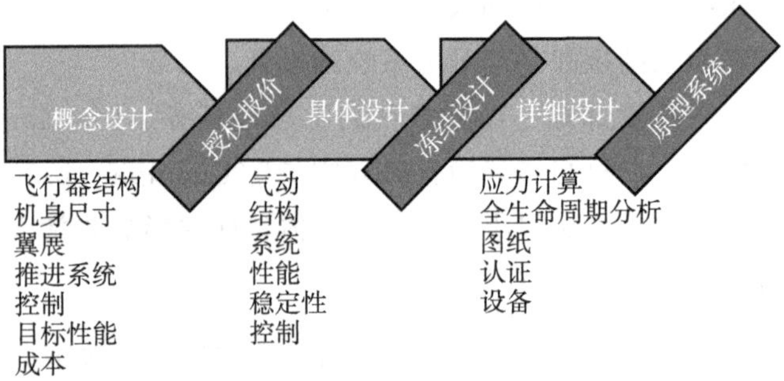

图 8－1　飞机的设计流程

详细设计将工程设计概念转化为实际产品。最重要的部分包括应力计算、生产绘图，以及在首飞之前必须完成的所有认证工作。完成这些工作后，就可以制造飞机原型机。

图 8－2 给出了详细的机翼设计流程，第一步是基于 TLARs 和机翼平面形状，设计巡航状态机翼的外形参数。完整的机翼外形参数不仅对于飞机巡航阶段的性能至关重要，而且对于确定机翼内部可用空间、增升系统及其他系统在机翼内的集成也很重要。然而，TLARs 中关于航程和燃油消耗的要求是机翼设计的主要目标，包括基础翼型设计和机翼参数的确定，如厚度和扭转分布，以实现最佳升力分布，并使诱导阻力和波阻最小。

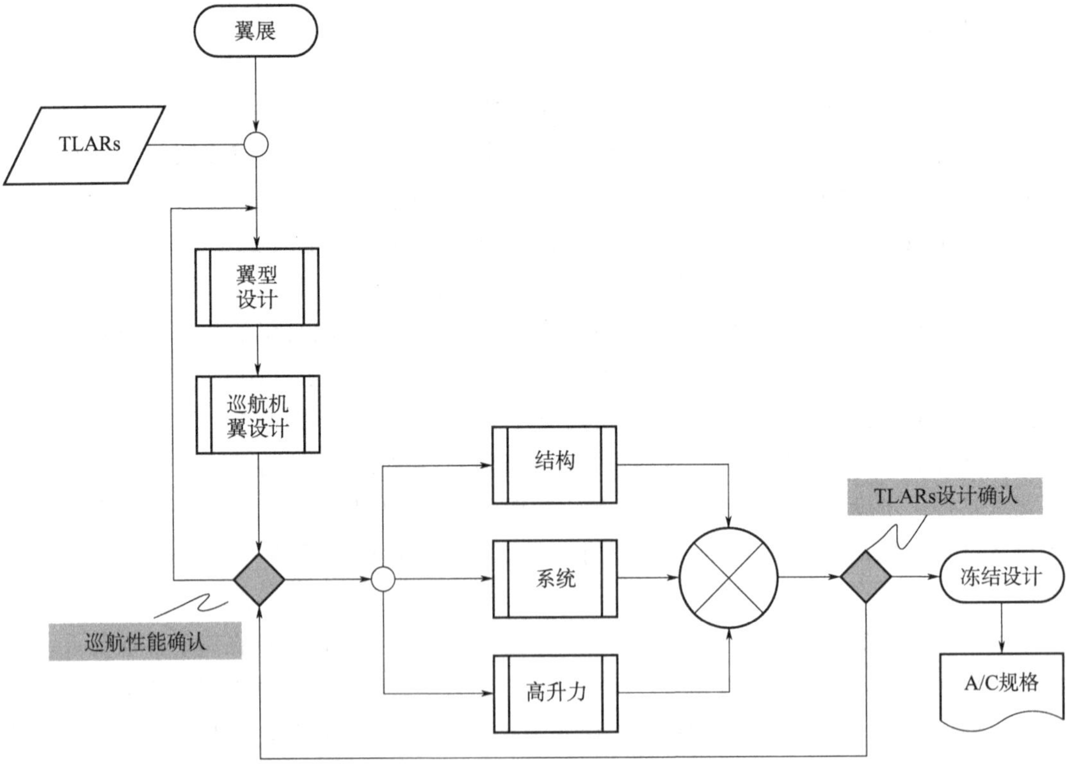

图 8－2　飞机机翼详细设计流程图

在机翼形状初步确定后，则并行开展更详细的设计。结构设计侧重于机翼下部结构，主要是翼梁位置、翼肋和纵梁间距以及蒙皮厚度。系统设计包括集成在机翼中的所有子系统，例如控制系统的作动器、照明装置和状态监测设备，以及所有线路和液压管路。特别是内侧机翼上主起落架经常与机翼外形冲突，因此其集成设计非常具有挑战性。最后，必须在有限的蒙皮空间内布置高升力装置。

最后，将所有设计整合在一起，分析不同学科之间相冲突的解决方案，确保最终目标符合 TLARs。主要矛盾来自不同部件的空间分配。例如，结构设计确定的翼梁位置对于系统和高升力装置的可用空间以及燃油储存的可用体积至关重要。矛盾通过迭代设计来解决，并将某一学科的要求作为其他学科设计的约束条件。通常，无法在最初机翼形状内解决冲突的情况并不少见，此时可能需要调整机翼形状，以提供足够空间来解决所有学科的问题，从而实现顶层要求（TLARs）。

高升力装置的设计流程如图 8-3 所示，设计过程从选择高升力系统布局开始，包括预先选择高升力装置的类型，以及在给定的翼型和机翼平面形状约束下的机翼面积，同时还定义了飞控系统原型，并限制可用翼展范围，特别是后缘处。

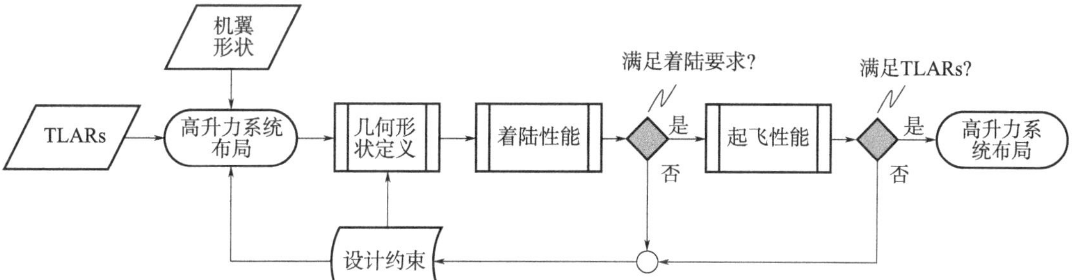

图 8-3　高升力装置的设计流程

下一步需要仔细确定高升力装置的几何参数，这包括几何形状和偏转角定义。第一轮设计目标是实现所需的着陆性能，这是因为着陆时的偏转角处于最大值。起飞和进场设置将在稍后定义，其介于着陆设置和收起位置之间。

设计的最终目标是一个均衡的高升力系统，其中间设置下能近似出一条连续包络线，并在设计范围的重叠部分有一定的灵活性，飞机通过调整高升力系统的偏转角度来适应不同的飞行条件。图 8-4 显示了一架运输机在不同设置下的极曲线，包括着陆、进场和起飞状态，并和干净构型的状态进行比较。图中还包含了不同设置下的最小可选速度值，由第 3 章讨论的最小安全系数给出。一个均衡的高升力系统能够实现最大升力系数的平滑分布，从而提供良好的速度灵活性。图 8-4 所示的升-阻力曲线还应与连续运动得到的曲线相近。需要记住的是，极曲线的上面部分在飞行中并不涉及，只有升力系数小于与最小速度相关的指示值时，谈论阻力系数才有意义，因此与燃油消耗无关。

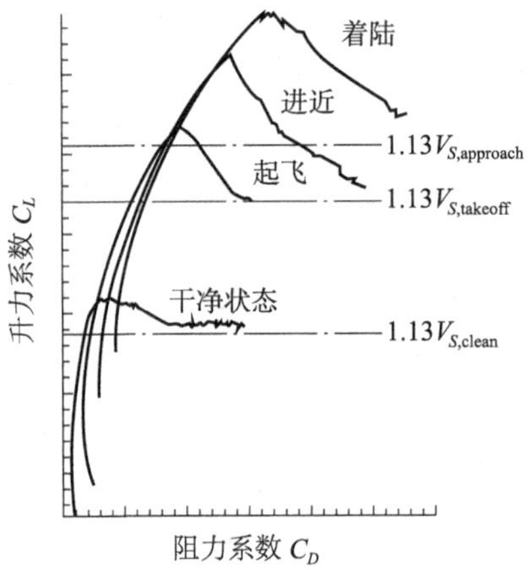

图 8-4 DLR-F11 高升力布局设计中不同配置的气动性能[3]

8.2 高升力系统几何描述

显然，在设计之前，需要明确设计自由度。由于高升力装置在飞行的大部分时间内都处于收起状态，对巡航阶段机翼形状的任何扰动都可能对巡航性能产生不利影响，必须避免。因此，自由度参数的选取应充分考虑飞机设计中其他学科的约束。

8.2.1 高升力系统布局

高升力系统设计的第一步是明确机翼布局和装置类型。选择合适的基础布局对于一个“好”的高升力系统设计至关重要。机翼布局必须符合机翼上主要控制面的定义，主要是用于滚转控制的副翼。图 8-5 给出了目前广泛使用的三种不同的飞机高升力系统布局，虽然只有三种，但展示了经典布局决策的全部范围。

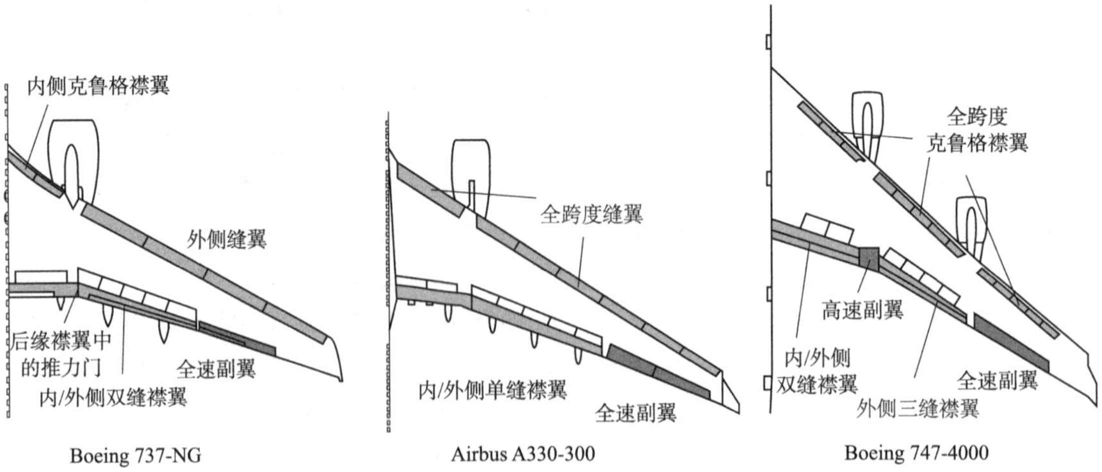

图 8-5 民用客机不同高升力系统布局（机翼上视图[4,5]）

首先，前缘系统（无论是克鲁格襟翼还是缝翼）覆盖了机翼的全部展长。在多种设计混合使用的情况下，将效果较差的装置放在内侧是有利的，因为靠近机身的地方升力系数要求较为宽松。对于非常大的飞机，甚至可以省略机翼最内侧的部分。此外，为了更好地集成发动机，前缘设计通常在发动机位置中断①。

在机翼后缘，滚转控制舵面（副翼）决定了襟翼系统沿翼展方向延伸程度，这取决于机翼的扭转刚度和期望的巡航速度，还必须避免滚转控制效果的反转。以波音 747 为例，高速飞行时，其通过位于内侧发动机位置的高速副翼来实现滚转控制，这个位置是精心选择的，也就是所谓的推力门，“发动机喷流冲击襟翼，使得襟翼载荷较高，并产生不良的动力升力效应”（Rudolph[1] p. 139）。在低速条件下，滚转控制是通过位于外侧位置的传统副翼实现的。空客 A330 和波音 737 - NG 机翼没有高速副翼，通过扰流板偏转来辅助滚转控制，因此不需要内侧副翼。不过，波音 737 - NG 的双缝 Fowler 襟翼系统的后缘展向连续性被中断，类似于推力门。对于单缝襟翼而言，这些推力门可以避免，正如所有空客 A320 之后的飞机上那样。Rudolph[1] 指出：“对后缘襟翼性能而言，推力门和/或内侧高速副翼造成的襟翼展向不连续应该是影响性能的最大因素。当然，襟翼元件数越多，不连续性越严重”（Rudolph[1] p. 98）。

8.2.2 平面参数

高升力装置的平面形状定义包括俯视图上装置展向和弦向的尺寸。尽管最大尺寸由机翼布局决定，但这是设计的上限，因为减小高升力系统的尺寸（如果从气动性能上可能的话）就能减轻重量。此外，机翼布局只是约束了最大翼展，并未规定细分为几段。鉴于后续形状和详细设计都集中在装置边缘，因此合理的布局有助于沿翼展方向实现均匀分布，尤其是对于弯曲和扭曲的机翼。将设计部分置于装置边缘，可以确保高升力系统的连续性。

虽然在巡航阶段机翼的前缘和后缘是固定的，但在每个设计截面上，仍有两个自由度。对于缝翼而言，除了其自身后缘外，其主翼前缘位置也是可以调整的。对于襟翼而言，由于主翼后缘通常构成其整流罩且通常还用于安装扰流板，因此其只有尺寸这一个自由度。至于克鲁格襟翼，其尺寸通常由机翼切口的位置确定，任何情况下，其平面形状设计均包含两个参数。

对于梯形机翼而言，沿翼展方向设计参数的选取可基于两种不同的设计方法。在定弦长设计中，高升力装置的弦向长度保持不变，这导致高升力装置相对于翼尖尺寸增大，在载荷分布方面，翼尖所需的最大升力系数比翼根要高。另一方面，在等相对弦长设计中，高升力装置的宽度与当地机翼弦长成正比。在这种设计中可以遵循等压概念，在不同的机翼位置实现相似的流动特性。在高攻角条件下该设计可降低阻力系数，但最后也会损失一部分升力。因此，这两种策略并没有绝对的优势，正如不同的飞机设计已经证明的那样，

① 空客 A300 和 A310 的发动机安装在机翼下方，发动机上方有一条连续的缝翼，见文献［6］。

最佳设计方案很大程度与整个机翼结构设计相互依存。

在缝翼设计中，需要在气动性能和加工制造之间权衡。“大多数波音飞机采用几乎等弦长的缝翼设计，从降低成本的角度来看可能是最优的，但在高升力性能方面却不是。道格拉斯飞机的变弦长缝翼在气动性能上可能非常匹配，但其机械结构方面也存在缺点，首先众多不同半径的轨道增加了制造成本”（Rudolph[1] p. 85）。这种折衷关系与不同类型的运动需求相关。“等弦长缝翼的圆柱型缝翼运动允许使用相同的缝翼轨道和简单的驱动系统，整体上降低了复杂性，节约了成本。按当今标准，梯形缝翼的圆锥运动要求缝翼轨道具有不同的半径和复杂的驱动系统，这推高了制造成本”（Rudolph[1] p. 91）。

跨声速飞行的运输机通常采用双梯形机翼布局，各飞机制造商通常采用相同的弦长设计方案。沿翼展方向的翼载荷分布不需要具有非常高的升力系数，而弦长的增加本身会显著增加机翼面积，因此，内侧机翼通常采用等弦长设计装置。

8.2.3 形状参数

不影响巡航性能意味着必须保持机翼巡航状态的形状。这意味着只能改变那些组成高升力机翼形状但在巡航飞行时被隐藏或收回的部分。对于带有缝翼和襟翼的先进高升力系统，这仍然提供了相当的设计自由度。对于襟翼而言，处于收回位置时，其前缘和上表面被整流罩遮盖。至于缝翼装置，最终设计的不是缝翼的形状，而是被收回的缝翼所覆盖的主机翼的固定前缘。

在定义形状时，单个机翼翼型可以使用任何种类的几何函数。不过，过去常用的是基于样条曲线的几何表示。此外，由于圆锥曲线的曲率变化是线性的，能够获得最平滑的压力分布，因此也引起研究人员的关注。曲率不连续会导致压力分布突变，因此在任何情况下都应保证设计形状的曲率连续变化。在高升力机翼很强的压力下，此类缺陷可能会产生人为的流动分离或分离泡。

8.2.4 位置参数

最后一组设计自由度是高升力系统相对于机翼的位置。对于传统的缝翼和襟翼（或类似装置）而言，也就是展开过程中刚体运动的自由度。对于二维机翼截面，即水平和垂直位移以及展开角度。

展开角度的定义相对唯一，它描述了从收回位置到偏转位置的旋转角度。位置位移可以用不同的方式来描述，如图 8-6 所示。在数学上，基于装置的固定坐标进行定义最容易实现，例如缝翼或襟翼的前缘。这种定义的缺点是没有考虑空气动力学对位置变化的敏感性。在 5.2 节中详细讨论了开槽系统的敏感性，主要结果就是对缝隙宽度非常敏感。Woodward 和 Lean[7] 提出了以缝翼后缘作为原点的坐标系统。对于襟翼，使用旋转襟翼的水平和垂直切线的交点作为参考点。从数学描述上讲，这相对简单，因为参考点只取决于展开角度，并且计算仅限于确定襟翼的最小 x 坐标和最大 y 坐标。

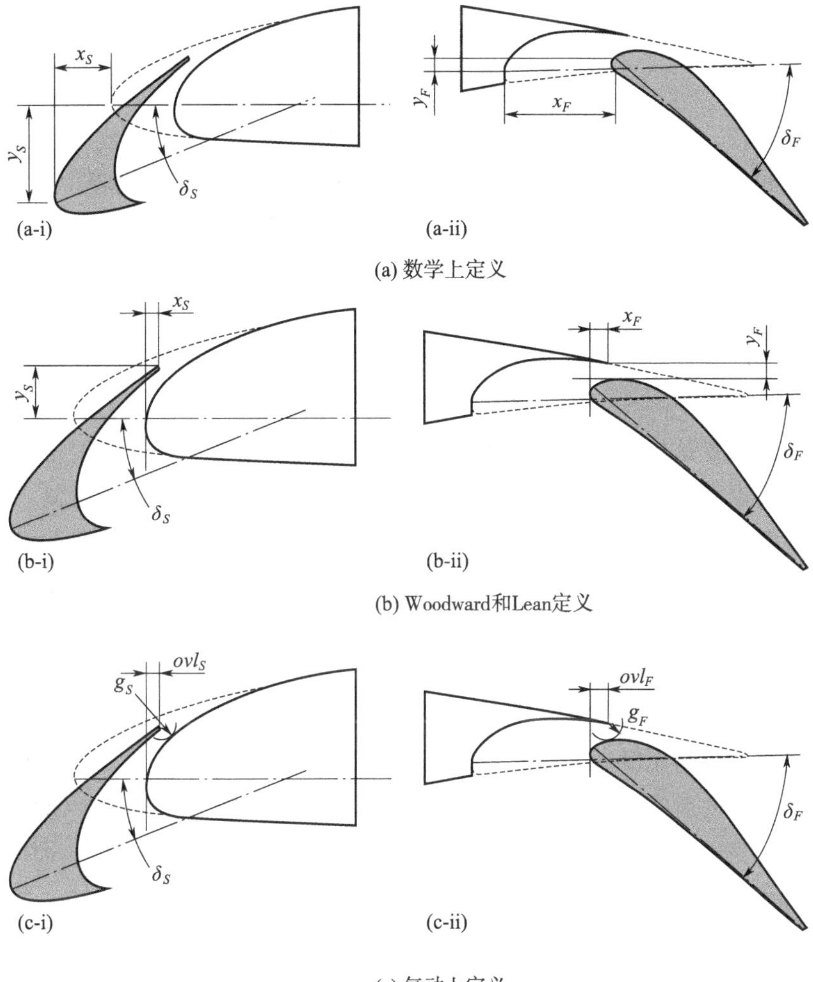

图 8-6　缝翼和襟翼位置参数定义

从气动角度看，最好直接使用缝隙的特征，即间隙和重叠进行定义。间隙的定义为上游翼型元件后缘到下游元件表面的最小距离。重叠是上游元件的后缘在垂直方向上投影到下游元件的前缘的距离，对于襟翼而言，就是在偏转襟翼表面垂直切线上的距离。如果实际存在重叠，则定义为正重叠；如果从上面看时，在水平方向上存在间隙，则定义为负重叠。重叠的定义等同于 Woodward 和 Lean 的 x 位置定义。

对于三维机翼，虽然偏转角度相同，但机翼两端位置可以进行调整，因此对于一个单独元件而言有五个自由度参数。然而，在大多数情况下，最好构建一个连续装置以避免高升力装置元件出现间隙。因此，如果没有设计中断，则偏转角只是一个参数，驱动机构的数量为高升力元件的数量加一。

8.3 设计约束

为使设计可行，必须满足相关设计约束。最简单的约束是设计参数的边界。在飞机设计中，约束由相关学科的接口所定义。由于约束的非线性，在设计过程中通常难以满足。对于高升力装置设计而言，主要约束来自巡航机翼的设计以及结构和系统。

8.3.1 结构约束

结构约束限制了设计的自由度，以保证飞机结构的完整性和刚度及强度。这不仅适用于机翼结构，也适用于高升力装置本身。

机翼翼梁的位置是任何高升力装置设计都必须满足的刚性约束。翼梁是主要的承载结构元件，其结构设计在很大程度上决定了机翼的重量。与巡航机翼形状类似，应避免对翼梁产生任何影响。尽管将高升力装置与翼梁合并设计看似可行，例如缝翼后缘，但这样会降低翼梁的高度，因此并不可取。此外还必须考虑高升力装置本身的结构完整性。虽然缝翼较短且相对较厚，但襟翼可能相当扁平，必须保证襟翼的最小厚度或翼梁高度，否则，襟翼的重量将高得无法接受。

多段机翼上游部件的后缘需要特别关注。为了使下游部件的上表面平滑，理想情况下上游部件的后缘应该是无厚度的切线，因此没有任何结构刚度。另一方面，为保证所需的间隙值，上游部件的后缘应足够硬以避免在气动载荷下产生弯曲，这就要求尾缘有一定的厚度，并且上下表面之间需要有一定的开口角度以获得所需的抗弯刚度。图 8－7 阐释了缝翼和机翼后缘的相应约束。根据飞机大小，尾缘厚度的典型值范围为 $d_{TE}=2\sim5$ mm，张角范围为 $\gamma_{TE}=3°\sim5°$。

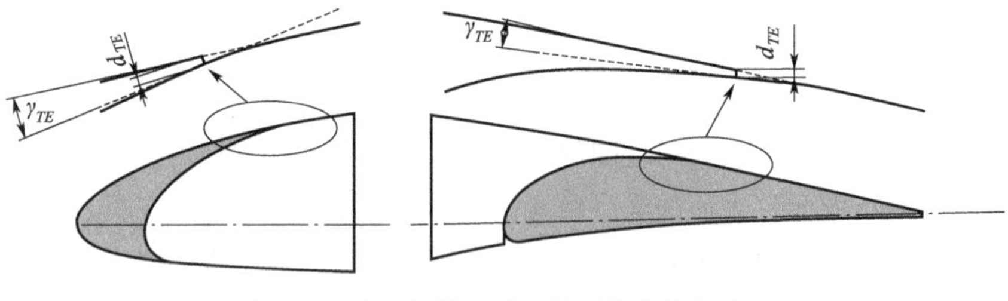

图 8－7　多段机翼上游部件后缘的结构约束

有限厚度带来的后果是影响下游部件上表面的光滑性以及干净机翼的整洁度。如果要维持光滑的机翼形状，需要在设计的高升力装置构型上设置一个前向台阶，否则会导致干净机翼形状中出现一个后向台阶。这就是在采用层流技术的机翼中不采用缝翼作为高升力装置的原因。在高升力形状中，仍然存在不连续的风险。为了避免锐边以降低流动分离的风险，通常对不连续性进行平滑处理。图 8－8 显示了缝翼装置后缘处的融合处理。从高升力装置表面到干净的机翼形状的平滑过渡会导致局部曲率增加，从而产生局部吸力峰值。因此，随着尾缘厚度的减小和开口角度的增大，曲率也随之增大。平滑过渡所需的最

小距离可用下式估计

$$s_{\text{blend}} = \frac{d_{TE}}{\tan\gamma_{TE}} \tag{8-1}$$

混合距离较短时曲率可能会出现拐点。

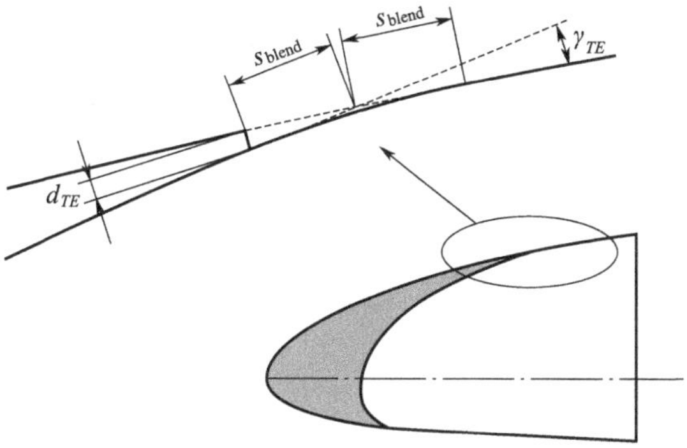

图 8-8　缝翼后缘高升力装置轮廓与翼型融合成干净的机翼外形

8.3.2　运动学约束

原则上，可以从纯气动的角度来定义偏转位置并设计定位机构。尽管要达到同一位置可由不同的机构实现，但在移动过程中同时满足 3～5 个附加的位置约束就很困难。选择合适的机制（或运动学）对于高升力装置的偏转至关重要，因此，有必要从一开始就考虑其运动类型。

在后缘，襟翼承受着相当大的气动载荷，运动机构必须将这些载荷传递到机翼上。因此，从空气动力学角度看，常见的风险是能够实现最佳位置的理想运动机构可能会过于笨重和复杂而无法适用于飞机。过于复杂还意味着维护和大修工作量的增加。目前已经有大量关于运动机构的专利。Rudolph[1] 将其分类为：1）固定铰链；2）四杆联动；3）钩形轨道支撑；4）连杆/轨道运动。

固定铰链运动如图 8-9 所示，是最简单且复杂性最低的运动。每个襟翼只需一个轴承固定和驱动。这种运动形式对于开缝襟翼（见第 5.2.4 节）和 Fowler 型 2 襟翼（见第 5.2.5 节）都适用。襟翼在三维空间中旋转或螺旋运动，铰链位置由收起位置和最大偏转位置定义。起飞设置位于运动路径上。对于 Fowler 襟翼而言，固定铰链运动的缺点是支撑杆长度相当长。其长度随着 Fowler 襟翼的运动和襟翼角度的减小而增加，也可以通过增加襟翼间隙来减小。固定铰链运动通常与双缝襟翼一起使用，无论是固定襟翼（如道格拉斯 DC-9，空客 A400M），还是铰接襟翼（道格拉斯 DC-10，福克 100），在这些飞机上，叶片间隙在偏转过程中打开。后者能够减少不希望出现的大襟翼间隙。减小间隙的第二种方法是机翼后缘扰流板向下偏转。如果“所有扰流板都可以在降落襟翼位置下垂，那么襟翼可以偏转更大角度。在现代电传飞机上，扰流板的向下偏转不应该带来重量增加或系统复杂性方面的问题”（Rudolph[1] p. 139）。道格拉斯在 C-17 军用运输机中首次引入扰流板下偏以控制襟翼间隙[8]。在民用喷气式客机上，空客和波音分别在 A350XWB[9] 和 B787[10] 上使用了固定铰链襟翼支撑与扰流板向下偏转相结合的方法。

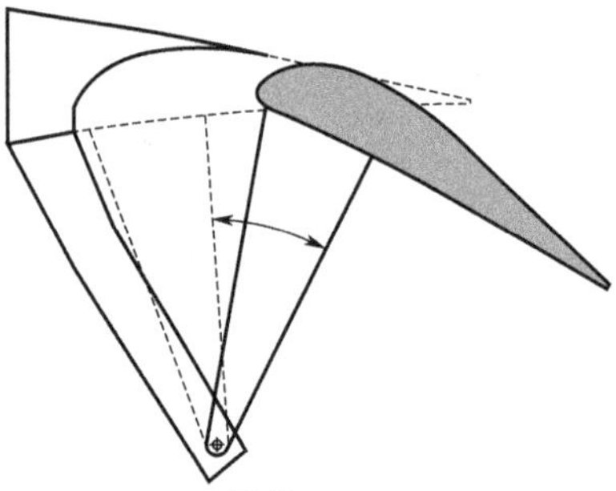

(a) 原理

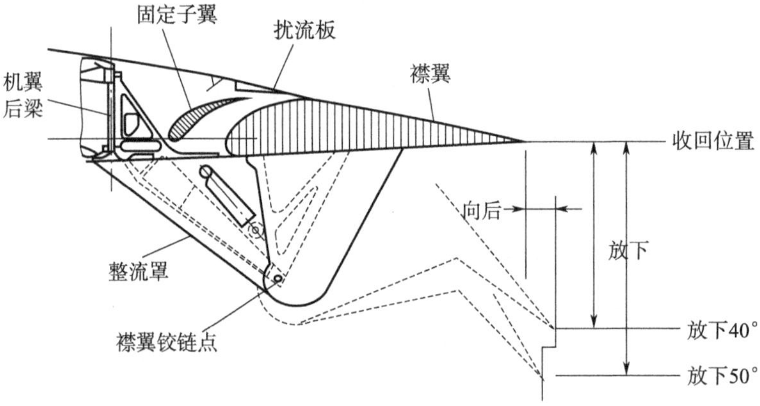

(b) 道格拉斯DC-9内侧襟翼运动

图 8-9　固定铰链（向下）运动（Rudolph[1]，图 1-12）

四连杆机构是一个可简化为四个端点处相互连接杆件的系统。其中一根杆件与机翼固连。这种运动结构中，成对等长的杆件可以构成一个平行四边形，在偏转角为零的情况下移动襟翼。适当调整杆件的长度，可以实现在偏转初始阶段，襟翼以较低的偏转角度向后移动以增加机翼面积，而在偏转后期仅进行旋转运动。该机构常见于波音 B757、B767 和 B777 机型，图 8-10 展示了 B767 的运动结构。

图 8-11 所示的钩形支撑轨道曾用于早期的波音 B707、B727、B737 和 B747，以及空客的 A300 和 A310。

襟翼安装在一个沿轨道运行的滑架上，轨道末端弯曲。其最大的优点是可以自由地设计襟翼偏转路径，缺点是轨道的重量大，且制造成本高，而且必须严格控制制造公差，此外，两侧的导向滚轮会受到严重的磨损。

空客在 A320 上引入了连杆/轨道机构，如图 8-12 所示，并一直沿用到 A380。与钩形支撑轨道相比，滑架在一条直线轨道上运行，制造要容易得多。通过引入前连杆或后连杆，襟翼可以实现与四连杆机构类似的旋转方式。

图 8-13 为 Rudolph[1] 总结的不同类型机构的偏转路径。襟翼的向后运动与偏转角的

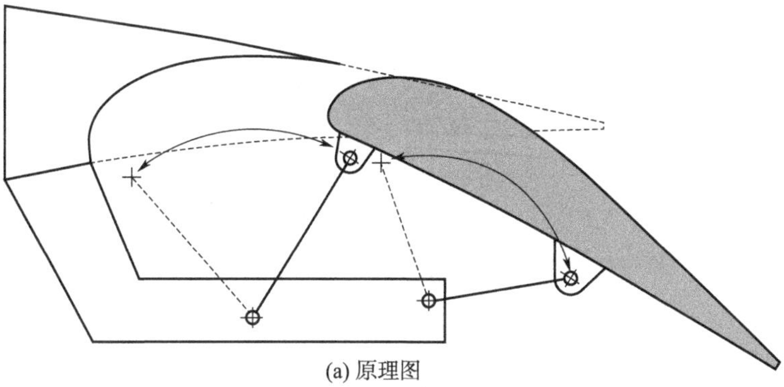

(a) 原理图

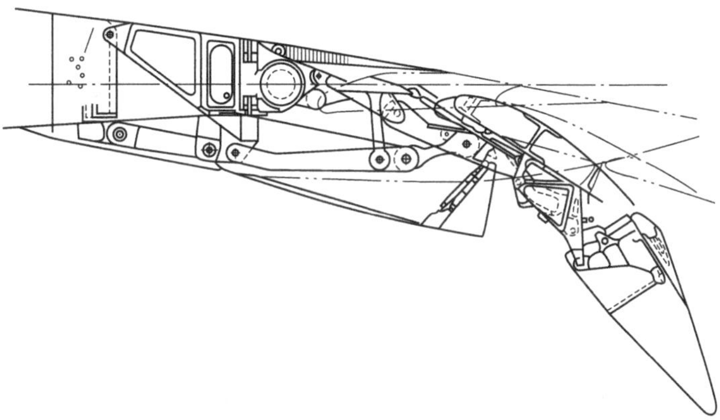

(b) B767内侧机翼运动机构

图 8－10　四连杆机构（Rudolph[1]，图 1－29）

关系如图所示，目的是实现较大的位移并延迟旋转。“起飞阶段，在实现小襟翼角度下产生高的 Fowler 运动方面，三种连杆/轨道机构都比 B757 钩形支撑轨道和 B777 四连杆机构要好，B767 的复杂四连杆机构也能在襟翼角度较小时产生大的 Fowler 运动”（Rudolph[1] p. 113）。偏转角较小时还有一个特征。在展开开始时，给襟翼专门设置一个负偏转角有助于襟翼滑到扰流板下方，在运动的前半段，控制襟翼的偏转角度不超过 5°有助于减小起飞布局的阻力，同时增加机翼面积有助于提高升力。

典型的缝翼是沿圆弧轨道移动展开的。道格拉斯飞机公司在 DC－8 飞机上首先引入这种设计。如今，大多数大型飞机——包括空客、波音、庞巴迪、巴西航空工业公司等——都配备了这种类型的缝翼。缝翼安装在由滚轮引导的圆弧轨道上，图 8－14 为波音 B757 上采用的设计。一个小齿轮驱动器控制其部署，并将缝翼定位在向前和向下倾斜的位置。圆弧轨道的长度和半径是机械设计的重要参数，它通常穿透前翼梁，其后面的燃料箱必须密封。此外，缝翼轨道不能太长，确保收缩状态下不会穿透下翼面。

间隙的选取应该“有助于实现着陆配置下的 $C_{L,\max}$，但这与保持起飞配置下的低阻力相矛盾。此外，通风前缘装置的噪声明显高于无缝隙解决方案”（Strüber[11] p. 2）。缝翼

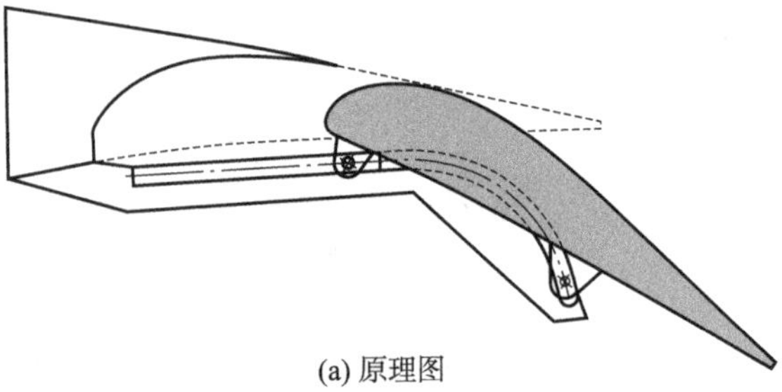

(a) 原理图

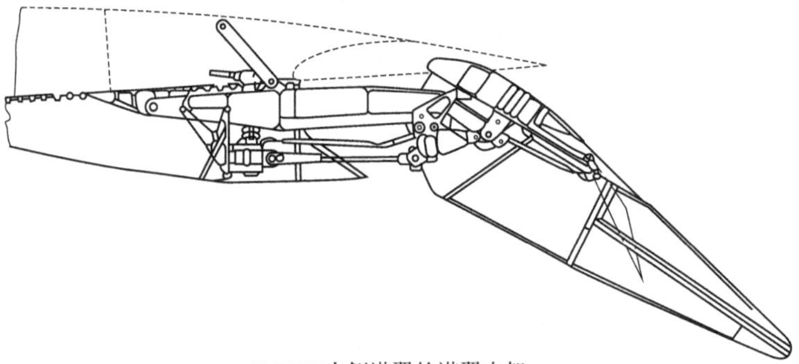

(b) B757内侧襟翼的襟翼支架

图 8－11　钩形支撑轨道（Rudolph[1]，图 1－30）

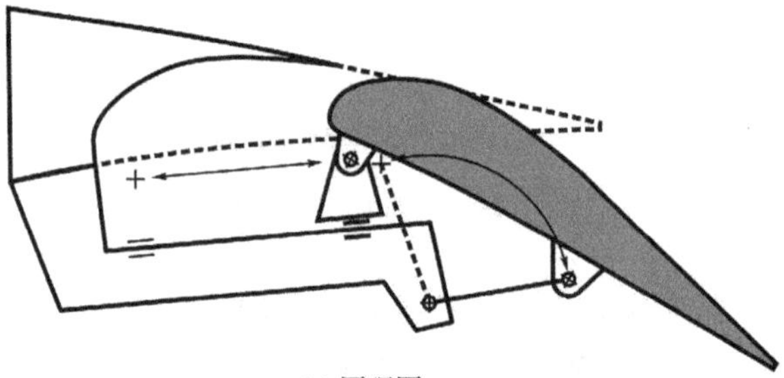

(a) 原理图

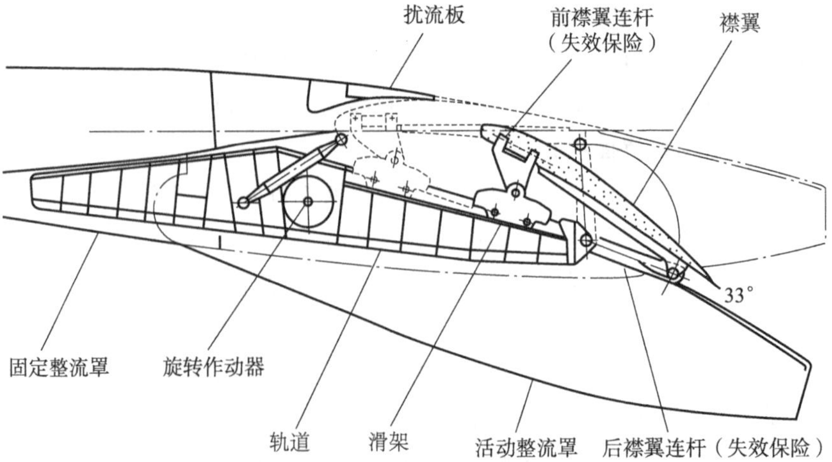

(b) A330/A340襟翼运动

图 8－12　连杆/轨道机构（Rudolph[1]，图 1－34）

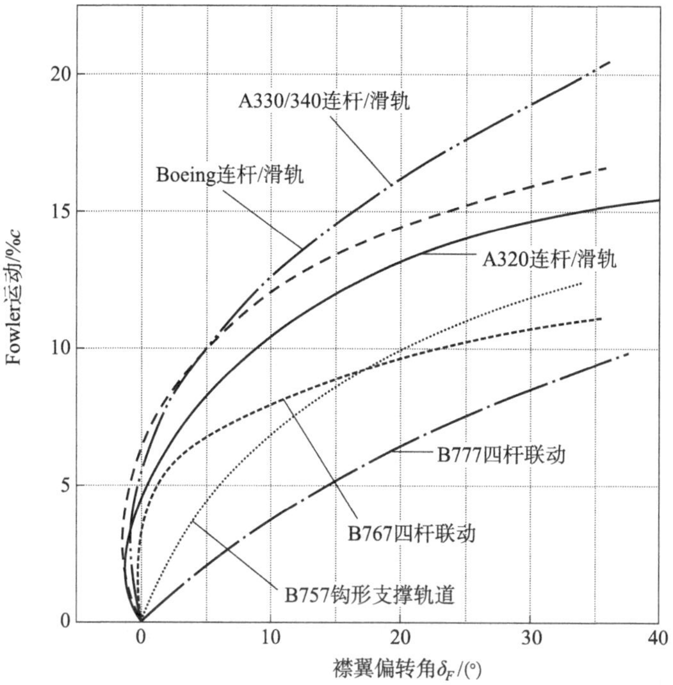

图 8 - 13　不同类型襟翼支撑机构的偏转路径（Rudolph[1]，图 3 - 21）

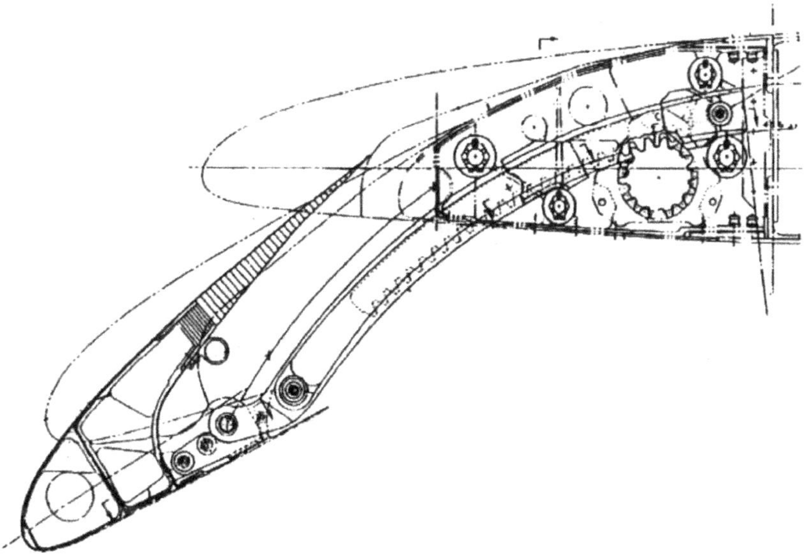

图 8 - 14　波音 B757 上用于缝翼的齿条/齿轮机构（Rudolph[1]，图 1 - 21）

间隙随偏转角的变化由主翼的固定前缘形状决定。“虽然良好的优化可以获得与传统通风缝翼相当的低阻力水平，但密封缝翼（可以）减小阻力”（Strüber[11] p. 4）。如波音 777[12] 或空客 A350 - 900 XWB[11] 所采用的，可以通过沿缝翼后缘展开路径的前缘轮廓来实现偏转角较小状态下的密封。另一种方法是提供一组“在预设轨道中运动的从动连杆，并使缝翼沿与圆弧轨道相反的方向旋转，这意味着在每个位置，缝翼与主轨道的连接仅有一个支撑，以实现这种旋转”（Rudolph[1] p.10）。例如，在道格拉斯 DC-9、DC-10 和波音 757、767 上已经采用了这种轨道[1]。

8.4 翼型与机翼设计的关系

为减少设计时间，通常在进行机翼三维设计之前，先进行高升力机翼翼型截面设计。数值模拟时，只考虑二维方程不仅减少了计算网格数量，还减少了需要求解的方程数量。当然，为了有针对性地开展实际机翼的设计，必须恰当选择机翼截面进行设计，并实现几何和流动条件以及气动特性之间的正确变换。

8.4.1 机翼设计

机翼设计中，机翼截面的选择由沿翼展方向的翼载荷分布所决定，因为翼载荷最大的位置最有可能引起流动失速。这里需要了解升力分布和升力系数分布之间的区别。图 8-15 显示了在不同攻角下，不包括高升力装置的干净机翼的升力分布和升力系数分布的比较。升力分布代表整体升力系数沿翼展方向的导数，并与局部环量直接成比例

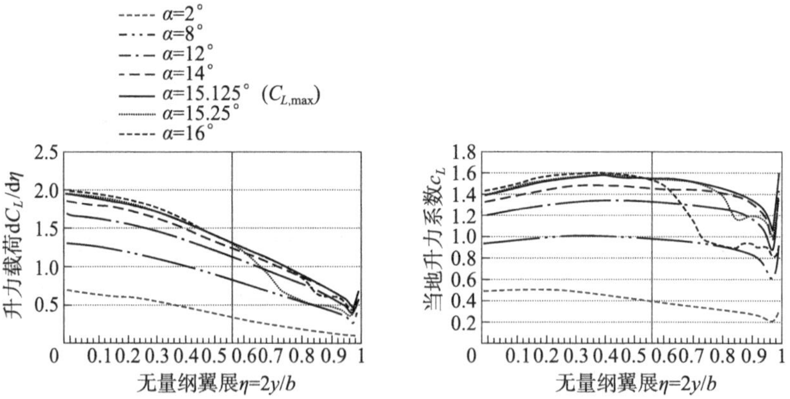

图 8-15 不同攻角下升力分布（左图）和升力系数分布（右图）

$$\frac{\partial C_L}{\partial \eta}=\frac{2}{U_\infty c_{ref}}\frac{\partial \Gamma}{\partial \eta} \tag{8-2}$$

因此，它又相当于环量分布，如果其形状为椭圆形，则对于诱导阻力而言最优。升力系数分布显示了与当地弦长相关的局部升力，给出了局部机翼截面载荷与其升力潜力的关系。这两种分布之间可以进行几何变换

$$c_L(\eta)=\frac{\partial C_L}{\partial \eta}\frac{c_{ref}}{c(\eta)} \tag{8-3}$$

特别是进行最大升力设计时，应选取载荷最大部位的截面为设计截面。该截面不仅取决于机翼的平面形状，还取决于机翼的扭转分布。通常，典型运输机机翼的设计截面位于

55%～65%的翼展位置。

8.4.2　后掠机翼变换

为实现高速巡航，民用运输机的机翼通常被设计成后掠翼。根据 Busemann 理论[13]，只有垂直于表面曲率的流动才会影响压力分布，从而影响气动力。尽管该理论是针对跨声速巡航发展起来的，但它同样适用于低速飞行。因此，设计机翼截面时也需要考虑后掠角的影响，而不是分析沿流向上机翼的几何截面。该机翼截面周围的流动可以由相同截面翼型的无限展长后掠翼周围的流动来近似。由于通常的飞机机翼是梯形的，沿弦线不同位置定义的机翼后掠角并非常量，因此机翼后掠角的选择非常重要，这里选择使用前缘后掠角进行高升力设计（如图 8－16 所示），原因将在后面进行说明。

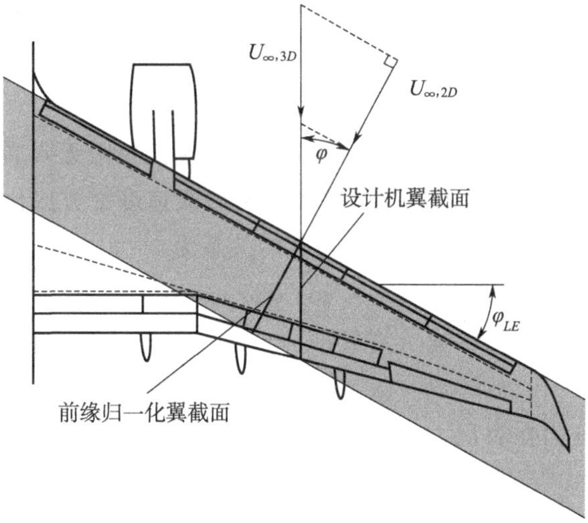

图 8－16　机翼设计截面后掠翼变换

根据 Busemann 的后掠翼理论，流动被分解为二维流动，分别为垂直于机翼后掠方向的流动，其速度大小为

$$U_{\infty,2D}=U_{\infty,3D}\cos\varphi \tag{8-4}$$

和沿翼展方向的流动，其速度大小为

$$w_{\infty}=U_{\infty,3D}\sin\varphi \tag{8-5}$$

从几何上讲，后掠翼变换指的是在弦向上压缩机翼截面。由于翼型弦长缩短而厚度保持不变，翼型相对厚度增加。翼型分析时通常使用弦长进行无量纲化

$$\begin{pmatrix}\tilde{x}\\ \tilde{y}\end{pmatrix}=\frac{1}{c}\begin{pmatrix}x\\ y\end{pmatrix} \tag{8-6}$$

按单位弦长缩放，定后掠变换导致翼型变厚

$$\begin{pmatrix}\tilde{x}_{2D}\\ \tilde{y}_{2D}\end{pmatrix}=\frac{1}{c}\begin{pmatrix}x_{3D}\\ \dfrac{1}{\cos\varphi}z_{3D}\end{pmatrix} \tag{8-7}$$

必须认识到，旋转轴并不垂直于二维平面。因此，有效后掠角等于几何后掠角，且只在 $\alpha=0°$时最大。想象一下，入射角 90°时，有效后掠角为零

$$\cos\varphi_{eff}=\cos\varphi\cdot\sqrt{1+\sin^{2}\alpha_{3D}\tan^{2}\varphi} \tag{8-8}$$

流动速度和几何形状的变换导致了流动特性参数的变化

$$\begin{aligned}M_{\infty,2D}&=\cos\varphi_{eff}\cdot M_{\infty,3D}\\ Re_{\infty,2D}&=\cos^{2}\varphi_{eff}\cdot Re_{\infty,3D}\end{aligned} \tag{8-9}$$

投影攻角是来流方向在二维流动平面上的几何投影

$$\tan\alpha_{2D}=\frac{\tan\alpha_{3D}}{\cos\varphi_{eff}} \tag{8-10}$$

显然，马赫数的缩放主要影响对压缩性的考虑。对于梯形机翼，在巡航条件下，通常选取 1/2 弦线处后掠角作为参考，以正确捕捉跨声速激波的影响。对于高升力系统，可压缩性主要发生在靠近前缘部位。因此，对于高升力系统而言，考虑前缘后掠更具代表性。因此，这种缩放被称为前缘归一化。

反向变换将流体状态变换回三维状态。由于这种变换仅限无限展长后掠翼，因此又被称为 2.5D 状态。因为压力系数的定义与来流马赫数或速度平方成比例，所以二维翼型截面的压力系数与无限展长后掠翼上的压力系数的关系为

$$c_{p,2.5D}=\cos^{2}\varphi_{eff}\cdot c_{p,2D} \tag{8-11}$$

忽略摩擦力对升力系数的影响，关系如下

$$c_{L,2.5D}=\cos^{2}\varphi_{eff}\cdot c_{L,2D} \tag{8-12}$$

考虑机翼截面的压力在翼展方向分量，将其沿飞行方向进行投影，因此压差阻力部分为

$$c_{Dp,2.5D}=\cos^{3}\varphi_{eff}\cdot c_{Dp,2D} \tag{8-13}$$

另一方面，考虑到沿机翼翼展方向的速度分量，无限展长后掠翼的边缘速度要高于翼型截面处速度，而摩擦阻力的估计就是对壁面剪切应力的估计，因此

$$c_{Df,2.5D}=\cos\varphi_{eff}\cdot c_{Df,2D} \tag{8-14}$$

无限展长后掠翼的气动特性进一步可以用升力线方法（见第 7.2.3 节）进行设计。将其变换成实际机翼的最后一步需对三维流动有一定的了解，这主要适用于增量设计，即对现有设计进行改进。给定一个初始布局和流动信息，在完整三维机翼和对应的设计截面翼型基础上，可以建立二维翼型数据和完整机翼性能之间的关系。第一步，流动条件关联，三维机翼的机翼截面攻角受局部机翼扭曲和由于环量分布变化引起的诱导攻角的影响。实现这种关联的唯一正确的方法是将两种情况下的压力分布进行匹配。图 8－17 显示了针对前缘归一化机翼得到的无限后掠翼的 CFD 计算结果与风洞测量三维机翼压力分布之间的比较。攻角的偏差为机翼扭曲和诱导攻角引起的偏移。

在获得了匹配的压力分布后，两者代表了相同的流动条件。假设截面升力系数的变化只影响升力载荷的水平，而不影响翼展方向的升力分布，可以推导出二维和三维数据之间的关系

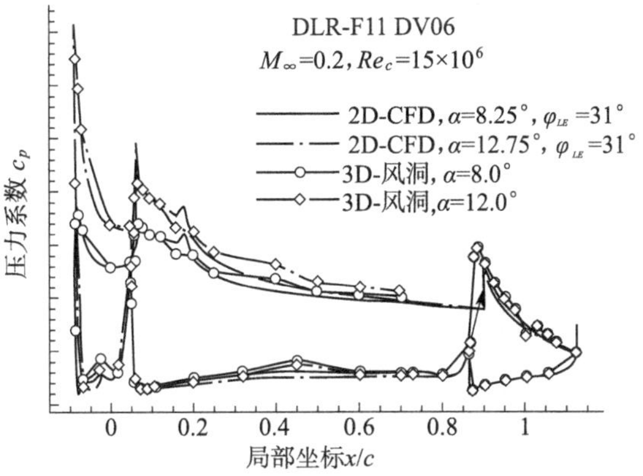

图 8-17　三维机翼和相应的前缘归一化二维无限后掠翼压力分布比较（Wild[3]，图 7）

$$C_{L,3D}=\gamma_{C_L}c_{L,2.5D} \tag{8-15}$$

对于阻力系数，考虑由于升力系数变化引起的诱导阻力的变化，也存在类似的关系

$$C_{D,3D}=\gamma_{C_D}(c_{Dp,2.5D}+c_{Df,2.5D})+\frac{(\gamma_{C_L}c_{L,2.5D})^2}{\pi\Lambda} \tag{8-16}$$

通过对压力分布进行匹配可以获得相关性因子 γ_{C_L} 和 γ_{C_D}。二维数据向三维机翼逆变换的有效性如图 8-18 所示，其中二维机翼的极曲线来自 CFD 计算，三维机翼数据来自风洞。

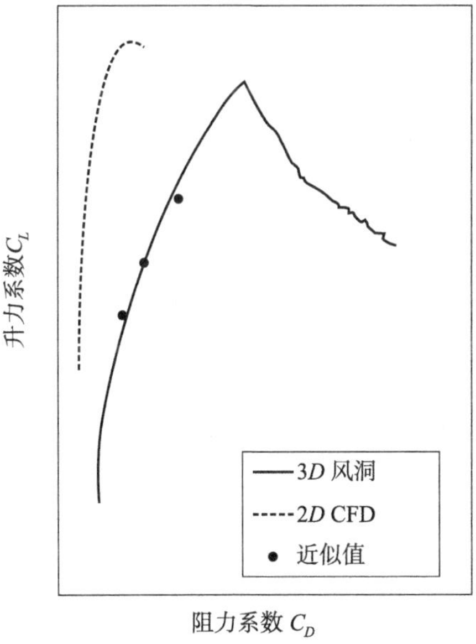

图 8-18　后掠翼变换有效性验证

8.4.3　局部后掠变换

在跨声速巡航阶段，运输机机翼采用后掠设计可以减少波阻，其梯形形状还可以减少

诱导阻力。因此，基于前缘和后缘定义的后掠角并不相等。局部后掠变换试图在二维机翼截面上再现梯形后掠翼的厚度和曲率分布。类似于后掠翼理论，设计截面是选定的。在局部后掠变换中，机翼由一个圆锥曲面表示，如图 8－19 所示，该曲面由机翼前缘和后缘后掠角定义[14]。

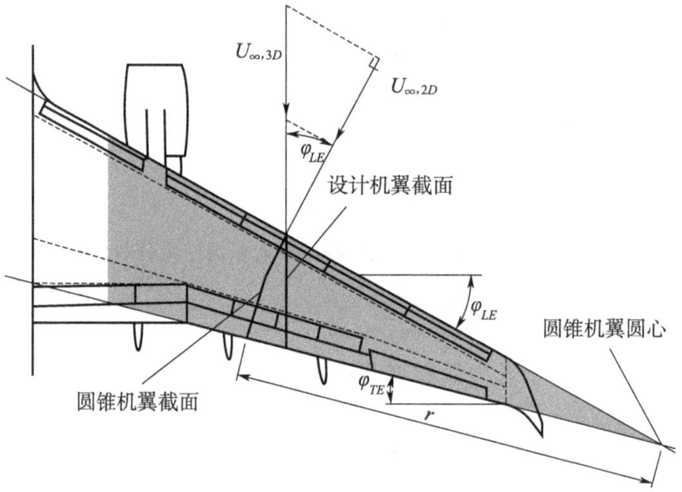

图 8－19　设计剖面翼型局部后掠变换

利用定半径 r 的曲面与二维圆锥机翼相交，得到的截面即为二维圆锥机翼的截面，该半径定义为

$$r=\frac{c}{\sin\varphi_{LE}-\cos\varphi_{LE}\tan\varphi_{TE}} \tag{8-17}$$

因此在机翼设计截面坐标系中，圆锥曲面中心的坐标为

$$\begin{pmatrix}x_c\\y_c\end{pmatrix}=r\begin{pmatrix}\sin\varphi_{LE}\\\cos\varphi_{LE}\end{pmatrix} \tag{8-18}$$

通过机翼设计截面上点的圆锥曲线的局部后掠角为

$$\tan\varphi(x)=\frac{x_c-x}{y_c} \tag{8-19}$$

由于沿生成机翼截面向圆锥机翼圆心方向半径减小，与设计机翼截面相比，圆锥机翼截面在接近后缘时变得更厚

$$z(x)=z\,\frac{\cos\varphi(x)}{\cos\varphi_{LE}} \tag{8-20}$$

翼型气动特性与截面弦长相关，圆锥机翼截面弦长为

$$c=r\cdot(\varphi_{LE}-\varphi_{TE}) \tag{8-21}$$

完整的坐标变换方程为

$$\begin{pmatrix}x\\y\end{pmatrix}_{conic}=\frac{1}{r(\varphi_{LE}-\varphi_{TE})}\begin{pmatrix}r(\varphi_{LE}-\varphi(x))\\z\,\dfrac{\cos\varphi(x)}{\cos\varphi_{LE}}\end{pmatrix} \tag{8-22}$$

局部后掠变换常常被误解为与后掠翼类似的厚度缩放，不同之处在于使用的是局部后掠角。无论是无限展长后掠翼还是局部后掠变换，其主要是针对翼型长度的映射：翼型厚度的变化会影响机翼弦长的归一化，从而得到不同的翼型。图 8－20 为 NACA4412 翼型不同变换结果的比较，前后缘的后掠角分别为 30°和 15°。

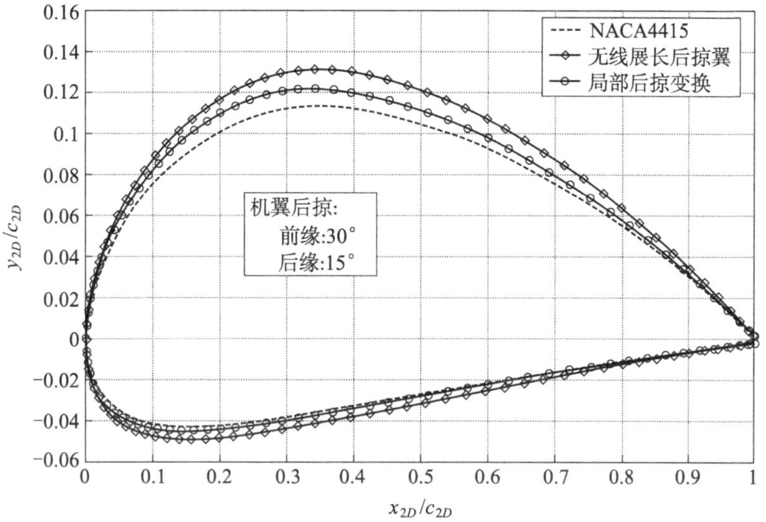

图 8－20　NACA4412 翼型变换比较（前/后缘后掠角分别为 30°/15°）

Lock[15] 推导了压力系数的变换关系

$$
\begin{aligned}
c_{p,3D} &= \frac{f-1}{\frac{1}{2}\gamma M_{\infty,3D}^{2}} + f \cdot c_{p,2D}\cos^{2}(\varphi_{eff}) \\
f &= \frac{1+\frac{1}{2}(\gamma-1)M_{\infty,3D}^{2}\cos^{2}(\varphi(x))}{1+\frac{1}{2}(\gamma-1)M_{\infty,3D}^{2}\cos^{2}(\varphi_{eff})}
\end{aligned}
\tag{8-23}
$$

有效扫掠角由式（8－8）给出，用于对流动条件的变换。升力系数和阻力系数无法由简单的变换得到，必须沿锥形翼截面进行线积分得到。

图 8－21 显示了通过局部后掠变换得到的后掠梯形机翼中多段高升力翼型的压力分布，并与基于式（8－11）分别进行前缘后掠角和后缘后掠角归一化后二维仿真得到的结果进行比较。结果显示，LST 需要更精确的呈现，这从滞止压力和吸力峰的预测上可以得到证实。对于不同的后掠角，LST 都可以预测驻点压力；而针对前缘装置的吸力峰水平，LST 的预测值要高于进行前缘归一化后的模拟结果。这是由于上游效应增加所致。此外，对于多段机翼尾部的吸力预测上，LST 预测要低于两种二维模拟值，由于下游效应，尽管滞止压力增加，襟翼上的流动更加顺畅。

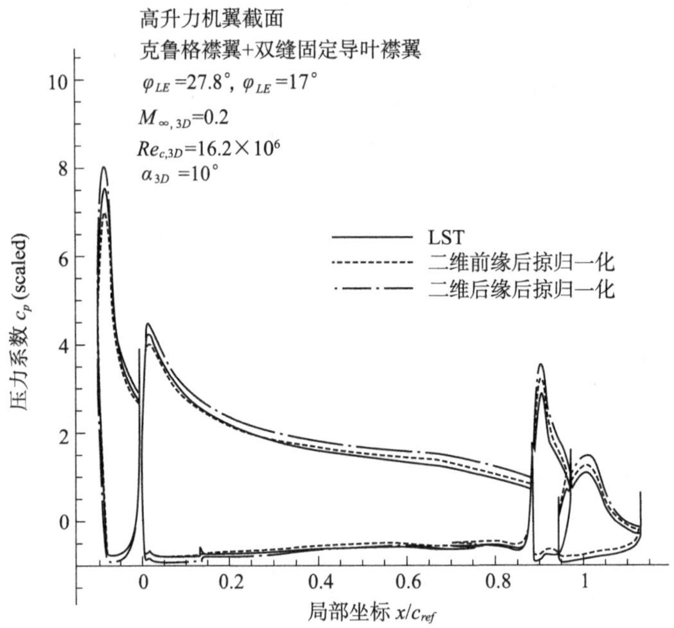

图 8-21 局部后掠变换压力分布与前后缘后掠归一化后二维模拟结果比较

8.4.4 高升力装置偏转变换

高升力装置沿着机翼的前缘或者后缘布置，通过沿飞行方向或与边缘垂直的方向移动，从而与主机翼形成间隙和重叠。然而，旋转自由度需要沿与边缘平行的轴进行定义，因此，其定义也需要遵循结构上的要求。

前缘装置通常部署在前翼梁上，与其垂直且起支撑作用的翼肋更容易设计和制造。由于这些机构大多是旋转运动，位移方向与前翼梁正交，旋转轴则平行于翼梁，因此，通常在垂直于前翼梁的坐标系中定义前缘偏转。

位于后掠机翼内侧的后缘装置则需要沿飞行方向移动，否则襟翼会与机身干涉。如果没有设计推力门，外侧襟翼也需要进行类似的移动。因此，在飞行方向的坐标系中定义襟翼很直观。但是，为了使襟翼旋转过程中其与主翼之间的缝隙或重叠部分均匀，襟翼需要沿后掠轴旋转，因此可选取剩余主翼后缘作为参考，如扰流板后缘。

这两种定义都意味着，在飞行方向上偏转的高升力装置的机翼截面与收回位置的机翼截面不一致。一般来说，截面被拉伸时，偏转角度比较平缓。与上述后掠翼理论类似，通过几何变换来得到偏转后的机翼截面。

通过调和坐标可以方便地定义一系列变换。这里向坐标向量中添加了一个分量。对于二维问题，坐标向量为

$$\boldsymbol{x} = \begin{pmatrix} x \\ y \\ 1 \end{pmatrix} \tag{8-24}$$

调和坐标能够像矩阵一样实现基本的几何变换。为了将高升力装置的三维运动映射到相应的机翼截面上，根据各自参考轴的后掠角 φ 进行几何变换

$$\boldsymbol{S}=\begin{bmatrix}\cos\varphi & 0 & 0\\ 0 & 1 & 0\\ 0 & 0 & 1\end{bmatrix} \tag{8-25}$$

绕原点偏转 δ^2 的定义为

$$\boldsymbol{R}=\begin{bmatrix}\cos\delta & -\sin\delta & 0\\ \sin\delta & \cos\delta & 0\\ 0 & 0 & 1\end{bmatrix} \tag{8-26}$$

最后通过平移变换回到正确的位置

$$\boldsymbol{T}=\begin{bmatrix}1 & 0 & \Delta x\\ 0 & 1 & \Delta y\\ 0 & 0 & 1\end{bmatrix} \tag{8-27}$$

完整的变换为

$$\begin{pmatrix}x\\ y\\ 1\end{pmatrix}_{\text{deflected}}=\boldsymbol{S}^{-1}\boldsymbol{TRS}\begin{pmatrix}x\\ y\\ 1\end{pmatrix}_{\text{retracted}} \tag{8-28}$$

通过非均匀缩放的逆变换，可得到机翼截面在原值坐标系中的方程。

在定义高升力装置与主机翼的间隙和重叠时需要特别注意，因为其取决于各自坐标系的方向以及参考值，如分析机翼截面时选取收回的翼面弦长作为参考。对于缝翼，间隙和重叠通常以当地机翼弦长的百分比表示，但在垂直于前梁的系统中，这会导致沿飞行方向的间隙减少 $\cos\varphi_{FS}$。对于襟翼，间隙和重叠需在沿飞行方向的坐标系中定义。平移变换时，间隙必须乘上 $1/\cos\varphi_{TE}$。此外，在后掠坐标系中，襟翼的有效偏转角更高

$$\tan\delta_{F,\text{swept}}=\frac{\tan\delta_{F,\text{line-of-flight}}}{\cos\varphi_{TE}} \tag{8-29}$$

8.5　高升力装置优化

通过分析设计自由度以及分析约束之间的关系，可以看出，气动高升力设计是一个受多个学科约束的多维优化问题，不同设计参数之间相互约束、相互依赖，就设计目标而言，也是多目标优化问题，无法通过简单的灵敏度分析和迭代方式解决。数值优化是解决此类问题比较有效的数学方法。

数值优化通过对设计空间中的不同个体进行变化和分析来迭代解决设计问题。利用数值优化进行气动设计意味着对于每个独立的设计方案，必须进行气动分析以获得各个设计目标的完整气动数据。

对高升力装置而言，要分析其对全机的所有设置和设计目标的影响意味着针对每个设计方案均需要进行数十次全机三维流场计算，以当今计算机的算力，这样的设计可能要数

月甚至数年才能完成。

因此，完整的三维高升力系统优化仍然遥不可及①。高升力机翼翼型设计的计算成本并不那么昂贵，并且在 2000 年左右开始研究②。就目前的技术水平而言，进行一次高升力翼型优化需要大概 2 周左右时间。

8.5.1 数值优化方法

在数学上，数值优化的定义为确定多变量目标函数的最小值

$$F_{obj}(\boldsymbol{x}) \longmapsto \min. ;\boldsymbol{x} \in \Re^n \tag{8-30}$$

此处，设计变量为 n 维向量，其包含设计自由度或设计参数。当目标函数梯度为零时，目标函数最小

$$\nabla F_{obj}(\boldsymbol{x}_{opt}) = \boldsymbol{0} \tag{8-31}$$

函数的曲率是指目标函数在任何远离最优解的方向上都会增大，这可以从正定 Hessian 矩阵看出来

$$\nabla^2 F_{obj}(\boldsymbol{x}) = \begin{bmatrix} \dfrac{\partial^2 F_{obj}}{\partial x_1^2} & \dfrac{\partial^2 F_{obj}}{\partial x_1 \partial x_2} & \cdots & \dfrac{\partial^2 F_{obj}}{\partial x_1 \partial x_n} \\ \dfrac{\partial^2 F_{obj}}{\partial x_2 \partial x_1} & \dfrac{\partial^2 F_{obj}}{\partial x_2^2} & & \vdots \\ \vdots & & \ddots & \\ \dfrac{\partial^2 F_{obj}}{\partial x_n \partial x_1} & \cdots & & \dfrac{\partial^2 F_{obj}}{\partial x_n^2} \end{bmatrix} \tag{8-32}$$

设计问题还可能受多个函数的约束

$$\begin{aligned} g_i(\boldsymbol{x}) &> 0, i = 1, \cdots, k \\ h_j(\boldsymbol{x}) &= 0, j = 1, \cdots, m \end{aligned} \tag{8-33}$$

它们表示设计空间的不等式约束和等式约束。等式约束必须始终满足，而不等式约束只有不满足时才起作用。对自由度的任何范围限制都相当于不等式约束。任何等式约束和不等式约束都会在某些方向上限制设计空间，从而降低设计空间的维数。在设置数值优化问题时，即使在低维设计空间上，也很容易因为约束过多而无法进行。为了能够达到最优，设计变量的数量必须大于有效约束的数量。否则，这样的问题是不适定的，只有在有效约束不独立的情况下才能解决。后者意味着某些约束可以在不改变设计问题的情况下被忽略。如果约束是独立的，那么只有通过增加自由度的数量来扩大设计空间，从而保持一个适定的设计问题。

许多教科书，例如 Gill，Murray 和 Wright[21] 的著作，以及许多文章中都对解决数值

---

① Wild、Brezillon[16] 和 Brezillon、Dwight、Wild[17] 通过大量减少变量数量、进行更粗粒度的空间离散从而减少网格点数量等手段，在可接受的时间内进行了三维高升力机翼的优化。

② Eyi 等[18] 首次基于 RANS 解算器开展了高升力装置的数值优化。Wild[19] 验证了该方法。van Dam 进行了关于研究的综述[20]。

优化问题的方法和算法进行了很好的描述。即使到现在，新的或改进的优化方法仍在不断发展当中。以下是作者早些时候准备的全面总结[22]。

从数学上看，解决优化问题的方法其实就是一个简单的循环。

算法 8.1：数值优化流程

```
x := x_ini
evaluate F_obj(x)
Repeat
    Change x
    evaluate F_obj(x)
until converged
x_opt := x
```

可以根据不同的特征对算法进行分类。一个标准是，算法是严格基于已经评估过的设计变量集合来确定新的设计变量集合（如确定性方法），还是对设计变量引入随机变异。对于确定性方法，可以根据目标函数的导数使用情况进行进一步分类。为了建立优化算法的层次结构，起点是围绕一组设计变量，通过其二阶泰勒级数展开式来逼近目标函数

$$F_{obj}(\boldsymbol{x}+\mathrm{d}\boldsymbol{x})=F_{obj}(\boldsymbol{x})+\nabla F_{obj}(\boldsymbol{x})\cdot\mathrm{d}\boldsymbol{x}+\frac{1}{2}\mathrm{d}\boldsymbol{x}^{\mathrm{T}}\cdot\nabla^2 F_{obj}(\boldsymbol{x})\cdot\mathrm{d}\boldsymbol{x}+O(3) \tag{8-34}$$

可以看出，这种近似包含了用于最优性准则的两个特征，即目标函数的梯度和 Hessian 矩阵。

8.5.1.1 二阶导数确定方法

直接使用式（8-34）的二阶泰勒展开，点 $\boldsymbol{x}+\mathrm{d}\boldsymbol{x}$ 处的梯度可近似为

$$\nabla F_{obj}(\boldsymbol{x}+\mathrm{d}\boldsymbol{x})=\nabla^2 F_{obj}(\boldsymbol{x})\cdot\mathrm{d}\boldsymbol{x}+\nabla F_{obj}(\boldsymbol{x}) \tag{8-35}$$

根据最优条件式（8-31），下一个局部极值点的梯度为零，因此，如果 Hessian 矩阵已知，需要求解下列线性方程组

$$\nabla^2 F_{obj}(\boldsymbol{x})\cdot\mathrm{d}\boldsymbol{x}+\nabla F_{obj}(\boldsymbol{x})=0 \tag{8-36}$$

由于目标函数通常不是二次型，因此必须迭代求解最小值，这就是牛顿法。

算法 8.2：牛顿法

```
x := x_ini
evaluate F_obj(x)
Repeat
    evaluate ∇F_obj(x)
    evaluate ∇²F_obj(x)
    solve ∇²F_obj(x) · dx + ∇F_obj(x) = 0
    x := x + dx
until ∇F_obj(x) = 0
x_opt := x
```

找到最小值的前提是 Hessian 矩阵必须正定，否则，当前预测结果就不在收敛区域内。对于一个稳定的算法，必须包含对 Hessian 矩阵正定性的判定，否则执行的就是最速下降步骤。

牛顿法的一个主要缺点是它需要 Hessian 矩阵。在实际应用中，情况并非如此，而且通常计算量非常大。另一种解决方案是使用变尺度法，也称为拟牛顿法。变尺度法的主要思想是迭代地构建对 Hessian 逆矩阵的近似

$$\lim_{i\to\infty}(\boldsymbol{H}_i)\longmapsto(\nabla^2 F_{obj}(\boldsymbol{x}))^{-1} \tag{8-37}$$

此时，线性方程组（8-36）的解被替换为使用逆 Hessian 矩阵的最佳近似进行矩阵向量相乘

$$\boldsymbol{x}_{i+1}=\boldsymbol{x}_i+\boldsymbol{H}_i\ \nabla F_{obj}(\boldsymbol{x}_i) \tag{8-38}$$

更新逆 Hessian 矩阵最常见的方法是 Broyden - Fletcher - Goldfarb - Shanno（BFGS）法[23]。BFGS 方法还有一个较好的性质，即如果初始的 Hessian 逆矩阵 $\boldsymbol{H}_0$ 是正定的，那么所有后续的更新 $\boldsymbol{H}_i$ 也将是正定的。使用单位矩阵作为初始值可能不是最佳近似，但它是正定的，算法的第一步将执行简单的最速下降步骤。

8.5.1.2 基于一阶导数的确定性方法

Hessian 矩阵计算量太大时，可以采用一阶导数方法，也称为梯度法。该方法基于目标函数的泰勒展开进行一阶截断

$$F_{obj}(\boldsymbol{x}+\mathrm{d}\boldsymbol{x})=F_{obj}(\boldsymbol{x})+\nabla F_{obj}(\boldsymbol{x})\cdot\mathrm{d}\boldsymbol{x}+O(2) \tag{8-39}$$

为了减小目标函数的值，梯度 $\nabla F_{obj}(\boldsymbol{x})$ 与扰动向量 $\mathrm{d}\boldsymbol{x}$ 的点积必须为负，这就产生了一些方法，其定义了负的搜索方向，并在这个方向上执行一维搜索。这种所谓的线性搜索又可以看作是一个一维优化问题。

算法 8.3：梯度方法

$\boldsymbol{x} := \boldsymbol{x}_{ini}$
evaluate $F_{obj}(\boldsymbol{x})$
Repeat
    evaluate $\nabla \mathrm{F}_{\mathrm{obj}}(\boldsymbol{x})$
    $\mathrm{d}\boldsymbol{x} = f(\nabla F_{obj}(\boldsymbol{x}))$ with $\nabla F_{obj}(\boldsymbol{x})\cdot \mathrm{d}\boldsymbol{x} < 0$
    minimize $F_{obj}(\boldsymbol{x}+\alpha\mathrm{d}\boldsymbol{x})$ for variable α
    $\boldsymbol{x} := \boldsymbol{x}+\alpha\mathrm{d}\boldsymbol{x}$
until $\nabla F_{obj}(\boldsymbol{x}) = 0$
$\boldsymbol{x}_{opt} := \boldsymbol{x}$

最速下降法是最简单的梯度法，它直接使用负梯度作为搜索方向

$$\mathrm{d}\boldsymbol{x}=-\nabla F_{obj}(\boldsymbol{x}) \tag{8-40}$$

从方程（8-39）可以看出，该搜索方向在起始点附近的区域内能够较好地改善目标函数。然而，如果设计空间是弯曲的，那么搜索方向只在起始点附近区域是最佳的，而在较远处，沿非负梯度的搜索方向将得到更好的结果。可以证明，如果沿着 $\mathrm{d}\boldsymbol{x}$ 的线性搜索已经达到局部最小值，那么该点处搜索方向应该与梯度方向正交

$$\nabla F_{obj}(\boldsymbol{x}_{i+1}) \cdot \mathrm{d}\boldsymbol{x}_i = 0 \tag{8-41}$$

对于二维设计空间，这意味只有两个交替的搜索方向。在大多数情况下，对于任意函数，第一梯度方向不一定与设计空间完全一致，这意味着有更好的方法来计算新的搜索方向，此时，共轭梯度法比较合适。为解释该方法，再次回到二阶泰勒级数展开式（8-34）。对于沿任意方向 $\mathrm{d}\boldsymbol{x}$ 的搜索，梯度可以近似为

$$\nabla F_{obj}(\boldsymbol{x} + \alpha \mathrm{d}\boldsymbol{x}) = \nabla F_{obj}(\boldsymbol{x}) + \alpha(\nabla^2 F_{obj}(\boldsymbol{x}) \cdot \mathrm{d}\boldsymbol{x}) \tag{8-42}$$

假设沿着搜索方向 $\mathrm{d}\boldsymbol{x}_i$ 已经达到了局部最小值，则应该选择新的搜索方向 $\mathrm{d}\boldsymbol{x}_{i+1}$，并且确保沿该方向不会影响最小化。如果梯度方向垂直于 $\mathrm{d}\boldsymbol{x}_i$，即梯度的变化垂直于 $\mathrm{d}\boldsymbol{x}_i$ 时，就满足该要求，从而满足了共轭条件

$$\mathrm{d}\boldsymbol{x}_{i+1}^{\mathrm{T}} \cdot \nabla^2 F_{obj}(\boldsymbol{x}) \cdot \mathrm{d}\boldsymbol{x}_i \tag{8-43}$$

可以证明，对于二次函数，沿着一组相互共轭的方向进行 n 次线性最小化可以精确地达到最小值，其中 n 是问题的维度。同样，对于非二次型函数，n 次线性最小化的重复循环将实现二次收敛。结合式（8-42）和式（8-43），可以得到

$$(\nabla F_{obj}(\boldsymbol{x}_{i+1}) - \nabla F_{obj}(\boldsymbol{x}_i)) \cdot \mathrm{d}\boldsymbol{x}_{i+1} = 0 \tag{8-44}$$

上式表示新的搜索方向与梯度变化方向正交，也即

$$\mathrm{d}\boldsymbol{x}_{i+1} = -\nabla F_{obj}(\boldsymbol{x}_{i+1}) + \frac{|\nabla F_{obj}(\boldsymbol{x}_{i+1})|^2}{|\nabla F_{obj}(\boldsymbol{x}_i)|^2}\mathrm{d}\boldsymbol{x}_i \tag{8-45}$$

共轭梯度法的一大优势是它考虑了目标函数的二次近似，而无须计算和存储 Hessian 矩阵。方程（8-45）是 Fletcher—Reeves 的原始版本[24]，也可以利用 Polak 和 Ribiere 的建议进行替换[25]

$$\mathrm{d}\boldsymbol{x}_{i+1} = -\nabla F_{obj}(\boldsymbol{x}_{i+1}) + \frac{(\nabla F_{obj}(\boldsymbol{x}_{i+1}) - \nabla F_{obj}(\boldsymbol{x}_i)) \cdot \nabla F_{obj}(\boldsymbol{x}_{i+1})}{|\nabla F_{obj}(\boldsymbol{x}_i)|^2}\mathrm{d}\boldsymbol{x}_i \tag{8-46}$$

对于精确的二次函数，这两种形式完全等价，但对于并不能完全符合二次形式的实际问题，后者在收敛上有一些优势。

8.5.1.3　非导数的确定性方法

如果无法直接计算或通过有限差分方法计算目标函数的梯度（如由于计算成本等原因），那么就需要一种仅依赖于先前评估集合的目标函数值的方法。这类算法大多都属于准一维坐标方法[21]，即独立优化各种设计变量，从而形成 n 个一维优化的循环。

算法 8.4：坐标下降法

$\boldsymbol{x} := \boldsymbol{x}_{ini}$
Repeat
　　loop over $i \in [1, n]$
　　　　minimize $F_{obj}(\boldsymbol{x})$ for variable x_i
until $\mathrm{d}F_{obj}(\boldsymbol{x}) = 0$
$\boldsymbol{x}_{opt} := \boldsymbol{x}$

这类方法的典型代表是区间缩减法，如黄金分割算法，其使用的前提是每个设计变量的设计区间类似于 $[x_{i\min}, x_{i\max}]$，且在区间内

$$F_{obj}(\boldsymbol{x}_{\min}) > F_{obj}(\boldsymbol{x}) < F_{obj}(\boldsymbol{x}_{\max})$$

$$\boldsymbol{x}_{\min} = \begin{pmatrix} x_{1\min} \\ x_{2\min} \\ \vdots \\ x_{n\min} \end{pmatrix}, \quad \boldsymbol{x}_{\max} = \begin{pmatrix} x_{1\max} \\ x_{2\max} \\ \vdots \\ x_{n\max} \end{pmatrix} \tag{8-47}$$

在坐标方向的循环中，其将包含最优值的区间缩小到指定的精度。

算法 8.5：黄金分割法

$c_{gold} = \frac{\sqrt{5}-1}{2}$

$\boldsymbol{x}_1 = \boldsymbol{x}_2 := \boldsymbol{x}_{ini}$

Repeat

  for $i := 1 \to n$ **do**

    $x_{i_1} = x_{i\min} + c_{gold} \cdot (x_{i\max} - x_{i\min})$

    $x_{i_2} = x_{i\min} + (1 - c_{gold}) \cdot (x_{i\max} - x_{i\min})$

    evaluate $F_{obj}(\boldsymbol{x}_1), F_{obj}(\boldsymbol{x}_2)$

    if $F_{obj}(\boldsymbol{x}_1) \geqslant F_{obj}(\boldsymbol{x}_2)$

      $x_{i\min} := x_{i_1}$

    Else

      $x_{i\min} := x_{i_2}$

    end for

until $\boldsymbol{x}_{\max} - \boldsymbol{x}_{\min} | < \varepsilon$

$\boldsymbol{x}_{opt} := \boldsymbol{x}_1 \approx \boldsymbol{x}_2$

其他流行的坐标下降方法还有多项式插值法，最简单的是 Brent 二次插值方法[26]，沿坐标下降方向给定三个点，使得下式成立

$$x_{i_1} < x_{i_2} < x_{i_3}, i \in [1, n]$$
$$F_{obj}(\boldsymbol{x}_1) > F_{obj}(\boldsymbol{x}_2) < F_{obj}(\boldsymbol{x}_3) \tag{8-48}$$

因此存在如下形式的二阶多项式

$$f = a \cdot x_i^2 + b \cdot x_i + c \tag{8-49}$$

使得其过点 $\{x_{i_j}, F_{obj_j}(\boldsymbol{x}_j)\}$，$j \in [1, 3]$。该插值多项式极值点很容易确定，通过选择满足式（8-48）的三组数据可更好地逼近最小值。

原则上，不应该限制这些方法中的坐标搜索方向。实际上，这些方法适用于 n 维设计空间内任意一组 n 维搜索方向。当然，这些方法主要用于一维优化问题。

Nelder 和 Mead[27]提出的单纯形法是一种不使用导数的多维算法。其主要思想是在设计参数空间中构建一个由 $n+1$ 个点组成的多面体，即单纯形。两个设计参数时，组成的是三角形；三个设计参数时，将是一个四面体；更高维度时将是多面体。对每个点都进行性能评估。最差点利用其余点的几何平均进行替换。如图 8-22 所示，该算法在搜索域内会对单纯形进行拉伸和收缩，最终，单纯形会收缩为一个点。

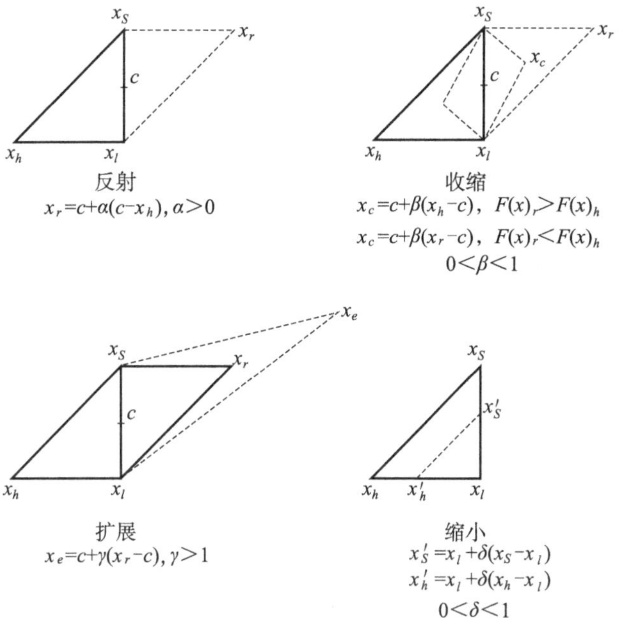

图 8-22　二维单纯形的反射、扩展和收缩（Wild[22]，图 1）

算法 8.6：单纯形法

---

build initial simplex $\{\boldsymbol{x}_1,\boldsymbol{x}_2,\cdots,\boldsymbol{x}_{n+1}\}$

evaluate $F_{obj}(\boldsymbol{x}_1),F_{obj}(\boldsymbol{x}_2),\cdots,F_{obj}(\boldsymbol{x}_{n+1})$

Repeat

worst point：　$\boldsymbol{x}_h:=\boldsymbol{x}_i\,|\,F_{obj}(\boldsymbol{x}_i)>F_{obj}(\boldsymbol{x}_j)\ \forall j\neq i$

best point：　$\boldsymbol{x}_l:=\boldsymbol{x}_i\,|\,F_{obj}(\boldsymbol{x}_i)<F_{obj}(\boldsymbol{x}_j)\ \forall j\neq i$

second best point：　$\boldsymbol{x}_s:=\boldsymbol{x}_i\,|\,F_{obj}(\boldsymbol{x}_i)<F_{obj}(\boldsymbol{x}_j)\ \forall j\neq\{i,l\}$

center point：　$\boldsymbol{x}_c:=\frac{1}{n}\sum_{\substack{i=1,\cdots,n+1\\ \boldsymbol{x}_i\neq\boldsymbol{x}_h}}\boldsymbol{x}_i$

reflection：　$\boldsymbol{x}_r:=\boldsymbol{x}_c-\alpha(\boldsymbol{x}_h-\boldsymbol{x}_c),\alpha>0$

if $F_{obj}(\boldsymbol{x}_r)\geqslant F_{obj}(\boldsymbol{x}_h)$ shrinkage：　$\boldsymbol{x}_i:=\boldsymbol{x}_l+\delta(\boldsymbol{x}_i-\boldsymbol{x}_l),0<\delta<1$

else if $F_{obj}(\boldsymbol{x}_r)\leqslant F_{obj}(\boldsymbol{x}_s)$ expansion：　$\boldsymbol{x}_e:=\boldsymbol{x}_c+\gamma(\boldsymbol{x}_r-\boldsymbol{x}_c),\gamma>1$

else contraction：

　if $F_{obj}(\boldsymbol{x}_r)\leqslant F_{obj}(\boldsymbol{x}_h)$：　$\boldsymbol{x}_{new}:=\boldsymbol{x}_c+\beta(\boldsymbol{x}_r-\boldsymbol{x}_c),0<\beta<1$

　else：　$\boldsymbol{x}_{new}:=\boldsymbol{x}_c+\beta(\boldsymbol{x}_h-\boldsymbol{x}_c),0<\beta<1$

replace $\boldsymbol{x}_h$

until $|\boldsymbol{x}_h-\boldsymbol{x}_l|<\varepsilon$

$\boldsymbol{x}_{opt}:=\boldsymbol{x}_l$

8.5.1.4　随机方法

还有很多优化算法优化过程中使用随机数进行优化。最简单的是蒙特卡洛搜索，其中对设计变量引入随机扰动，并评估目标函数，只有当目标函数得到改善时才存储该设计变量。从统计角度来看，最终得到全局最优解的可能性很大。其最大的缺点是，既没有关于所需评估计算次数的估计，也没有终止算法的准则。

为了克服这个问题，许多随机优化算法试图对物理、化学或生物机制进行模拟，这些机制都包含了一定的不确定性。如今，此类随机算法的数量甚至与自然界中随机过程的数量相当。以下介绍两类算法，其反映了最常用的策略。

模拟退火方法[28]模拟液态或熔融态金属冷却时其晶体结构中的组织行为，当冷却过程不是太快时，大自然能够找到能量状态最小的晶体结构。有趣的是，热系统的能量以玻耳兹曼概率分布在所有的能态之间

$$PD(E) \sim e^{-\frac{E}{kT}} \tag{8-50}$$

其中，T 为实际温度，k 为玻耳兹曼常数，随着温度的降低，其处于低能态的概率增加，但任何温度下，都有可能处于高能态。同时，分子的运动也随着温度的降低而降低。系统从能态 E_1 转移到 E_2 的概率也可从式（8－50）得到

$$p = e^{-\frac{E_2 - E_1}{kT}} \tag{8-51}$$

将退火模型运用到优化问题上，可将目标函数值定义为能量，将分子的运动定义为设计变量的扰动。有意思的是，由于存在接受更高能态的概率，该算法能够“爬坡”，从而增加了离开局部最小值的能力。

该算法的实现也很简单。在每个温度下，都会形成一个由 n 个向量组成的完整马尔可夫链，每一个向量的元素都受到随机扰动。最大扰动量与实际温度成正比，以模拟分子运动随温度的降低而降低。对于链内的每个向量，都进行目标评估，并以一定的随机概率接受不同状态之间的转换。在马尔可夫链之后，温度通过随机系数 ε_T 降低。随着迭代的进行，温度逐渐降低到最低温度，扰动降低，此时接受一组具有更高目标能态的概率也降低。

算法 8.7：模拟退火算法

$\boldsymbol{x} := \boldsymbol{x}_{ini}$
$T := T_{ini}$
evaluate $F_{obj}(\boldsymbol{x})$
Repeat
  for $i := 1 \rightarrow n$:
    $x_{new} := \boldsymbol{x}$
    $x_{new,i} := x_i + (0.5 + \text{rand}()) \cdot T$
    evaluate $F_{obj}(\boldsymbol{x}_{new})$
    if $\text{rand}() < \left(p = e^{\frac{F_{obj}(\boldsymbol{x}_{new}) - F_{obj}(\boldsymbol{x})}{kT}}\right)$:
      $\boldsymbol{x} := \boldsymbol{x}_{new}$
      $F_{obj}(\boldsymbol{x}) := F_{obj}(\boldsymbol{x}_{new})$
    end for
    $T := \varepsilon_T \cdot T$
until $T < T_{\min}$
$\boldsymbol{x}_{opt} := \boldsymbol{x}$

进化算法模拟了生物进化过程中的“适者生存”法则[29,30]，利用目标函数值取代进化过程中的适应度。算法模拟了一个种群的发展进化，个体即设计变量向量。种群基于三个原则进行演化：1）变异，即设计向量中一个分量的随机扰动；2）交叉或重组，即随机选择两个设计向量进行混合来构建一个新的向量；3）通过丢弃适应性最差的个体进行选择。

示例算法展示了一个非常简单的例子。算法中，每一代只生成一个新的个体。当然，这只是为了方便理解，并非最佳方法。有许多不同类型的进化算法，主要区别在于交叉和变异算子间的平衡，以及新个体数量和种群规模之间的比例。此外，一些算法直接基于实数进行交叉和变异操作，而有的算法则基于二进制数据进行。

算法 8.8：进化算法

```
Build initial population with m individuals {x_1, x_2, ..., x_m}
evaluate F_obj(x) ∀ x = x_i, i ∈ [1, m]
sort population with ascending objective function
for k generations:
    for p individuals:
        cross-over:
            p_1 := irand(1,m) ; p_2 := irand(1,m)
            for i := 1 → n:
                if rand()<0.5:      x_new,i := x_p1,i
                else:               x_new,i := x_p2,i
        mutation:
            p := irand(1,n)
            x_new,p := x_min,p + rand() · (x_max,p − x_min,p)
        evaluate F_obj(x_new)
        if F_obj(x_new) < F_obj(x_m) : x_m := x_new
        resort population
    end for
end for
x_opt := x_1
```

在进化算法中，遗传算法和进化策略之间的区别已经变得模糊，因为两者原理类似。一些研究人员将使用二进制的算法称为遗传算法，而将使用浮点数的称为进化策略。另一些人将使用交叉算子生成新的个体的算法称为遗传算法，而将只使用变异算子生成新个体的称为进化策略。

8.5.2　设计问题的定义

大多数时候仍未解决的问题仍然是开放的，即如何定义目标函数和自由度以使设计问题得到良好定义，并且最终获得的最优结果符合设计师的期望。特别是最后一点至关重要，因为优化的结果强烈依赖于问题的表述——目标函数的构成。

一个问题，即使大多时候无解，其仍然是能够解决的，即通过恰当定义目标函数和自由度以使设计问题适定，从而使得最终获得的最优结果符合设计者的期望。特别是后一点至关重要，因为优化的结果在很大程度上取决于问题的表述，即目标函数。

举个简单的例子，气动设计的目标一般可表述为减小阻力的同时增加升力，对于数值优化的数学家而言，可能引入系数 k，将目标函数定义为

$$F_{obj}(x)=C_D-k\cdot C_L \tag{8-52}$$

而对于空气动力学专家而言，从气动效率的角度会将目标函数定义为

$$F_{obj}(\boldsymbol{x})=-\frac{C_L}{C_D} \tag{8-53}$$

当然，只要这两种方法都能达到所需的改进，就都是有效的，但它们会产生不同的最优结果。根据式（8-31）中的最小条件，完整的梯度为

$$\nabla F_{obj}(\boldsymbol{x})=\frac{\partial F_{obj}}{\partial C_D}\nabla C_D(\boldsymbol{x})+\frac{\partial F_{obj}}{\partial C_L}\nabla C_L(\boldsymbol{x}) \tag{8-54}$$

目标函数式（8-52）的偏导数为

$$\begin{aligned}\frac{\partial F_{obj}}{\partial C_D}&=1\\ \frac{\partial F_{obj}}{\partial C_L}&=-k\end{aligned} \tag{8-55}$$

而式（8-53）偏导数为

$$\begin{aligned}\frac{\partial F_{obj}}{\partial C_D}&=\frac{C_L}{C_D^2}\\ \frac{\partial F_{obj}}{\partial C_L}&=-\frac{1}{C_D}\end{aligned} \tag{8-56}$$

式（8-55）和式（8-56）表明，只有当加权系数 k 选取为

$$k=\left(\frac{C_D}{C_L}\right)_{\min} \tag{8-57}$$

两个目标函数的最优解才一致。而这需要预先了解实际上未知的最优解的先验知识。因此，使用式（8-52）作为目标函数实现最优解只能解释为运气。

很明显，使用气动上有意义的目标函数可以得到适合实际问题的最优解决方案。使用第 4 章中确定的功能可以实现合适的设计。了解不同目标函数对设计空间灵敏度的影响是很重要的。图 8-23 显示了飞机在不同高升力设置下着陆和起飞时的极曲线，以及与气动效率相关的三种不同构型的灵敏度等值线。滑翔比的等值线是与极曲线相交的直线。当高升力系统偏转时，升阻比随着攻角的减小而降低。因此，如果优化时允许改变攻角将得到低升力系数的结果。

爬升能力指数等值线在升力系数的中间范围内（且主要在设计范围内，减阻在此范围内有益）更贴近飞机极线图。此时，攻角的变化不会引起目标函数显著变化，优化的目标是减小该范围内的阻力。为提高性能，可采用如下目标函数

$$F_{obj}=-\frac{C_L^2}{C_D} \tag{8-58}$$

其描述了诱导阻力对总阻力的贡献，尤其是升力系数非常高的情况下，此时诱导阻力占主

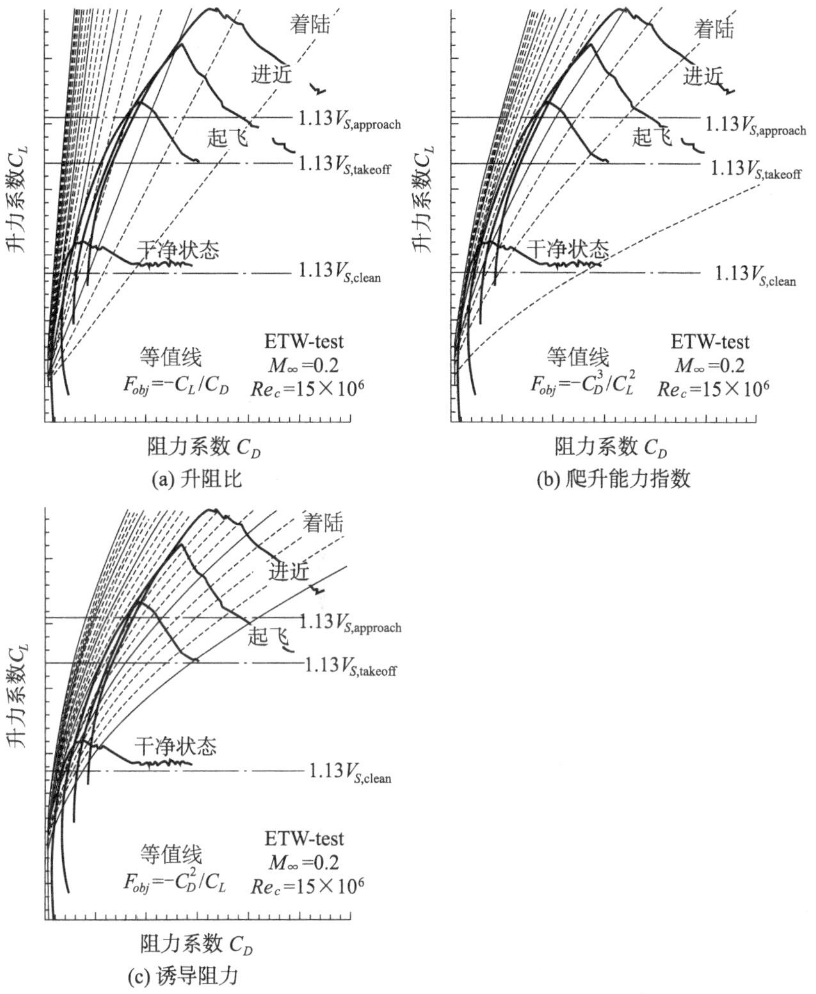

图 8-23　针对 DLR-F11 进行高升力布局优化时不同目标函数比较

导地位，该函数与飞机极曲线相一致。对应的优化结果旨在通过增加机翼的奥斯瓦尔德系数来减小寄生阻力和（或）诱导阻力，即在高升力装置偏转时恢复椭圆形升力分布。

当然，还可以通过其他方法构建目标函数。优化是为了寻求函数的最小值，也可对最大化的函数进行调整，如最大升力系数或爬升梯度。将最大化转化为最小化有两种方法，一是直接取负值

$$F_{obj} = -f \tag{8-59}$$

或者符号不变，取其倒数

$$F_{obj} = \frac{1}{f} \tag{8-60}$$

当然，需要对函数进行最小化转换时，为使得符号不变，可采用下式

$$F_{obj} = -\frac{1}{f} \tag{8-61}$$

最后一个变换不会改变最优条件，但对于函数灵敏度影响较大，从而影响函数的收敛性。图 8－24 比较了表示影响爬升指数 $C_L^{3/2}/C_D$ 的两个函数的灵敏度，目标是使得该指数最大化。图 8－24（a）使用取负值形式的方程（8－59），图 8－24（b）则使用倒数形式的方程（8－60）。可利用等值线之间的距离比较目标函数的灵敏度。取负数时对所示气动极曲线右侧灵敏度较低，对左侧灵敏度较高。取倒数时灵敏度相对均匀，只是对极曲线左侧的灵敏度略有降低。因此，首选应该是取倒数。无论如何，为了在优化过程中深入了解灵敏度，应该在确定目标函数之前进行灵敏度分析。

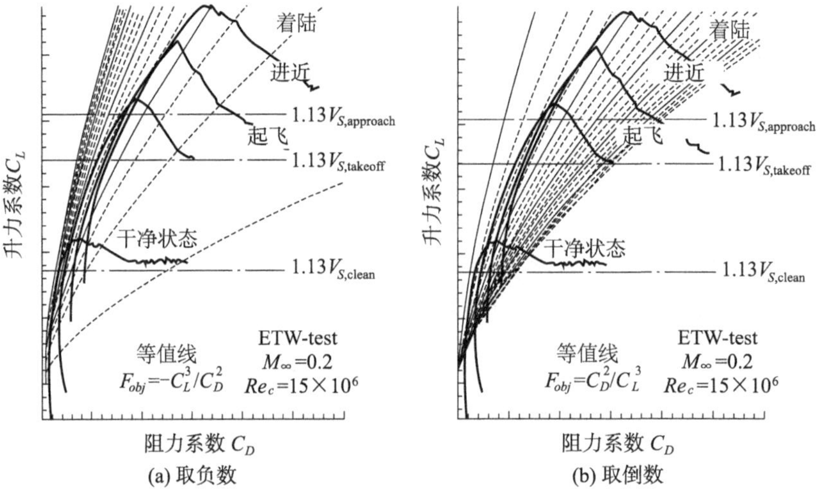

图 8－24 针对 DLR－F11 高升力布局气动优化设计目标函数灵敏度比较[3]

根据适航性（第 3 章）和飞机性能（第 4 章）的要求，可以推导出一组直接旨在改善空气动力学特性的目标函数，而无需额外指定权重。表 8－1 列出了可用于构建目标函数的候选项。真正体现设计师水平的是确定这些功能的权重，以获得有价值的数值优化结果。

表 8－1 优化高升力气动的不同函数

函数	来流条件	目标
$-C_{L,\max}$	$\alpha=\alpha_{\max}$	最小化失速速度及相关特性，如起飞速度，进场速度
C_D/C_L	$C_L\leqslant\frac{1}{1.13^2}C_{L,\max}$	最大爬升梯度
C_D^2/C_L^3	$C_L\leqslant\frac{1}{1.13^2}C_{L,\max}$	最小爬升速率
C_L/C_D	$C_L\leqslant\frac{1}{1.23^2}C_{L,\max}$	最大化陡峭下降的滑翔路径
$\mu_R C_L-C_D$	$\alpha=0^\circ$	最大加速度，最大限度减小起飞距离

参考文献

[1] Rudolph PKC (1993) High - Lift Systems on Commercial Subsonic Airliners, NASA CR 4746.

[2] Meredith PT (1993) Viscous Phenomena Affecting High - Lift Systems and Suggestions for Future CFD Development, no. 19 in AGARD CP - 515.

[3] Wild J, Brezillon J, Amoignon O, Quest J, Moens F, Quagliarella D (2011) Advanced Design by Numerical Methods and Wind - Tunnel Verification Within European High - Lift Program, Journal of Aircraft 46 (1), pp. 157 - 167.

[4] Airbus (accessed 2019) Airport Operations - AutoCAD 3 view aircraft drawings, https://www.airbus.com/aircraft/support - services/airport - operations - and - technical - data/autocad - 3 - view - aircraft - drawings.html.

[5] Boeing (accessed 2019) CAD 3 - View Drawings for Airport Planning Purposes, https://www.boeing.com/commercial/airports/3 _ view.page.

[6] Flaig A, Hilbig R (1993) High - Lift Design for Large Civil Aircraft, no. 31 in AGARD - CP - 515.

[7] Woodward DS, Lean DE (1993) Where is High - Lift Today - A Review of past UK Research Programmes, no. 1 in AGARD CP 515.

[8] Tavernetti L (1992) The C - 17: Modern Airlift Technology, AIAA Aerospace Design Conference 1992, AIAA Paper 92 - 1262.

[9] Reckzeh D (2014) Multifunctional Wing Moveables: Design of the A350 XWB and the Way to Future Concepts, 29th Congress of the International Council of the Aeronautical Sciences, ICAS - 2014 - 0133.

[10] Goldhammer M (2011) The Next Decade in Commercial Aircraft Aerodynamics - A Boeing Perspective, Aerodays 2011 Madrid, Spain.

[11] Strüber H (2014) The Aerodynamic Design of the A350 XWB - 900 High Lift System, 29th Congress of the International Council of the Aerospace Sciences, ICAS - 2014 - 298.

[12] Payne FM, Wyatt GW, Bogue DR, Stoner RC (2000) High Reynolds number studies of a Boeing 777 - 200 high lift configuration in the NASA ARC 12 - ft pressure tunnel and NASA LaRC National Transonic Facility, 18th Applied Aerodynamics Conference, AIAA paper 2000 - 4220.

[13] Busemann A (1935) Aerodynamische Auftrieb bei Überschallgeschwindigkeit, Luftfahrtforschung 12 (6), pp. 210 - 220.

[14] Streit T, Wichmann G, von Knoblauch F, Campbell RL (2011) Implications of Conical Flow for Laminar Wing Design and Analysis, 29th AIAA Applied Aerodynamics Conference, AIAA paper 2011 - 3808.

[15] Lock RC (1964) An Equivalence Law Relating Three - and Two - Dimensional Pressure Distributions, ARC R&M 3346.

[16] Wild J, Brezillon J (2008) Optimization of 3 - D Multi - Element High - Lift Device Configuration,

5th European Congress on Computational Methods in Applied Sciences and Engineering, Proceedings on CD - ROM.

[17] Brezillon J, Dwight RP, Wild J (2008) Numerical Aerodynamic Optimisation of 3D High - Lift Configurations, 26th Congress The International Council of The Aeronautical Sciences (ICAS), ICAS - 2008 - 2. 2. 3, ISBN 0 - 9533991 - 9 - 2.

[18] Eyi S, Lee KD, Rogers SE, Kwak D (1995) High - Lift Design Optimization using the Navier - Stokes Equations, 33rd Aerospace Sciences Meeting and Exhibit, AIAA Paper 1995 - 0477.

[19] Wild J (2002) Validation of Numerical Optimization of High - Lift Multi - Element Airfoils based on Navier - Stokes - Equations, 20th AIAA Applied Aerodynamics Conference, AIAA Paper 2002 - 2939.

[20] van Dam CP (2002) The Aerodynamic Design of Multi - Element High - Lift Systems for Transport Airplanes, Progress in Aerospace Sciences 38 (2), pp. 101 - 144.

[21] Gill PE, Murray W, Wright MH (1993) Practical Optimization, Academic Press, London, England.

[22] Wild J (2004) Multi Objective Constrained Optimization and High Lift Device Applications, VKI Lecture Series 2004 - 07, Optimization Methods & Tools for Multicriteria/Multidisciplinary Design, Nov. 15 - 19, 2004, von Karman Institute for Fluid Dynamics, Brussels, Belgium.

[23] Shanno DF (1970) . Conditioning of Quasi - Newton Methods for Function Minimization, Mathematics of Computations 24 (111), pp. 647 - 657.

[24] Fletcher R, Reeves CM (1964) Function Minimization by Conjugate Gradients, The Computer Journal 7 (2), pp. 149 - 154.

[25] Polak E, Ribière G (1969) Note sur la convergence de directions conjuguée, Revue française d' informatique et de recherché opérationnelle. Série rouge 3 (R1), pp. 35 - 43.

[26] Brent RP (1973) Algorithms for Minimization without Derivatives, Prentice - Hall, Englewood Cliffs, New Jersey, pp. 195ff.

[27] Nelder JA, Mead R (1965) A Simplex Method for Function Minimization, The Computer Journal 7 (4), pp. 308 - 313.

[28] Kirkpatrick S (1984) Optimization by Simulated Annealing: Quantitative Studies. Journal of Statistical Physics 34 (5/6), pp. 975 - 986.

[29] Holland JH (1975) Adaptation in Natural and Artificial Systems. University of Michigan Press, Ann Arbor, USA.

[30] Rechenberg I (1973) Evolutionsstrategie: Optimierung technischer Systeme nach Prinzipien der biologischen Evolution. Frommann - Holzberg, Stuttgart, Germany.

缩　写

A

AEO	All Engines Operating	所有发动机工作
AFC	Active Flow Control	主动流动控制
AFFDL	Air Force Flight Dynamics Laboratory	空军飞行动力学实验室
AG	AGARDograph	航空航天研究与发展咨询小组文件
AGARD	Advisory Group for Aerospace Research and Development	航空航天研究与发展咨询小组
AIAA	American Institute of Aeronautics and Astronautics	美国航空航天学会
AIP	Aeronautical Information Publication	航空资料汇编
AMST	Advance Medium STOL aircraft	先进中型 STOL 飞机
ARC	Aeronautic Research Council	航空研究理事会
ASED	Aviation and Surface Effects Department	航空及表面效应部
ATC	Air Traffic Control	空中交通管制
ATO	Authorization to Offer	授权提供
AVA	Aerodynamische Versuchsanstalt Göttingen	哥廷根空气动力学实验所
AWIATOR	Aircraft Wing with Advanced Technology Operation	采用先进技术的机翼

B

BLC	Boundary Layer Control	边界层控制

C

CAS	Calibrated Air Speed	校准空速

CDA	Continuous Descent Approach	连续下降法
CFD	Computational Fluid Dynamics	计算流体力学
CFR	Code of Federal Regulations	联邦法规
CP	Conference Proceedings	会议记录
CR	Contractor Report	承包商报告
CS	Certification Specification	认证规范

D

DES	Detached Eddy Simulation	分离涡模拟
DGLR	Deutsche Gesellschaft für Luft - und Raumfahrt e. V.	德国航空航天学会
DLR	Deutsches Zentrum für Luft - und Raunfahrt e. V.	德国宇航中心
DNS	Direct Numerical Simulation	直接数值模拟
DNW	Stiftung Deutsch - Niederlä ndische Windkanäle	德国-荷兰风洞基金会
DOC	Direct Operating Costs	直接运营成本
DOW	Dry Operating Weight	干运行重量
DVL	Deutsche Versuchsanstalt für Luftfahrt e. V.	德国航空试验机构

E

EAS	Equivalent Air Speed	当量空速
EASA	European Aviation Safety Agency	欧洲航空安全局
EPNL	Effective Perceived Noise Level	有效感知噪声水平
ETW	European Transonic Wind Tunnel	欧洲跨声速风洞

F

FAA	Federal Aviation Authority	联邦航空管理局
FAR	Federal Aviation Regulations	联邦航空条例

FH	Fachhochschule	应用技术大学
FL	Flight Level	飞行高度

H

HiLiPW	High－Lift Prediction Workshop	高升力预测研讨会
HLFC	Hybrid Laminar Flow Control	混合层流控制

I

ICAO	International Civil Aviation Organization	国际民用航空组织
ICAS	International Council of the Aeronautical Sciences	国际航空科学理事会
ILS	Instrument Landing System	仪表着陆系统
INCAS	Institutului Naţional de Cercetare－Dezvoltare Aerospaţială "Elie Carafoli"	"埃列·卡拉福利"国家航空航天研究与发展研究所

J

JAR	Joint Aviation Regulations	联合航空条例

K

KKK	Kryogener Windkanal Köln	科隆低温风洞

L

LDLP	Low Drag/Low Power approach	低阻力/低功耗方法
LES	Large Eddy Simulation	大涡模拟
LGE	Landing Gear Extended	起落架展开
LGF	Lift Gain Factor	升力增益系数
LGR	Landing Gear Retracted	起落架收回
LS	Lecture Series	系列讲座
LTPT	Low Turbulence Pressure Tunnel	低湍流压力风洞
LW	Landing Weight	着陆质量

M

MEW	Manufacturer's Empty Weight	制造商空重
MLW	Maximum Landing Weight	最大着陆重量
MTOW	Maximum Take - Off Weight	最大起飞重量

N

NACA	National Advisory Committee for Aeronautics	美国国家航空咨询委员会
NADC	Naval Air Development Center	海军航空发展中心
NASA	National Aeronautics and Space Administration	美国国家航空航天局
NLR	Nationaal Lucht - en Ruimtevaartlaboratorium	国家航空航天实验室
NRC	Non - Recurring Costs	非经常性成本
NTF	National Transonic Facility	国家跨声速设施

O

OEI	One Engine Inoperative	一台发动机故障
OEW	Operating Empty Weight	运营空重
ONERA	Office National d' Études et de Recherches Aérospatiales	法国国家航空航天研究办公室

Q

QSRA	Quiet Short - Haul Research Aircraft	静音短途研究飞机

R

R&D	Research & Development	研发
R&M	Report and Memoranda	报告及备忘录
RAE	Royal Aircraft Establishment	皇家飞机制造厂

RAEVAM	Royal Aeronautical Establishment - Variable Area Mechanism	皇家航空研究院-可变区域机制
RANS	Reynolds - averaged Navier - Stokes	雷诺平均 NS 方程
RC	Recurring Costs	经常性成本

S

SAL	Steep Approach Landing	陡降进场着陆
SP	Special Publication	专刊
STOL	Short Take - Off and Landing	短距起降

T

TAS	True AirSpeed	真实空速
TED	Trailing Edge Device	后缘装置
TLAR	Top - Level Aircraft Requirement	飞机顶层要求
TM	Technical Memorandum	技术备忘录
TN	Technical Note	技术说明
TOD	Take - Off Distance	起飞距离
TOFL	Take - Off Field Length	起飞场地长度
TOW	Take - Off Weight	起飞重量
TR	Technical Report	技术报告
TU	Technische Universität	技术大学

U

UK	United Kingdom	英国
URANS	Unsteady Reynolds - averaged Navier - Stokes	非经常雷诺平均 NS 方程
US	United States	美国
USB	Upper Surface Blowing	上表面吹气

V

VC	Variable Camber	可变弯度
VG	Vortex Generator	涡流发生器
VGJ	Vortex Generating Jet	射流涡流发生器
VLA	Very Light Aircraft	超轻型飞机

X

XWB	extra Wide Body	超宽机身

Z

ZFW	Zero Fuel Weight	零燃油重量
ZNMF	Zero Net Mass Flux	零净质量流